"十二五"国家重点图书出版规划项目

新能源发电并网技术丛书

张军军　秦筱迪　郑飞 等　编著

光伏发电并网试验检测技术

中国水利水电出版社
www.waterpub.com.cn
·北京·

内 容 提 要

本书为《新能源发电并网技术丛书》之一，从我国光伏发电并网的发展需求和并网试验检测的实用技术入手，选择了一些近年来发展迅速且备受广大科研工作者和工程技术人员广泛关注的重要技术，紧密围绕光伏发电并网试验检测，分别介绍了光伏发电发展概况和并网问题、光伏发电并网系统原理、光伏发电并网技术要求和检测方法、光伏发电并网试验检测装备、光伏发电并网试验检测案例和基于仿真的光伏发电并网性能评估。本书不仅阐述技术原理、体现学术价值，还力求突出实用价值，希望本书的出版能够促进我国光伏发电并网试验检测技术的研究和应用，充分发挥并网试验检测在光伏发电并网中的重要作用，保障各类型光伏发电并网安全稳定运行，推动光伏发电产业健康有序发展。

本书对从事新能源领域的研究人员、电力公司技术人员和光伏发电相关从业人员具有一定的参考价值，也可供其他相关领域的工程技术人员借鉴参考。

图书在版编目（CIP）数据

光伏发电并网试验检测技术 / 张军军等编著. -- 北京 : 中国水利水电出版社, 2017.7
（新能源发电并网技术丛书）
ISBN 978-7-5170-5634-8

Ⅰ. ①光… Ⅱ. ①张… Ⅲ. ①太阳能光伏发电—试验 Ⅳ. ①TM615

中国版本图书馆CIP数据核字(2017)第173002号

书 名	新能源发电并网技术丛书 **光伏发电并网试验检测技术** GUANGFU FADIAN BINGWANG SHIYAN JIANCE JISHU
作 者	张军军 秦筱迪 郑飞 等 编著
出版发行	中国水利水电出版社 （北京市海淀区玉渊潭南路1号D座 100038） 网址：www. waterpub. com. cn E-mail：sales@waterpub. com. cn 电话：（010）68367658（营销中心）
经 售	北京科水图书销售中心（零售） 电话：（010）88383994、63202643、68545874 全国各地新华书店和相关出版物销售网点
排 版	中国水利水电出版社微机排版中心
印 刷	北京嘉恒彩色印刷有限责任公司
规 格	184mm×260mm 16开本 14.5印张 318千字
版 次	2017年7月第1版 2017年7月第1次印刷
印 数	0001—4000册
定 价	**58.00**元

丛书编委会

本书编委会

主　　编　张军军

副 主 编　秦筱迪　郑　飞

参编人员（按姓氏拼音排序）

包斯嘉　陈志磊　董颖华　黄晶生

李红涛　吴蓓蓓　夏　烈　杨青斌

周荣蓉

随着全球应对气候变化呼声的日益高涨以及能源短缺、能源供应安全形势的日趋严峻，风能、太阳能、生物质能、海洋能等新能源以其清洁、安全、可再生的特点，在各国能源战略中的地位不断提高。其中风能、太阳能相对而言成本较低、技术较成熟、可靠性较高，近年来发展迅猛，并开始在能源供应中发挥重要作用。我国于 2006 年颁布了《中华人民共和国可再生能源法》，政府部门通过特许权招标，制定风电、光伏分区上网电价，出台光伏电价补贴机制等一系列措施，逐步建立了支持新能源开发利用的补贴和政策体系。至此，我国风电进入快速发展阶段，连续 5 年实现增长率超 100%，并于 2012 年 6 月装机容量超过美国，成为世界第一风电大国。截至 2014 年年底，全国光伏发电装机容量达到 2805 万 kW，成为仅次于德国的世界光伏装机第二大国。

根据国家规划，我国风电装机 2020 年将达到 2 亿 kW。华北、东北、西北等“三北”地区以及江苏、山东沿海地区的风电主要以大规模集中开发为主，装机规模约占全国风电开发规模的 70%，将建成 9 个千万千瓦级风电基地；中部地区则以分散式开发为多。光伏发电装机预计 2020 年将达到 1 亿 kW。与风电开发不同，我国光伏发电呈现“大规模开发，集中远距离输送”与“分散式开发，就地利用”并举的模式，太阳能资源丰富的西北、华北等地区适宜建设大型地面光伏电站，中东部发达地区则以分布式光伏为主，我国新能源在未来一段时间仍将保持快速发展的态势。

然而，在快速发展的同时，我国新能源也遇到了一系列亟待解决的问题，其中新能源的并网问题已经成为了社会各界关注的焦点，如新能源并网接入问题、包含大规模新能源的系统安全稳定问题、新能源的消纳问题以及新能源分布式并网带来的配电网技术和管理问题等。

新能源并网技术已经得到了国家、地方、行业、企业以及全社会广泛关注。自“十一五”以来，国家科技部在新能源并网技术方面设立了多个“973”“863”以及科技支撑计划等重大科技项目，行业中诸多企业也在新能源并网技术方面开展了大量研究和实践，在新能源的并网技术进步方面取得了丰硕的成果，有力地促进了新能源发电产业发展。

中国电力科学研究院作为国家电网公司直属科研单位，在新能源并网等方面主持和参与了多项的国家“973”“863”以及科技支撑计划和国家电网公司科技项目，开展了大量的与生产实践相关的针对性研究，主要涉及新能源并网的建模、仿真、分析、规划等基础理论和方法，新能源并网的实验、检测、评估、验证及装备研制等方面的技术研究和相关标准制定，风力、光伏发电功率预测及资源评估等气象技术研发应用，新能源并网的智能控制和调度运行技术研发应用，分布式电源、微电网以及储能的系统集成及运行控制技术研发应用等。这些研发所形成的科研成果与现场应用，在我国新能源发电产业高速发展中起到了重要的作用。

本次编著的《新能源发电并网技术丛书》内容包括电力系统储能应用技术、风力发电和光伏发电预测技术、光伏发电并网试验检测技术、微电网运行与控制、新能源发电建模与仿真技术等多个方面。该丛书是中国电力科学研究院在新能源发电并网领域的探索、实践和在大量现场应用基础上的总结，是我国首套从多个角度系统化阐述大规模及分布式新能源并网技术研究与实践的著作。希望该丛书的出版，能够吸引更多国内外专家、学者以及有志从事新能源行业的专业人士，进一步深化开展新能源并网技术的研究及应用，为促进我国新能源发电产业的技术进步发挥更大的作用！

中国科学院院士、中国电力科学研究院名誉院长： 周孝信

2015年12月

并网试验检测在大规模光伏发电站和分布式光伏发电系统并网接入电力系统等应用领域发挥着重要作用，是光伏发电并网运行发展中必不可少的重要环节。对于大规模光伏发电站集中接入输电网而言，光伏发电对电网的影响主要集中在调峰调频和安全稳定两个方面；对于分布式光伏发电系统并网接入配电网而言，光伏发电对电网的影响主要集中在安全保护和电能质量两个方面。为保障电网的安全稳定运行，亟需针对光伏发电并网制订相应的并网技术标准，开展测试，通过测试评价其是否符合标准。

目前大部分光伏发电发展较快的国家在授予光伏发电系统入网许可之前，都要求依据相关并网标准对接入电网的光伏发电系统在有功功率和无功功率控制、电能质量、电压和频率调节等方面进行严格、规范的并网性能检测，为光伏产业发展创造良好的市场环境，为我国光伏发电产品质量和光伏发电入网提供有力保障。

本书着眼于目前国内外光伏发电产业的快速发展，结合光伏发电并网及其检测技术领域的研究和应用成果，介绍了光伏发电发展概况和并网问题、光伏发电并网系统原理、光伏发电并网技术要求和检测方法、光伏发电并网试验检测装备、光伏发电并网试验检测案例和基于仿真的光伏发电并网性能评估。

本书共6章，其中第1章由郑飞、秦筱迪编写，第2章由董颖华、夏烈编写，第3章由吴蓓蓓、周荣蓉、陈志磊编写，第4章由吴蓓蓓、李红涛、包斯嘉编写，第5章由吴蓓蓓、周荣蓉、杨青斌编写，第6章由郑飞、黄晶生编写。全书编写过程中得到了曹磊、丁明昌、董玮、郭重阳、侯文昭、林小进、刘美茵、李臻、陆睿、牛晨晖、吴铭洁、徐亮辉、张双庆、张晓琳等人员的大力协助，全书由丁杰指导，张军军统稿完成。

本书在编写过程中参阅了很多前辈的工作成果，引用了大量光伏逆变器型式试验和现场试验的运行数据，在此对国网青海省电力公司、国网甘肃省电力公司、国网山西省电力公司、国网河南省电力公司、复旦大学、合肥工业大学、阳光电源股份有限公司、华为技术有限公司等单位表示特别感谢。本书在编写过程中得到中国电力科学研究院吴福保、朱凌志等的高度重视和帮助，在此一并表示衷心感谢！

限于作者的学术水平和实践经历，书中难免有不足之处，恳请读者批评指正。

作者

2017年4月

本书引用的标准

国内标准

序号	标准名	标准号
1	电磁式电压互感器	GB 1207—2006
2	电流互感器	GB 1208—2006
3	光伏发电站施工规范	GB 50794—2012
4	光伏发电站设计规范	GB 50797—2012
5	电能质量　供电电压偏差	GB/T 12325—2008
6	电能质量　电压波动和闪变	GB/T 12326—2008
7	电能质量　公用电网谐波	GB/T 14549—1993
8	电能质量　三相电压不平衡	GB/T 15543—2008
9	电磁兼容　试验和测量技术　供电系统及所连设备谐波、谐间波的测量和测量仪器导则	GB/T 17626.7—2008
10	电磁兼容　试验和测量技术　闪烁仪功能和设计规范	GB/T 17626.15—2011
11	电磁兼容　试验和测量技术　电能质量测量方法	GB/T 17626.30—2012
12	光伏发电站接入电力系统技术规定	GB/T 19964—2012
13	电能质量　公用电网间谐波	GB/T 24337—2009
14	光伏发电系统接入配电网技术规定	GB/T 29319—2012
15	光伏电站太阳跟踪系统技术要求	GB/T 29320—2012
16	光伏发电站无功补偿技术规范	GB/T 29321—2012
17	光伏发电系统接入配电网检测规程	GB/T 30152—2013
18	光伏发电站太阳能资源实时监测技术要求	GB/T 30153—2013
19	光伏发电站接入电网检测规程	GB/T 31365—2015
20	光伏发电站监控系统技术要求	GB/T 31366—2015
21	光伏发电工程施工组织设计规范	GB/T 50795—2012
22	光伏发电工程验收规范	GB/T 50796—2012
23	光伏发电接入配电网设计规范	GB/T 50865—2013
24	光伏发电站接入电力系统设计规范	GB/T 50866—2013
25	光伏发电站环境影响评价技术规范	NB/T 32001—2012

26	光伏发电并网逆变器技术规范	NB/T 32004—2013
27	光伏发电站低电压穿越检测技术规程	NB/T 32005—2013
28	光伏发电站电能质量检测技术规程	NB/T 32006—2013
29	光伏发电站功率控制能力检测技术规程	NB/T 32007—2013
30	光伏发电站逆变器电能质量检测技术规程	NB/T 32008—2013
31	光伏发电站逆变器电压与频率响应检测技术规程	NB/T 32009—2013
32	光伏发电站逆变器防孤岛效应检测技术规程	NB/T 32010—2013
33	光伏发电站功率预测系统技术要求	NB/T 32011—2013
34	光伏发电站太阳能资源实时监测技术规范	NB/T 32012—2013
35	光伏发电站电压与频率响应检测规程	NB/T 32013—2013
36	光伏发电站防孤岛效应检测技术规程	NB/T 32014—2013
37	光伏发电调度技术规范	NB/T 32025—2015
38	光伏发电站并网性能测试与评价方法	NB/T 32026—2015
39	电力通信站光伏电源系统技术要求	DL/T 1336—2014
40	光伏发电站防雷技术规程	DL/T 1364—2014
41	400V以下低压并网光伏发电专用逆变器技术要求和试验方法	CGC/GF001：2009
42	光伏电站接入电网技术规定	Q/GDW 617—2011
43	光伏电站接入电网测试规程	Q/GDW 618—2011
44	光伏发电站建模导则	Q/GDW 1994—2013

国外标准

序号	标准名	标准号
1	Photovoltaic（PV）systems - Characteristics of the utility interface	IEC 61727：2004
2	Utility - interconnected photovoltaic inverters - Test procedure of islanding prevention measures	IEC 62116：2014
3	Grid connected photovoltaic systems - Minimum requirements for system documentation，commissioning tests and inspection	IEC 62446：2009
4	Utility - interconnected photovoltaic inverters. Test procedure for low voltage ride - through measurements	IEC TS 62910：2015
5	IEEE Standard Conformance Test Procedures for Equipment Interconnecting Distributed Resources with Electric Power Systems	IEEE Std 1547. 1™—2005

6	IEEE Application Guide for IEEE Std 1547™, IEEE Standard for Interconnecting Distributed Resources with Electric Power Systems	IEEE Std 1547. 2™—2008
7	IEEE Guide for Monitoring, Information Exchange, and Control of Distributed Resources Interconnected with Electric Power Systems	IEEE Std 1547. 3™—2007
8	Generating plants connected to the medium - voltage network (Guideline for generating plants'connection to and parallel operation with the medium - voltage network)	BDEW—2008
9	Power generation systems connected to the low - voltage distribution network - Technical minimum requirements for the connection to and parallel operation with low - voltage distribution networks	VDE—AR—N 4105: 2011
10	Automatic disconnection device between a generator and the public low - voltage grid	DIN VDE 0126—1—1 (VDE V 0126—1—1): 2013
11	Inverters, Converters, Controllers and Interconnection System Equipment for Use with Distuibuted Energy Resources	UL 1741—2010
12	Recommendations for the Connection of Small - scale Embedded Generators (Up to 16A per Phase) in Parallel with Public Low - Voltage Distribution Networks	G83/1—1
13	Overall efficiency of grid connected photovoltaic inverters	EN 50530/A1—2013
14	Grid connection of energy systems via inverters - Part 1: Installation requirements	AS 4777. 1
15	Grid connection of energy systems via inverters - Part 2: Inverter requirements	AS 4777. 2—2005
16	Grid connection of energy systems via inverters - Part 3: Grid protection requirements	AS 4777. 3—2005

目录

MULU

第1章 绪　　论

太阳能是太阳内部连续不断的核聚变反应所产生的能量，每秒钟从太阳辐射到地球大气层上的能量相当于 500 万 t 煤。从根本上来说，地球上的风能、水能、海洋温差能、波浪能和生物质能以及部分潮汐能等都来源于太阳，即使是地球上的化石燃料（如煤、石油、天然气等），也是远古以来存储的太阳能。

近年来，随着传统化石能源资源消耗速度加快，随之带来的环境污染问题受到全世界越来越广泛的重视，太阳能光伏发电作为太阳能利用的一种重要形式，迎来了大规模发展的良好机遇。世界各国都制定了符合本国国情的光伏发电产业政策来促进太阳能光伏发电的发展。

本章将介绍世界光伏发电状况、我国光伏发电状况和近年来的光伏发电政策；分析光伏发电并网问题；介绍光伏发电并网标准及检测。

1.1　光伏发电发展概况

1.1.1　全球光伏发电状况

世界太阳能资源按照资源丰富区、资源较丰富区、资源可利用区和资源欠缺区四种类型分类，太阳能辐射强度和日照时间较好的区域包括北非，中东地区，美国西南部和墨西哥，南欧，澳大利亚，南非，南美洲东、西海岸和中国西部地区等。2015 年，全球累计装机容量已超过 230GW。2007—2015 年，全球新增光伏装机容量如图 1-1 所

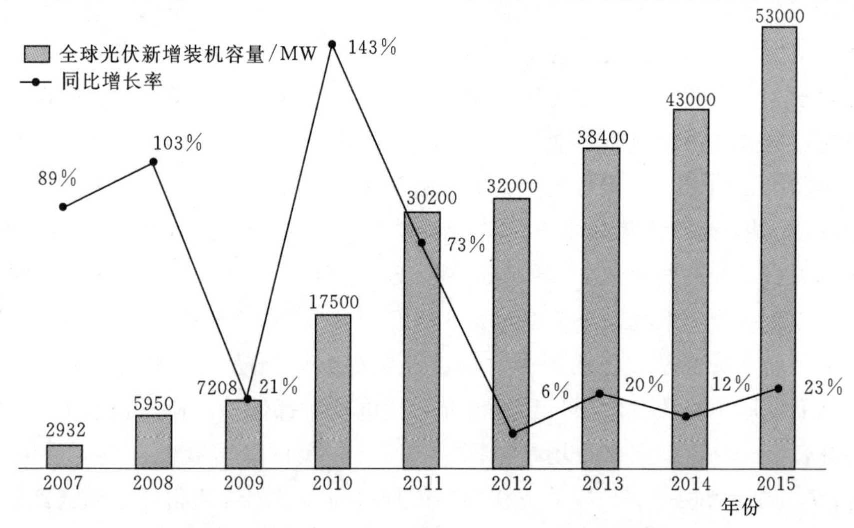

图 1-1　2007—2015 年全球新增光伏装机容量图

示，其中2015年新增装机容量达到53GW，同比增长23.3%，新增装机容量排名前十的国家依次为中国、日本、美国、英国、印度、德国、韩国、澳大利亚、法国和加拿大，见表1-1所示。这10个国家2015年合计新增装机容量43.73GW，占全球新增装机容量的82.5%，累计装机容量约为167.88GW，占全球累计装机容量的73%。

表1-1　　2015年全球光伏新增装机容量排名前十国家

序　号	国　家	新增光伏装机量/GW	累计光伏装机量/GW
1	中国	15.13	43.18
2	日本	11.00	33.70
3	美国	7.30	25.60
4	英国	3.50	9.00
5	印度	2.00	5.00
6	德国	1.40	39.10
7	韩国	1.00	4.00
8	澳大利亚	0.90	1.10
9	法国	0.90	5.80
10	加拿大	0.60	1.40
	合计	43.73	167.88

虽然截至2015年年底，欧洲光伏累计装机容量超过104.5GW，约占全球累计装机容量的46.4%。但是受补贴削减的影响，近年来欧洲光伏新增装机容量逐年下降。德国曾多年保持全球累计装机容量排名第一，是欧洲乃至全球太阳能需求量最高的国家，在2015年新增装机容量仅为1.4GW，同比下降26.3%，被中国超越。2015年受补贴政策即将到期带来的抢装热潮影响，英国全年光伏新增装机容量约为3.5GW，成为欧洲地区年度装机容量最大的国家。

与欧洲主要国家近年来不断降低新增装机容量不同的是，以中国、日本和美国为代表的新兴光伏发电市场，其装机容量不断增加。尤其是2013年新兴光伏发电市场，在利好政策驱动下，中国、日本和美国分别实现了12.9GW、6.9GW和4.8GW的新增光伏发电规模，光伏发电设备制造业触底反弹，发电规模稳步增长。

目前排名第二的新兴光伏市场是日本。近年来日本政府推出了一系列政策促进光伏发电产业发展。尽管2014年日本上网电价补贴进一步下调，针对装机容量大于10kW的商用发电项目，补贴费率从36日元/(kW·h)下降至32日元/(kW·h)；针对装机容量小于10kW的住宅系统，补贴费率从38日元/(kW·h)下降至37日元/(kW·h)，但日本仍是目前全球补贴优厚的国家。高额补贴极大地推动了日本光伏发电产业的发展，日本工商业屋顶光伏发电项目和地面光伏发电项目都保持高速增长态势。

目前排名第三的新兴光伏市场是美国。2015年，美国新增装机容量再创历史新高，达到7.3GW，同比增长17%。美国光伏发电市场的高速发展主要得益于政府经济方面的大力支持和成熟的商业模式，联邦政府制定了支持可再生能源发展的一揽子政策，主要包括两方面：一是联邦财政激励计划；二是法律法规、标准、约束性指标等。其中，美国联邦财政的主要激励计划见表1-2。税收优惠与减免是联邦政府促进可再生能源发展最主要的财政激励措施，仅2014年，奥巴马政府就为能源部拨发284亿美元，比2013年增加8%，清洁能源技术拨款提高了40%；同时，联邦政府还专门设立基金用于扶持可再生能源发展，促进能效改进。目前主要的扶持基金有美国能源部部落能源基金与美国农村能源基金，提供的贷款担保项目主要有能源部贷款担保与农业部美国农村能源贷款担保。

表1-2　　美国联邦财政主要激励计划

政策类型	联邦财政激励计划	到期日
加速折旧	联邦加速折旧成本回收制度	未定
税收优惠	联邦节能住宅补贴	未定
	光伏投资减免税政策	2016
现金补贴	美国能源部部落能源基金	未定
	美国农村能源基金	未定
贷款优惠	能源部贷款担保	未定
	农村能源贷款担保	未定

1.1.2 我国光伏发电状况

我国太阳能资源按照极丰富带、很丰富带、丰富带和一般带四种类型分类，具体分布情况见表1-3。全国太阳能年辐射量达933～2330kW·h/m^2，陆地表面每年接受的太阳辐射能约为1.47×10^8亿kW·h，相当于标准煤4.9×10^{12}t，约等于上万个三峡工程的年发电量。另外，我国荒漠化土地面积约264万km^2，其中干旱区荒漠化土地面积250多万km^2，主要分布在光照资源丰富的西北地区，假如按利用我国戈壁和荒漠面积3%的比例计算，太阳能发电可利用资源潜力达27亿kW；我国现有建筑屋顶面积总计约为400亿m^2，假如1%安装光伏发电系统．可安装光伏发电装机容量3550万～6620万kW，年发电量287亿～543亿kW·h。因此，我国具有利用太阳能的良好自然条件，非常适合发展光伏发电产业。

表1-3　　我国太阳能资源分布表

名称	符号	指标/[kW·h/(m^2·a)]	占国土面积	地　区
极丰富带	Ⅰ	≥1750	17.40%	西藏大部、新疆南部及青海、甘肃和内蒙古西部
很丰富带	Ⅱ	1400～1750	42.70%	新疆大部、青海和甘肃东部、宁夏、陕西、山西、河北、山东东北部、内蒙古东部、东北西南部、云南、四川西部
丰富带	Ⅲ	1050～1400	36.30%	黑龙江、吉林、辽宁、安徽、江西、陕西南部、内蒙古东北部、河南、山东、江苏、浙江、湖北、湖南、福建、广东、广西、海南东部、四川、贵州、西藏东南部、台湾
一般带	Ⅳ	<1050	3.60%	四川中部、贵州北部、湖南西北部

在国家政策鼓励下，我国成为全球光伏发电增长最快的国家。截至2015年年底，我国太阳能光伏发电累计并网容量达到4318万kW，同比增长67.3%，首次超过德国成为世界累计光伏装机容量最大的国家。其中，光伏电站3712万kW，分布式光伏发电系统606万kW。2015年，我国光伏发电新增装机容量1513万kW，连续第三年实现新增装机超过1000万kW。2016年上半年，我国光伏发电新增并网装机容量超过2000万kW。

目前我国光伏发电呈现东部和西部共同推进，并逐渐由西向东发展的格局。2014年，我国东部地区新增装机容量560万kW，占新增装机容量的53%。2015年，全国累计光伏装机容量超过100万kW的省区达到12个，按照容量由大到小依次为甘肃、新疆（含兵团）、青海、内蒙古、江苏、宁夏、河北、浙江、山东、安徽、陕西、山西。其中，内蒙古、江苏、青海、新疆2015年新增光伏装机容量均超过100万kW。

根据现有能源和环境现状，我国必须在今后20～30年内完成能源转型，届时可再生能源在一次能源消费的最低占比将达到40%，可再生能源电力在总电力需求的最低占比将达到60%，其中太阳能作为主要清洁能源将发挥巨大作用。2014年6月7日国务院办公厅发布《能源发展战略行动计划（2014—2020年）》，明确提出："加快发展太阳能发电。有序推进光伏基地建设，同步做好就地消纳利用和集中送出通道建设。加快建设分布式光伏发电应用示范区。"2016年年初，国家能源局发布的《可再生能源"十三五"发展规划（征求意见稿）》提出，到2020年非化石能源占能源消费总量比例达到15%，2030年达到20%，"十三五"期间新增投资约2.3万亿元。其中，到2020年年底水电开发利用目标3.8亿kW，太阳能发电1.6亿kW，风力发电2.5亿kW。

1.1.3 我国光伏发电政策

2006年以来，我国各级政府部门陆续出台了一系列光伏发电政策，如2006年2月，国务院发布了《国家中长期科学和技术发展规划纲要（2006—2020年）》；2009年7月，财政部、科技部和国家能源局发布了《关于实施金太阳示范工程的通知》；2014年9月，国家能源局发布了《关于进一步落实分布式光伏发电有关政策的通知》。相关政策详见附表1。同时，北京、天津、上海以及浙江、广东、山东、江苏、内蒙古、甘肃、宁夏、青海等省市、自治区也陆续出台了地方性光伏利好政策，见附表2。这些政策为光伏发电产业发展给予了大力支持，极大鼓励了我国光伏发电行业的发展。

2015年1月29日，国家能源局发布《关于发挥市场作用促进光伏技术进步和产业升级的意见（征求意见稿）》（国能综新能〔2015〕51号），提出了"领跑者计划"的概念。2015年6月1日，国家能源局联合工业和信息化部和国家认监委共同发布《关于促进先进光伏技术产品应用和产业升级的意见》（国能新能〔2015〕194号），提出了光伏市场准入基本要求和"领跑者计划"技术指标。这意味着我国未来政策将向技术领先的创新产品和可实现高比例可再生能源的高端技术倾斜，光伏产业将从过去简单追求装

机容量和规模转向更加注重电站的发电质量。

1.2 光伏发电并网问题

目前，我国光伏发电的发展方式主要有两种：一种是大规模集中式光伏发电；另一种是分布式光伏发电。

对于大规模集中建设的光伏发电站，其主要接入高压输电网。太阳能资源与用电市场的逆向分布特点决定了光伏发电发展与集中并网不可避免地面临许多问题，特别是调峰调频和系统安全稳定问题最为突出。

1. 调峰调频问题

电力系统具有发电、供电和用电同时完成的基本情况，但光伏发电具有波动性、随机性的特点，其出力难以保持稳定，因此系统必须存在随光伏发电变化而反向变化的快速响应电源。大规模光伏发电并网后的电力系统除了要满足正常负荷变化的调峰能力外，还必须满足适应光伏发电随机性的调峰能力。

以甘肃省为例，甘肃全省具备调峰能力的发电机组容量约8GW，受水电、火电机组运行方式以及检修等因素的影响，最大可调容量约5GW，考虑事故备用、负荷备用以及电网结构的限制等，全省所有机组不同时期的总调峰能力约4GW，其中用于常规负荷调峰1.5GW，实际能够承担新能源调峰的容量仅为2.5GW。如果考虑通过跨省资源参与调峰，则涉及调度管理和电力交易模式等一系列管理问题。因此，在现有技术水平下，局部地区电网的整体调峰能力无法满足光伏发电快速增长的需求。

2. 系统稳定问题

2011年，国内连续发生多次风电连锁脱网事故，对电网安全稳定运行产生重大影响。特别是对于处于电网末端的新能源电站脱网及大幅功率波动会造成电压大幅波动，使得电网的电压和频率控制难度增加，直接威胁电网安全稳定运行。

对于光伏发电的远距离输送，光伏发电的随机性可能导致送出线路传输功率的大幅变化，进而引起线路充电功率的大幅波动，电网必须具备足够的无功电压调节能力，同时要求常规电源需与电网协同调节，才能够实现电网电压的有效控制。

对于分布式光伏发电，其主要接入中低压配电网，最为突出的问题包括分布式光伏发电接入后的电压波动、谐波和安全保护问题。

(1) 电压波动问题。光伏发电功率波动叠加负荷波动会引起并网点母线电压波动加大，进而造成整条馈线电压波动加大。光伏发电并网容量越大，其功率波动对馈线电压波动的影响越大。

对于多点接入的分布式光伏发电系统，其电压波动值与并网点位置、个数以及各并网点装机容量直接相关，并网点越靠近系统末端，系统电压波动越明显。

(2) 谐波问题。光伏发电系统通过逆变器并网时，大量电力电子器件的应用会产生谐波。随着光伏发电在配电网的渗透率增加，多个谐波源叠加可能使谐波含量增加。

（3）安全保护问题。分布式光伏发电系统并网导致配电系统原有继电保护配置及定值整定不适用，如果分布式光伏发电与配电网的继电保护配合不好使继电保护误动或拒动，则会降低系统的可靠性。特别是当配电网发生事故或停电检修而失电时，如果分布式光伏发电系统不能及时检测出停电状态从而将自身与负荷断开，则会形成由分布式光伏发电及与其相连的本地负载所组成的一个自给供电的孤岛电网。

1.3　光伏发电并网标准及检测

为解决光伏发电并网问题，需要制定标准，开展测试，通过测试评价其是否符合标准。以美国、德国、加拿大、英国、意大利等为代表的欧美等发达国家均针对风电、光伏等可再生能源的发展制定了相应的并网技术标准（或称并网导则）。以国际电工委员会（International Electrotechnical Commission，IEC）标准体系为主线，美国有电气和电子工程师协会（Institute of Electrical and Electronics Engineers，IEEE）、联邦能源管理委员会（Federal Energy Regulatory Commission，FERC）等系列标准，德国有能源与水行业协会（Bundesverband der Energieund Wasser wirtschaft e. V.，BDEW）等系列标准为补充，基本覆盖新能源发电各个环节。目前已有的光伏发电并网主要IEC标准见附表3。欧美光伏发电并网的主要标准见附表4，其中大部分并网标准是将多种发电形式的接入要求统一在标准中，如风电、光伏发电等，且多数为针对分布式电源接入低压电网的技术规定和测试规程，这与欧美等国大力发展户用分布式光伏发电的发展模式有关。

我国国家标准化管理委员会于2009年12月成立光伏发电站产业化标准推进组，全面推进光伏标准化工作进程，积极促进国家和行业的标准化工作。其中，并网发电小组已经在并网光伏发电技术规定、试验与检测、规划设计、并网设备、工程建设、运行与维护、安全与环保、分析与评价和技术监督等方面初步构建出我国并网光伏发电标准体系。我国已立项光伏并网发电国家标准33项，其中已正式发布标准14项，详见附表5（截至2015年年底）。另外，由国家电网公司代表我国主导成立的“大容量可再生能源接入电网”分技术委员会（IEC SC 8A）以及在IEC层面主导编制的相关标准的立项与发布，如国际电工委员会光伏能源标准化技术委员会（IEC/TC82）立项并编制发布的《并网光伏逆变器低电压穿越测试规程》（IEC TS 62910：2015）等，标志着我国在新能源并网标准的设立上逐步迈入国际前列。

目前大部分光伏发展较快的国家在授予光伏发电系统入网许可之前，都要求依据相关并网标准对接入电网的光伏发电系统在有功功率和无功功率控制、电能质量、电压和频率调节等方面进行严格、规范的并网性能检测。在光伏并网性能测试领域，美国保险商安全试验所（Underwriter Laboratories Inc.，UL）、德国技术监督会（Technische Überwachungs vereine，TÜV）、德国电气工程师协会（Verband Deutscher Elektro-

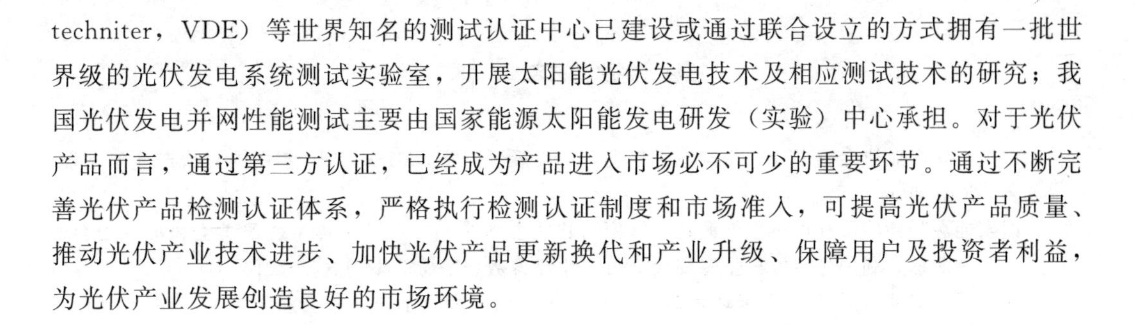

techniter，VDE）等世界知名的测试认证中心已建设或通过联合设立的方式拥有一批世界级的光伏发电系统测试实验室，开展太阳能光伏发电技术及相应测试技术的研究；我国光伏发电并网性能测试主要由国家能源太阳能发电研发（实验）中心承担。对于光伏产品而言，通过第三方认证，已经成为产品进入市场必不可少的重要环节。通过不断完善光伏产品检测认证体系，严格执行检测认证制度和市场准入，可提高光伏产品质量、推动光伏产业技术进步、加快光伏产品更新换代和产业升级、保障用户及投资者利益，为光伏产业发展创造良好的市场环境。

1.4　各章内容安排

本书结合光伏发电并网及其检测技术领域的研究和应用成果，从光伏发电并网系统原理、并网技术要求和检测方法、试验检测装备三个方面介绍如何根据标准开展光伏发电并网外特性的试验检测，给出了各种典型并网试验检测实例，通过测试评价其是否符合标准。同时，有别于现有全功率型式试验检测，前瞻性地探索了基于仿真的光伏发电并网性能评估方法。

全书各章节内容安排如下：

第1章介绍全球和我国的太阳能资源情况、国内外光伏发电发展概况以及我国的光伏发电政策，指出了光伏发电大规模发展带来的各种并网问题，阐述了光伏发电并网标准及检测在保障光伏发电大规模安全入网和规范光伏市场方面的重要意义。

第2章从系统拓扑结构、光伏组件和支架、光伏逆变器和无功补偿装置等关键部件的分类、工作原理及特点等方面介绍了光伏发电并网系统内部工作原理。

第3章从光伏发电系统内部常用的控制方法出发，针对系统并网所表现出的外特性介绍了国内外典型技术标准的并网性能技术要求，进行了对比分析，并介绍了目前较为关注的电能质量、有功/无功功率输出/控制特性、防孤岛保护性能、电压/频率响应特性和低电压穿越特性等并网性能检测方法。

第4章介绍了在实验室开展光伏逆变器并网性能检测所必需的各种关键检测装备，如光伏阵列模拟装置、低电压穿越检测装置、电网扰动发生装置、防孤岛保护性能检测装置等的拓扑结构、工作原理及关键技术，并针对现场分布式光伏发电系统和集中式光伏发电站，分别介绍了相应的移动式系统集成检测平台。

第5章介绍了光伏逆变器分别基于国标GB/T 19964—2012和GB/T 29319—2012的实验室并网性能检测案例以及分布式光伏发电系统和集中式光伏发电站的现场并网性能试验检测案例。

第6章分别从数字物理混合仿真和数字仿真两个方面介绍了基于仿真的光伏发电并网性能评估方法。其中，基于数字物理混合仿真，提出了一种光伏逆变器并网性能评估方法，给出了两种典型光伏逆变器并网性能评估案例；基于数字仿真，介绍了一种光伏发电站低电压穿越特性评估方法，给出了相应的评估案例。

参 考 文 献

[1] 中国光伏行业协会秘书处，中国电子信息产业发展研究院．2015—2016年中国光伏产业年度报告[R]. 2016.

[2] 国家能源局新能源和可再生能源司，国家可再生能源中心，中国可再生能源学会风能专委会，中国资源综合利用协会可再生专委会．可再生能源数据手册2014[R]. 2014.

[3] 张关星．日本光伏产业投资环境研究[J]. 华北电力大学学报（社会科学版），2015，(1)：11-14.

[4] 张川，何维达．美国光伏产业政策探索及启示[J]. 管理现代化，2015，35(1)：19-21.

[5] 胡泊，辛颂旭，白建华，等．我国太阳能发电开发及消纳相关问题研究[J]. 中国电力，2013，46(1)：1-6.

[6] 经济日报．中国可再生能源领跑全球[EB/OL]. (2016-11-07)[2016-12-20]. http://www.nea.gov.cn/2016-11/07/c_135811816.htm.

[7] 阳光工匠光伏网．光伏项目工作最新实用政策汇编（国家篇、地方篇）[EB/OL]. (2014-09-09)[2015-09-30]. http://solar.ofweek.com/2014-09/ART-260006-8480-28877404.html.

[8] 国家能源局．国家能源局关于进一步落实分布式光伏发电有关政策的通知[EB/OL]. (2014-09-02)[2015-09-30]. http://zfxxgk.nea.gov.cn/auto87/201409/t20140904_1837.htm.

[9] 能源网-中国能源报．国家能源局：《关于加快培育分布式光伏发电应用示范区有关要求的通知》[EB/OL]. (2014-09-10)[2015-09-30]. http://www.solarpwr.cn/bencandy.php?fid=58&id=18657.

[10] 国家能源局．国家能源局关于开展新建电源项目投资开发秩序专项监管工作的通知[EB/OL]. (2014-10-12)[2015-09-30]. http://www.nea.gov.cn/2014-10/12/c_133710840.htm.

[11] 经济日报．今年全国将新增光伏电站1810万千瓦[EB/OL]. (2016-06-15)[2016-12-20]. http://www.nea.gov.cn/2016-06/15/c_135438570.htm.

[12] 王斯成，吴达成．我国光伏政策的回顾和展望（下）[J]. 太阳能，2016，(7)：5-11.

[13] 陈炜，艾欣，吴涛，等．光伏并网发电系统对电网的影响研究综述[J]. 电力自动化设备，2013，33(2)：26-39.

[14] 郑超，林俊杰，赵健，等．规模化光伏并网系统暂态功率特性及电压控制[J]. 中国电机工程学报，2015，35(5)：1059-1071.

[15] 张兴，余畅舟，刘芳，等．光伏并网多逆变器并联建模及谐振分析[J]. 中国电机工程学报，2014，34(3)：336-345.

[16] 吴盛军，徐青山，袁晓冬，等．光伏防孤岛保护检测标准及试验影响因素分析[J]. 电网技术，2015，39(4)：924-931.

[17] 国务院办公厅．国务院关于促进光伏产业健康发展的若干意见（国发〔2013〕24号）[EB/OL]. (2014-09-29)[2015-09-30]. http://www.nea.gov.cn/2014-09/29/c_133682222.htm.

第2章　光伏发电并网系统原理

根据最大发电功率和并网点位置不同，并网运行的光伏发电系统一般有两种，即大规模集中式光伏发电站和分布式光伏发电系统。其中：大规模集中式光伏发电站一般位于输电端，装机容量多在几十兆瓦甚至上百兆瓦；分布式光伏多位于用户侧，容量在6MW以下。但是，无论是集中式光伏发电站还是分布式光伏发电系统，其关键部件基本相同，通常包括光伏组件、支架、汇流箱、直流配电柜、逆变器、变压器、无功补偿装置等。主要工作原理为：首先通过光伏组件将太阳辐照转换为直流电功率；然后，通过汇流箱将若干个光伏组串并联输入的直流功率进行汇集，提升光伏阵列输出功率后经直流配电柜输入到逆变器直流端；最后，逆变器将直流电功率转换为交流功率，并通过变压器升压并网；当逆变器的无功容量不足时，一般通过加装适当容量的无功补偿装置以满足电网电压调节的需要。

本章将具体介绍并网运行的光伏发电系统基本构成以及光伏组件和支架、光伏逆变器和无功补偿装置的工作原理。

2.1　系统基本构成

1. 集中式光伏发电站

集中式光伏发电站一般集中在光照资源、土地资源丰富的西部地区。并网光伏发电站结构示意图如图2-1所示，光伏发电站内各逆变器通过一级升压后在站内汇集，经

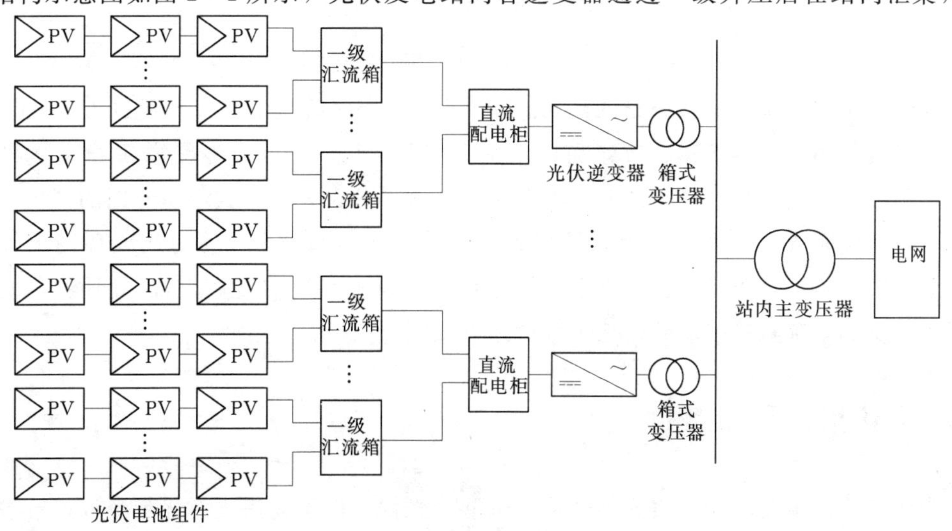

图2-1　并网光伏发电站结构示意图

由站内主变升压后通过输电线路送出，实现光伏发电的大规模远距离输送。我国光伏发电站指的是通过 35kV 及以上电压等级并网，以及通过 10kV 电压等级与公共电网连接的新建、改建和扩建光伏发电站。

2. 分布式光伏发电系统

分布式光伏发电系统为分布式电源的一种表现形式，并网点多位于用户侧，分布式光伏发电系统并网点示意图如图 2-2 所示，分布式光伏发电系统 A 与 B 分别接在用户内部电网。与集中式光伏发电站相比，分布式光伏发电系统主要有以下特点：

(1) 直接向用户供电，电流一般不穿越上一级变压器。这是分布式电源的最本质特征，适应分散式能源资源的就近利用，实现电能就地消纳。

(2) 装机规模小，一般为 6MW 及以下。

(3) 通常接入中低压配电网。由于各国中低压配电网的定义存在差异，因此具体的接入电压等级也略有不同，一般为 10kV 以下。

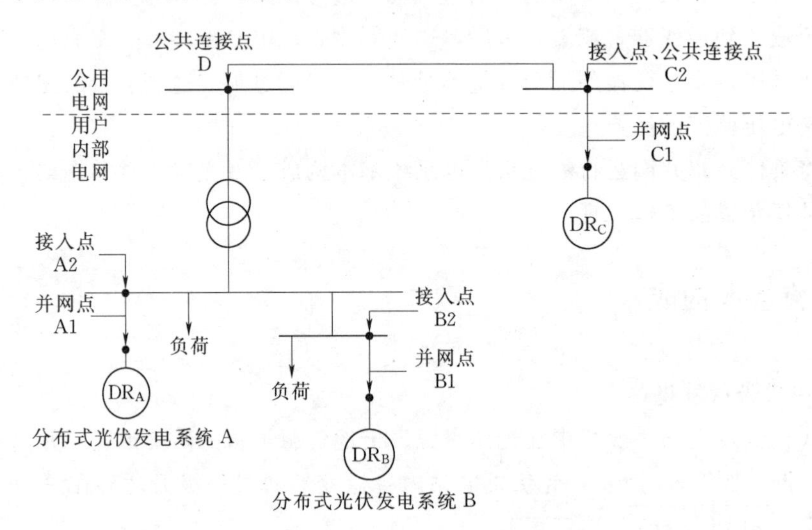

图 2-2　分布式光伏发电系统并网点示意图

我国分布式光伏发电系统指的是通过 380V 电压等级接入电网以及通过 10 (6) kV 电压等级接入用户侧的新建、改建和扩建光伏发电系统，主要有专线或 T 接方式接入系统。其中专线接入是指分布式光伏发电系统接入点处设置分布式电源专用的开关设备(间隔)，如分布式光伏发电系统直接接入变电站、开闭站、配电室母线或环网柜等方式；T 接接入是指分布式光伏发电系统接入点处未设置专用的开关设备 (间隔)，如分布式光伏发电系统直接接入架空或电缆线路方式。

2.2　光伏组件和支架

光伏组件的主要功能是将光能转换为电能。光伏支架可用来支撑光伏组件，给予光伏组件一定的仰角以提高光伏组件表面辐照度，进一步提升光伏组件的发电量。

2.2.1 光伏组件

按照制作材料的不同，光伏组件可分为晶硅组件和薄膜组件，在晶硅组件中，又可分为单晶硅光伏组件以及多晶硅光伏组件。

光伏电池片是光伏组件的最小组成单元，其结构示意图如图 2-3 所示。光伏电池片由两种不同的硅材料层叠而成，硅材料的顶层及底层有用来导电的电极栅格，在光伏电池表面通常用钢化玻璃作为保护层，在保护层与电极层之间涂有防反射涂层以增加太阳辐射透过率。

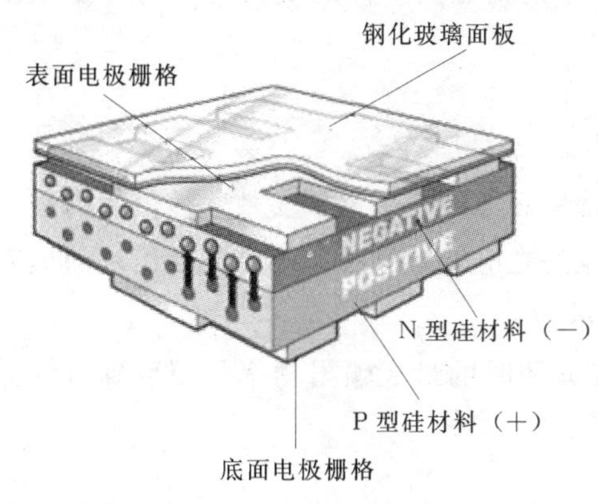

图 2-3 光伏电池片结构示意图

当半导体材料吸收的光子能量大于材料能级时，电子空穴对被激发并相向移动，通过外接电极与负载形成光生电流回路，光生电流使 PN 结上产生一个光生电动势，这一现象被称为光生伏打效应（Photovoltaic Effect）。光子的能量与其波长有关，因此半导体材料光伏电池表现出对光谱的选择特性。

目前应用最为广泛的主要是晶硅电池，这是由于晶体硅材料的能级与太阳辐射光谱的理论最大能量分布相一致，可最大限度地吸收太阳辐射能量，因而具有较高的光电转换效率。其中，单晶硅太阳能电池一般以高纯的单晶硅硅棒为原料制成，其光电转换效率较高，但制作成本相应较大。多晶硅光伏电池是以多晶硅材料为基体的光伏电池，制作工艺与单晶硅太阳能电池类似，但由于多晶硅材料多以浇铸代替了单晶硅的拉制过程，因而生产时间缩短，制造成本较低。

光伏组件在一定辐照条件下产生电能，表征其外特性的是 $I-U$ 特性曲线和 $P-U$ 特性曲线，如图 2-4 所示。

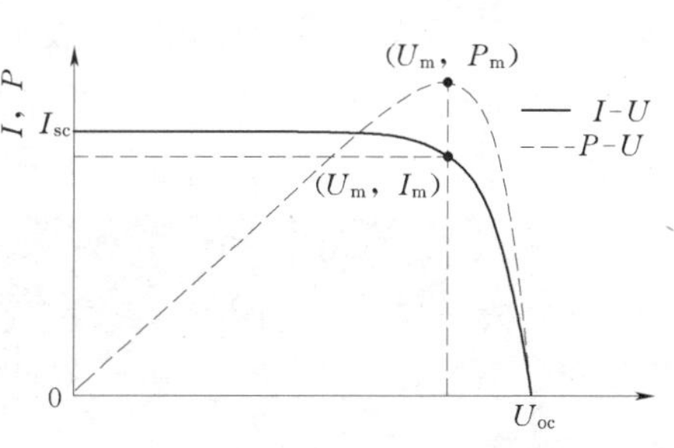

图 2-4 光伏组件 $I-U$ 特性曲线和 $P-U$ 特性曲线

$I-U$ 特性曲线上有 3 个关键点，即最大功率点、电压开路点和电流短路点。相应的主要性能参数包括短路电流、开路电压、最大功率点电流、最大功率点电压、最大输出功率、填充因子和转换效率。

（1）短路电流 I_{sc}。当将光伏组件的正负极短路，使 $U=0$ 时，此时的电流就是光伏组件的短路电流。

（2）开路电压 U_{oc}。当光伏组件的正负极不接负载时，组件正负极间的电压就是开路电压。光伏组件的开路电压随电池片串联数量的增减而变化。

（3）最大功率点电流 I_m。最大功率点电流也叫峰值电流或最佳工作电流。最大功率点电流是指光伏组件输出最大功率时的工作电流。

（4）最大功率点电压 U_m。最大功率点电压也叫峰值电压或最佳工作电压。最大功率点电压是指光伏组件输出最大功率时的工作电压。

（5）最大输出功率 P_m。最大输出功率也叫最佳输出功率或峰值功率，它等于最大功率点电流与最大功率点电压的乘积：$P_m=I_mU_m$。光伏组件的工作特性受太阳辐照度、太阳光谱分布和组件工作温度影响很大，因此光伏组件最大输出功率应在标准测试条件下（即 Standard Test Condition，STC：辐照度 $1000W/m^2$、AM1.5、测试温度 25℃）测量得到。

（6）填充因子 FF。填充因子也叫曲线因子，是指光伏组件的最大功率与开路电压和短路电流乘积的比值

$$FF=\frac{P_m}{I_{sc}U_{oc}} \tag{2-1}$$

填充因子是评价光伏组件所用电池片输出特性好坏的一个重要参数，该值越高，表明所用太阳能电池片输出特性越趋于矩形，电池的光电转换效率越高。光伏组件的填充因子系数一般为 0.5～0.8，也可以用百分数表示。

（7）转换效率 η。转换效率是指光伏组件受光照时的最大输出功率与照射到组件上的太阳能量功率的比值。即

$$\eta=\frac{P_m}{AR} \tag{2-2}$$

式中　A——光伏组件的有效面积；

　　　R——单位面积的入射光辐照强度。

转换效率是衡量和评价光伏组件性能的一个重要指标，通常用百分数来表示。由于对于同一光伏组件而言，辐照强度、温度等因素的变化会引起其转换效率的变化，因此一般采用 STC 条件下的标称效率来表示光伏组件的转换效率。

光伏组件通过一定的串并联方式连接构成光伏阵列，光伏阵列主要可分为平板式和聚光式两大类，其外景图如图 2-5 所示。平板式光伏阵列只需把一定数量的光伏组件

(a) 平板式光伏阵列

(b) 聚光式光伏阵列

图 2-5　两种常见光伏阵列外景图

按照电性能的要求串、并联起来即可，不需加装汇聚阳光的装置。其结构简单，多用于固定安装的场合。聚光式光伏阵列需要加装汇聚阳光的收集器，通常采用平面反射镜、抛物面反射镜或菲涅尔透镜等装置来聚光，以提高入射光谱辐照度。与相同功率输出的平板式光伏阵列相比而言，聚光式光伏阵列可以少用一些单体光伏电池，降低成本；但是通常需要额外装设向日跟踪装置，引入转动部件，可靠性有所下降。

2.2.2 光伏支架

根据支架倾角情况，光伏支架主要可分为固定式、倾角可调式和跟踪式等三种类型。

1. 固定式光伏支架

固定式光伏支架是指在安装之后倾角和方位角不能调整的光伏支架，如图 2－6 所示，固定式光伏支架结构多样，较为常用的有桁架式、单排立柱式以及单立柱式三种。固定式光伏支架通常采用C形钢、H形钢或方钢管等材料。在设计时，光伏支架的方位角通常为正南方，其倾角通常根据光伏组件表面年最佳辐照量进行设计。

图 2－6 固定式光伏支架

2. 倾角可调式光伏支架

固定式光伏支架倾角不可调节，倾角可调式光伏支架可在不同季节通过手动调节支架倾角提升光伏阵列表面年辐照量。倾角可调式光伏支架如图 2－7 所示。在倾角可调式光伏支架中，光伏支架一般围绕某个轴旋转，旋转到某一角度时，用螺栓等固定起来。倾角可调式光伏支架按照季度进行调节，一般分为三档，即按照冬季接收到的最大辐照量、春秋季接收到最大辐照量和夏季接收到的最大辐照量来进行倾角调整。

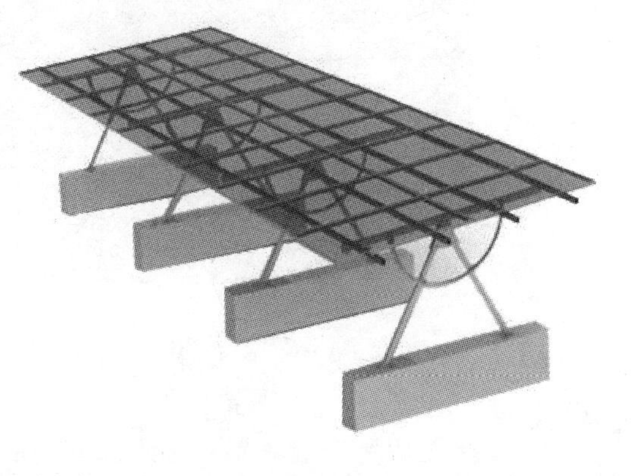

图 2－7 倾角可调式光伏支架

3. 跟踪式光伏支架

跟踪式光伏支架按照其结构可分为单轴跟踪支架和双轴跟踪支架。单轴跟踪支架主要是通过改变单一运行轨迹，寻找最佳入射角或最大光照强度方位的跟踪方式。根据运行轨迹来分类，单轴跟踪支架主要包括以下方面：

图 2-8　平单轴跟踪支架示意图

（1）平单轴跟踪支架。平单轴跟踪支架只改变光伏阵列东西方向的倾斜角，南北方向固定在水平位置。运行轨迹通常是以固定的南北向轴为支点旋转，如图 2-8 所示。一般可以横向连成一排同时联动运行，也可以进一步纵向排与排联动运行。在相同条件与相同装机容量下，根据安装地点经纬度不同，采用平单轴跟踪支架的光伏发电系统比采用固定支架的光伏发电系统发电量高 5%～10%。因为其结构简单，对比其他跟踪支架，平单轴跟踪支架运行更稳定可靠，后期维护成本更低。

（2）直单轴跟踪支架。与平单轴运行方式相反，直单轴跟踪支架只改变光伏阵列南北方向的方位角，而光伏阵列的倾角固定不动。其运行轨迹通常是随着太阳的运动轨迹自东向西转动，如图 2-9 所示。在相同装机容量下与固定式支架相比，其发电量能提升 10%以上。

图 2-9　直单轴跟踪支架示意图

（3）斜单轴跟踪支架。斜单轴跟踪支架的倾斜角是固定的，可根据当地最佳倾角进行设定。其跟踪方式是通过转动齿轮盘或轨道移动，使光伏阵列的方位角发生变动，如

图 2-10 所示。在单轴跟踪系统中，斜单轴跟踪系统提升的发电量最高，可达 20%～30%。但是由于其结构较前两种复杂，所以系统造价和后期维护成本也相对更高。

此外，双轴跟踪支架示意图如图 2-11 所示。双轴跟踪支架结构比较单一，其跟踪方式是通过改变光伏阵列的倾斜角和方位角追踪太阳运行轨迹或最大光照方向，从而达到最高发电量，一般可以比固定式安装方式提升 20%～40%，但整体系统造价会提高 30%以上。

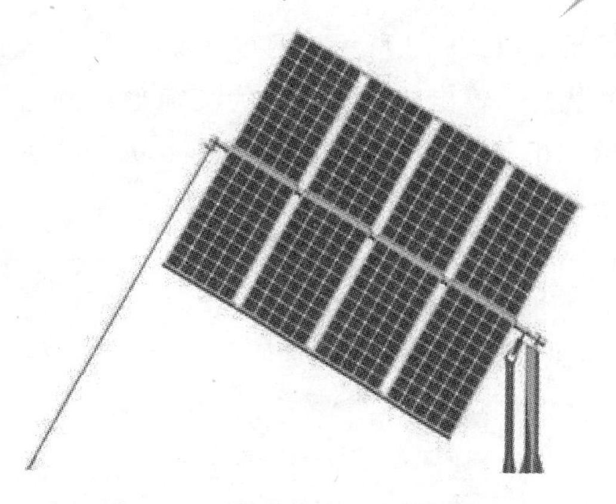

图 2-10 斜单轴跟踪支架示意图

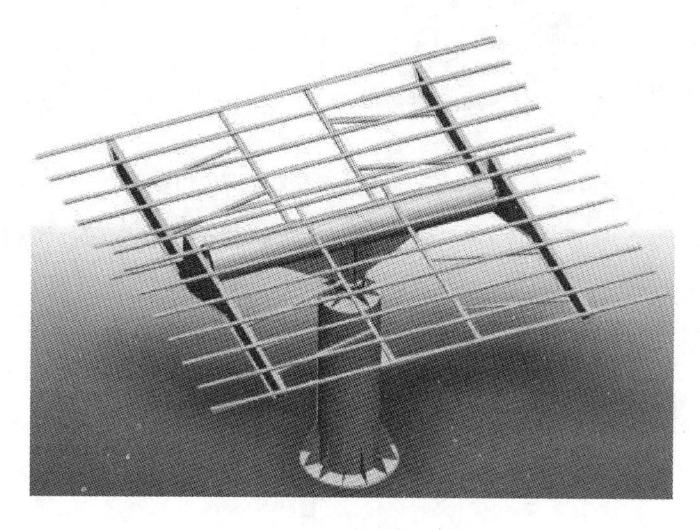

图 2-11 双轴跟踪支架示意图

2.3 光伏逆变器

光伏逆变器作为光伏电站中的重要部件，主要将光伏阵列输出的直流电转换为交流电。其性能直接影响光伏电站的安全、稳定、可靠运行。目前光伏逆变器主要包括集中式逆变器、组串式逆变器和集散式逆变器。

2.3.1 集中式逆变器

随着集中式光伏发电站装机容量的大幅提升，集中式逆变器功率等级由 250kW 以下逐步提升到 500kW、630kW 以及 1MW，直流侧工作电压一般在 450～820V，主要用于兆瓦级以上较大功率的集中式光伏发电站。500kW 集中式逆变器的典型应用场景如图 2－12 所示，两台 500kW 集中式逆变器交流输出端并联后经升压变压器将光伏阵列输出的直流逆变为交流输送到电网。集中式逆变器采用的拓扑结构主要包括三相全桥结构、共直流母线多功率模块并联结构以及多路隔离输入的多模块并联结构。

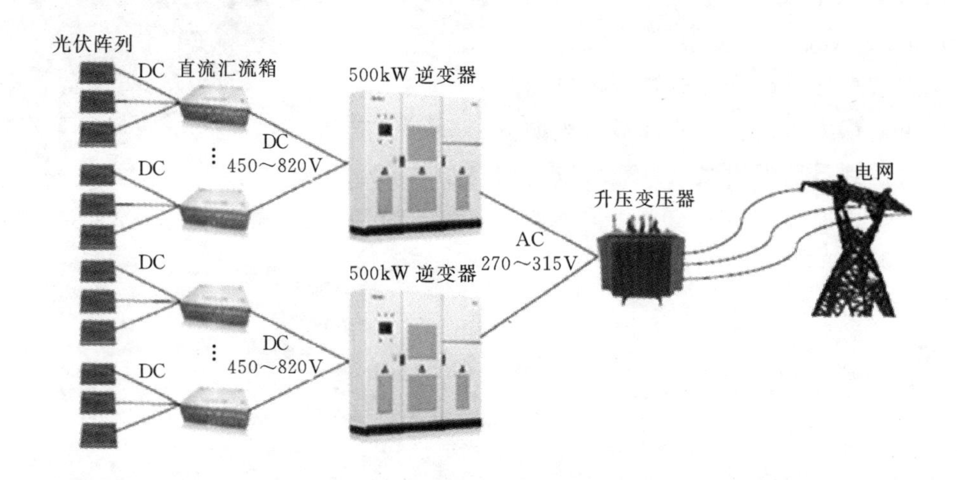

图 2－12　500kW 集中式逆变器典型应用场景

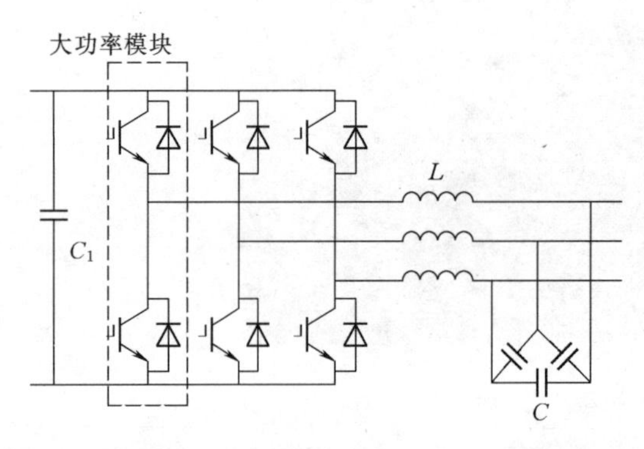

图 2－13　三相全桥逆变拓扑结构图

三相全桥逆变拓扑结构图如图 2－13 所示，其将光伏阵列的直流电力通过脉冲调制逆变转换为等效正弦的电功率脉冲簇后，经 LC 滤波器或者 LCL 滤波器滤除高频谐波，再通过三相工频变压器，将符合电网要求的正弦交流电能输送到电网中。

共直流母线多功率模块并联拓扑结构图如图 2－14 所示，该类型逆变器在直流侧一般采用单路最大功率点跟踪的运行方式，功率模块采用均流技术，具备并联稳态运行和协同故障穿越能力。

多路隔离输入的多模块并联拓扑结构图如图 2－15 所示，该类型逆变器直流侧一般采用多路最大功率点跟踪的运行方式，功率模块实际单独运行，控制器也一般各自独立控制，仅当电网故障时，协同各模块穿越和控制保护。

以典型三相全桥结构为例，介绍集中式逆变器工作原理。三相全桥逆变电路如图 2－16 所示，该拓扑结构中逆变电路主要由 6 个功率开关器件（VT_1～VT_6）和 6 个旁路二极管（VD_1～VD_6）构成。在同一桥臂上，上下两个功率器件互补通、断。以 A 相桥臂为例，当其桥臂上 VT_1 导通时，相同桥臂的 VT_4 截止；当桥臂上 VT_4 导通时，VT_1 截止。当 VT_1 或其上并联的二极管 VD_1 导通时，节点 A 与光伏阵列正极相连，

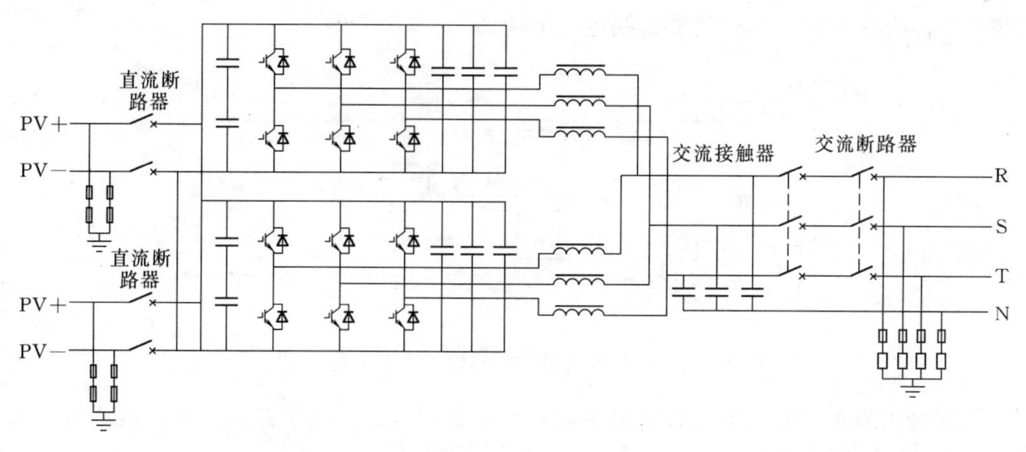

图 2-14 共直流母线多功率模块并联拓扑结构图

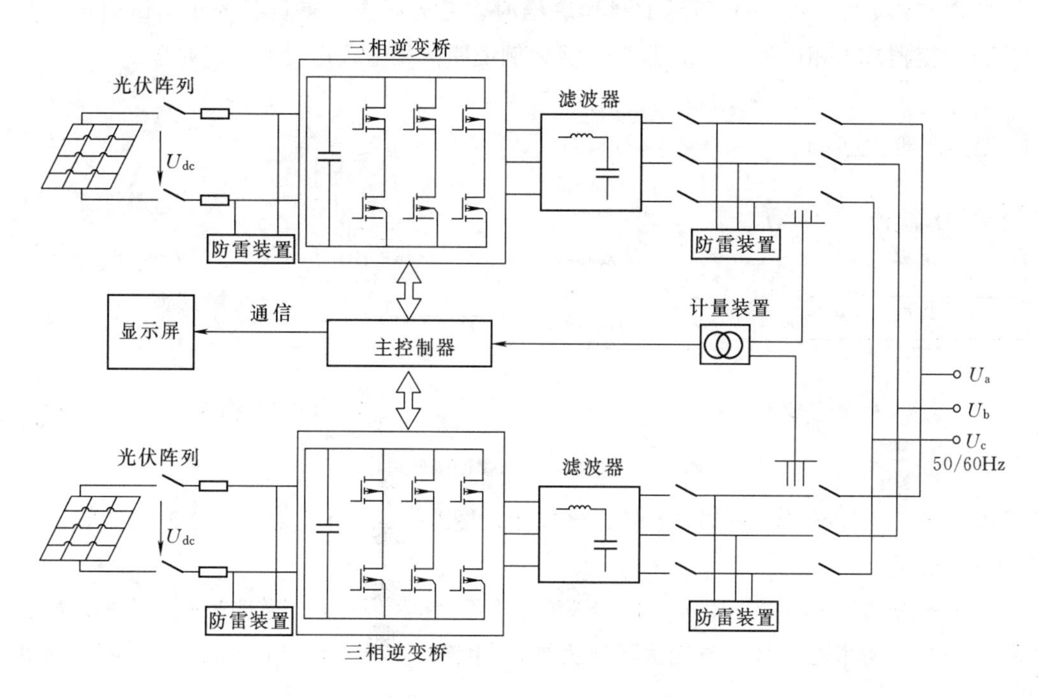

图 2-15 多路隔离输入的多模块并联拓扑结构图

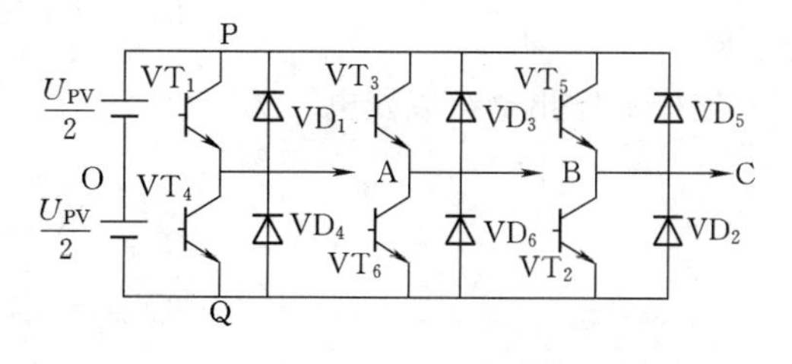

图 2-16 三相全桥逆变电路

$U_{AO}=U_{PV}/2$；当 VT_4 或其上并联二极管 VD_4 导通时，节点 A 与光伏阵列负极相连，$U_{AO}=-U_{PV}/2$。B 相和 C 相桥臂原理与 A 相相同，其驱动信号彼此之间相差 60°。假设每个功率器件的驱动信号持续 180°，则在任何时刻都有三个功率器件同时导通，按照 1、2、3；2、3、4；3、4、5；4、5、6；5、6、1；6、1、2 顺序导通，进而得到如图 2-17 所示的宽度为 120°、

幅值为 U_{PV}、彼此相差 120°的输出线电压 u_{AB}、u_{BC}、u_{CA} 波形。

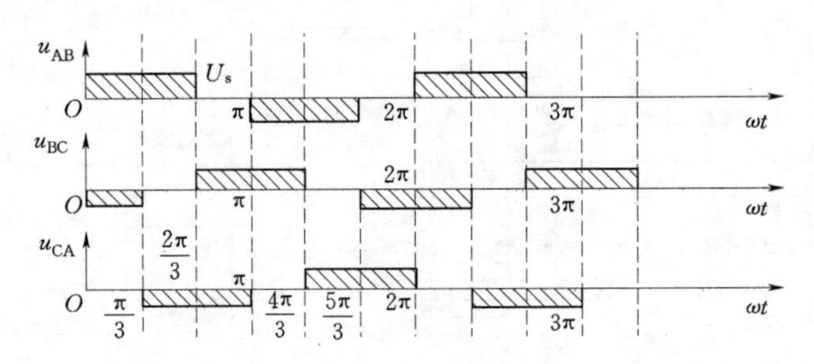

图 2-17　三相全桥逆变电路输出线电压波形图

光伏逆变器的三相负载可按星形或者三角形进行联结。当负载为三角形接法时，如图 2-18（a）所示。负载相电压等于线电压。

当逆变器如 2-18（b）所示的星形联结时，首先需要求得负载的相电压 U_{AN}，进而求得逆变器输出相电流 I_A。以星形负载为例说明三相全桥逆变器工作原理。

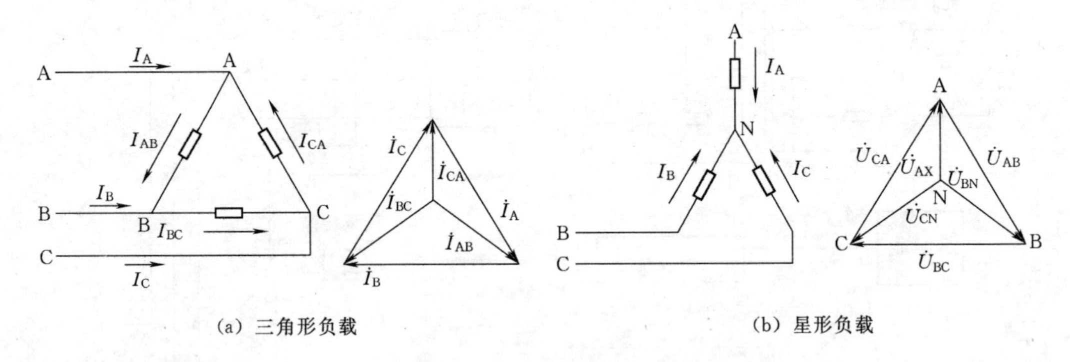

图 2-18　逆变器负载连接向量图

由图 2-17 所示波形可知，在输出半周内，图 2-16 所示三相全桥逆变电路有以下三种工作模式：

（1）模式 1（$0\leqslant\omega t<\pi/3$），VT_5、VT_6、VT_1 有驱动型号。逆变桥 A、C 两点与光伏阵列正极 P 端相连，B 点与光伏阵列负端 Q 相连。如 2-19（a）所示，电路等效电阻为

$$R_E=R+\frac{R}{2}=\frac{3}{2}R \tag{2-3}$$

逆变器输出电流以及电压为

$$I_1=\frac{U_{PV}}{R_E}=\frac{2U_{PV}}{3R} \tag{2-4}$$

$$U_{AN}=U_{CN}=\frac{U_{PV}}{3} \tag{2-5}$$

$$U_{BN}=-I_1R=-\frac{2U_{PV}}{3} \tag{2-6}$$

（2）模式 2（$\pi/3\leqslant\omega t<2\pi/3$），$VT_6$、$VT_1$、$VT_2$ 有驱动信号。A 点与光伏阵列正

极 P 端相连，B、C 两点与光伏阵列负端 Q 相连。如 2-19（b）所示，电路等效电阻为

$$R_E = R + \frac{R}{2} = \frac{3}{2}R \tag{2-7}$$

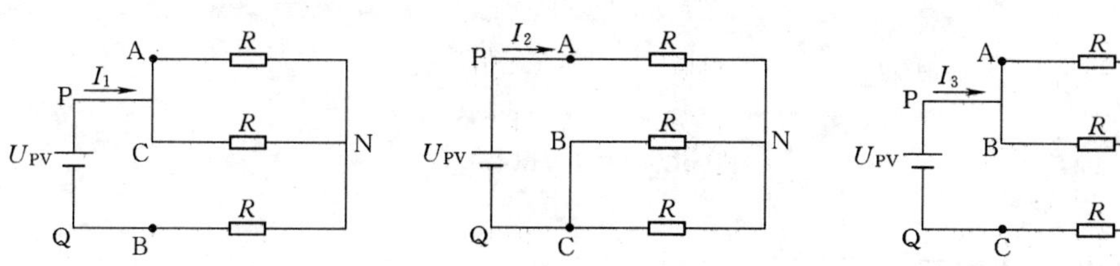

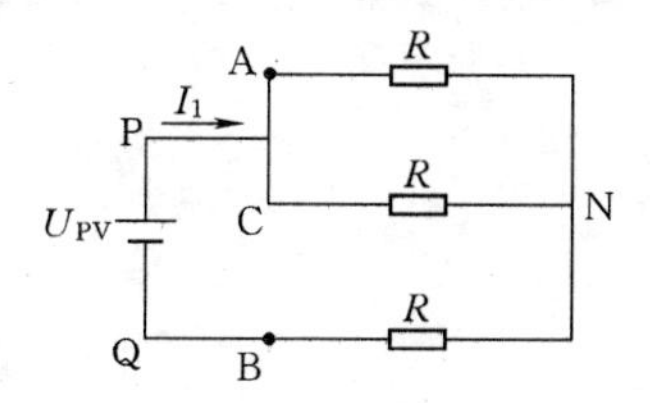

(a) VT_5、VT_6、VT_1导通等值电路

(b) VT_6、VT_1、VT_2导通等值电路

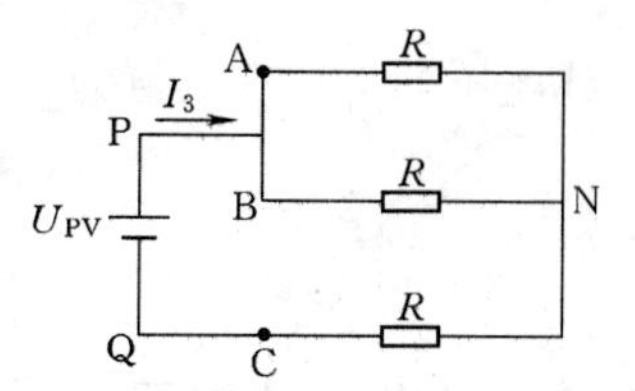

(c) VT_1、VT_2、VT_3导通等值电路

图 2-19 逆变器等效电路图

逆变器输出电流以及电压为

$$I_2 = \frac{U_{PV}}{R_E} = \frac{2U_{PV}}{3R} \tag{2-8}$$

$$U_{AN} = I_2 R = \frac{2U_{PV}}{3} \tag{2-9}$$

$$U_{BN} = U_{CN} = -\frac{I_2 R}{3} = \frac{-U_{PV}}{3} \tag{2-10}$$

（3）模式 3（$2\pi/3 \leqslant \omega t < \pi$），$VT_1$、$VT_2$、$VT_3$ 有驱动信号。A、B 两点与光伏阵列正极 P 端相连，C 点与光伏阵列负端 Q 相连。如 2-19（c）所示，电路等效电阻为

$$R_E = R + \frac{R}{2} = \frac{3}{2}R \tag{2-11}$$

逆变器输出电流以及电压为

$$I_3 = \frac{U_{PV}}{R_E} = \frac{2U_{PV}}{3R} \tag{2-12}$$

$$U_{AN} = U_{BN} = \frac{I_3 R}{2} = \frac{U_{PV}}{3} \tag{2-13}$$

$$U_{CN} = -I_3 R = \frac{-2U_{PV}}{3} \tag{2-14}$$

对星形负载电阻上相电压 u_{AN}、u_{BN}、u_{CN}波形进行傅里叶分解，其中 A 相电压瞬时值为

$$U_{AN}(t) = \frac{2}{\pi}U_{PV}\left(\sin\omega t + \frac{1}{5}\sin 5\omega t + \frac{1}{7}\sin 7\omega t + \frac{1}{11}\sin 11\omega t + \frac{1}{13}\sin 13\omega t + \cdots\right) \tag{2-15}$$

式中，A 相基波电压为：$U_{1m} = \frac{2U_{PV}}{\pi}$。

由电压的傅里叶变换可看出，该电压无 3 次谐波，只包含 5、7、11、13 等高阶奇次谐波，电压中第 n 次谐波的幅值为基波幅值的 $1/n$。

该电路线电压基波幅值为

$$U_{1m}=\frac{2\sqrt{3}}{\pi}U_{PV}=1.1U_{PV} \tag{2-16}$$

线电压的基波有效值为

$$U_{1}=\frac{\sqrt{6}}{\pi}U_{PV}=0.78U_{PV} \tag{2-17}$$

2.3.2　组串式逆变器

由于集中式逆变器一般只有 1 路或 2 路最大功率跟踪电路，而光伏组件在地面大面积地铺开，难免受到天空中云层或其他障碍物的遮挡形成阴影，使逆变器跟踪的最大功率点跟踪曲线不能真正跟踪到光伏组件的最大功率点电压，导致光伏组件无法最大程度地出力发电，损失发电量。另外，地形复杂的电站项目，如在西南的云南等地，光伏电站项目地点多为山地，1MW 发电单元所布置的光伏组件其朝向、倾角等很可能不一致，这时也会由于单路最大功率点跟踪导致光伏组件发电量损失。因此，组串式逆变器以多支路最大功率点跟踪、受阴影遮挡影响小、发电效率高等优点得到了大规模应用，其典型应用场景如图 2-20 所示。目前，组串式逆变器主要有二极管钳位型、飞跨电容型和级联型三种多电平拓扑结构。

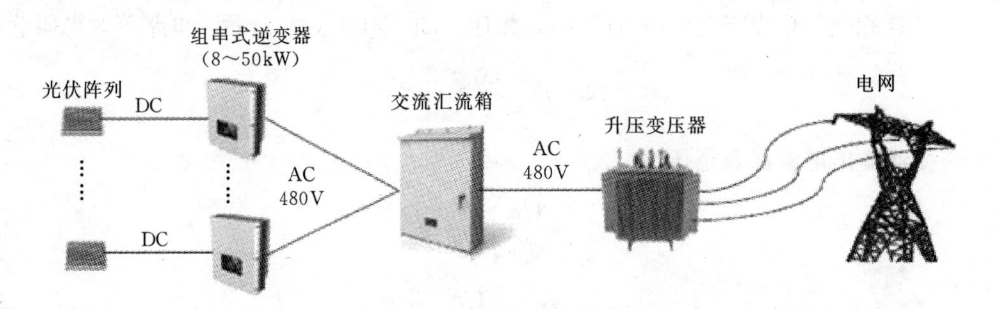

图 2-20　组串式逆变器典型应用场景

二极管钳位型多电平结构逆变器，一般被称为 I 型多电平逆变器。I 型三电平逆变器拓扑结构图如图 2-21 所示，通过两个相同的电容 C_1、C_2 进行分压，将输入直流电压分成三个电平，即 $0.5U_{PV}$、0 以及 $-0.5U_{PV}$，电路中每相桥臂通过一组二极管实现对功率器件的钳位功能，使得功率器件压降为 $0.5U_{PV}$。

飞跨电容型三电平逆变器拓扑结构如图 2-22 所示，其在 I 型三电平逆变器拓扑基础上，采用电容替代钳位二极管，实现对功率器件电压的钳位功能。钳位电容上的电压与电路的 0 电平状态相关。以 A 相为例，当功率器件 S_{a1} 与 S_{a3} 闭合时，电容 C_a 处于充电状态；当功率器件 S_{a2} 与 S_{a4} 闭合时，电容 C_a 处于放电状态。该类型逆变器的关键是需要保证钳位电容上的电压恒定为 $0.5U_{PV}$。

级联型五电平逆变器拓扑结构图如图 2-23 所示，其由两个 H 桥电路串联而成，

可产生 $2U_{PV}$、U_{PV}、0、$-U_{PV}$、$-2U_{PV}$ 五种电平。该类逆变器直流侧没有分压电容的问题，且各模块相互独立，易于安装与维护，但是需要多个独立直流源，成本较高。

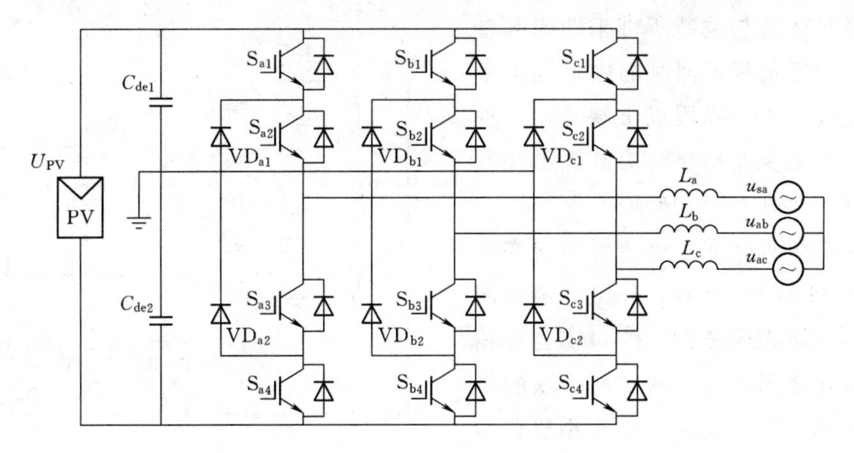

图 2-21 I型三电平逆变器拓扑结构图

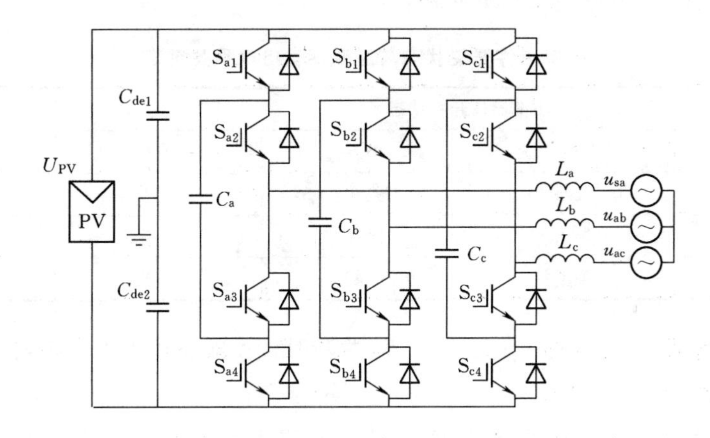

图 2-22 飞跨电容型三电平逆变器拓扑结构图

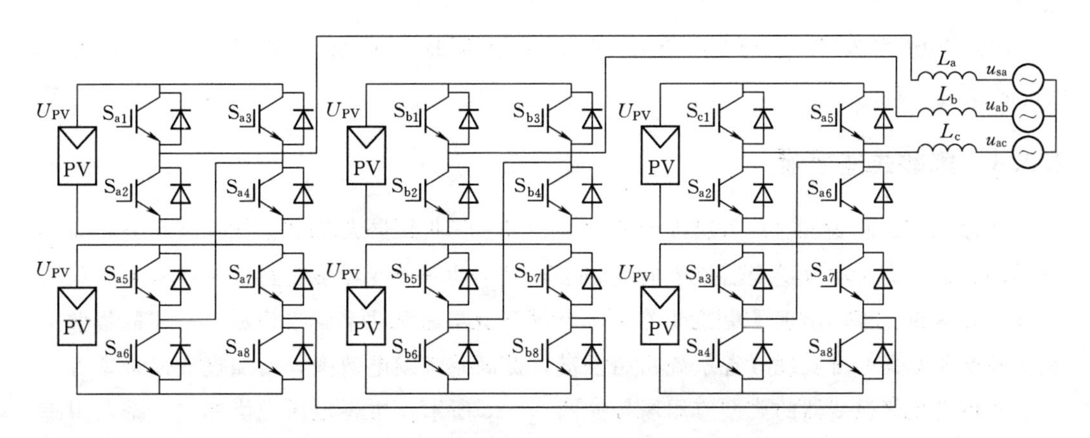

图 2-23 级联型五电平逆变器拓扑结构图

综上所述，I型三电平逆变器应用较为广泛，但是也存在一定缺陷，如功率器件的延时开通与关断所带来的死区管理问题，电容负载不同时的中点电压不平衡问题等。为了克服以上缺点，一种T型三电平逆变器拓扑结构被提出并被大量应用，如图2-24所示。

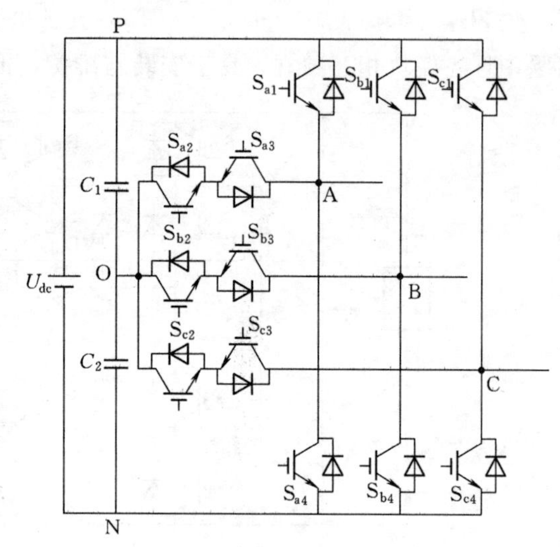

图2-24 T型三电平逆变器拓扑结构图

该电路在两电平三相全桥式逆变器中增加了两个分压电容，分压电容之间的O点为零电位参考点，在O点与每相桥臂输出端之间增加了两个反串联的带续流二极管的功率器件。以A相桥臂为例，功率器件开关状态与逆变器输出电平关系见表2-1，工作方式有以下三种：

表2-1　　功率器件开关状态与逆变器输出电平关系表

功率器件开关状态				输出电平
S_{a1}	S_{a2}	S_{a3}	S_{a4}	
导通	关断	关断	关断	$U_{PV}/2$
关断	导通	导通	关断	0
关断	关断	关断	导通	$-U_{PV}/2$

(1) 当功率器件S_{a1}导通，S_{a2}、S_{a3}、S_{a4}关断时，A端相对于光伏阵列直流侧零电位参考点O点的电平为$U_{PV}/2$。

(2) 当功率器件S_{a2}、S_{a3}同时导通，S_{a1}、S_{a4}同时关断时，A端相对于O点的电平为0。

(3) 当功率器件S_{a4}导通，S_{a1}、S_{a2}、S_{a3}关断时，A端相对于O点的电平为$-U_{PV}/2$。

2.3.3 集散式逆变器

针对集中式逆变器存在无法进行复杂多峰$P-U$曲线最大功率点跟踪等问题，通过有效结合集中式大功率逆变器集中逆变和组串式小功率逆变器多支路最大功率点跟踪两种技术方案的优势，出现了集逆变单元、光伏多支路最大功率点跟踪器于一体的集散式逆变器技术方案，可实现节省系统初始投资，提高系统发电效率，增加投资回报率等。

集散式光伏逆变器的典型应用场景如图2-25所示，主要包括光伏最大功率点跟踪器和逆变单元。其中，逆变单元与传统集中式逆变器的拓扑结构及工作原理相同，一般也是以1MW为一个发电单元，通过2个500kW的逆变单元模块将光伏阵列输出的直

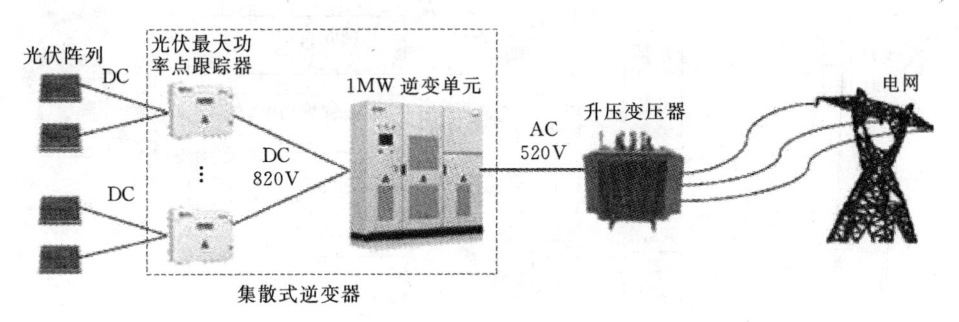

图 2-25 集散式光伏逆变器典型应用场景

流逆变为交流，经 1 台 1000kVA 的箱式变压器升压后并入电网，主要的改进在于在逆变单元的直流侧，增加光伏最大功率点跟踪器替代汇流箱，实现每 2～4 路光伏组串对应 1 路最大功率点跟踪，各最大功率点跟踪器均独立实现最大功率点跟踪，可有效降低遮挡、灰尘、组串失配的影响，提高系统发电量。光伏最大功率点跟踪器主要包括滤波和检测电路、DC/DC 功率模块和控制模块三个部分，光伏组串首先接入滤波和检测电路，将检测到的直流电压、电流信号传输至控制模块，控制模块根据检测信号对 DC/DC 功率模块发出脉冲控制信号，调整各 DC/DC 功率模块的功率输出曲线，实现最大功率点跟踪。另外，集散式逆变器交流输出侧，从传统的 270V/315V 提高到 520V；直流输入侧，由传统的 400～800V 波动电压提高到稳定的 820V，可有效降低传输损耗。

2.4 无功补偿装置

电网输出的功率包括有功功率和无功功率两个部分。有功功率直接消耗电能，将电能转变为机械能、热能等其他形式能源，有功功率符号用 P 表示。无功功率是为变压器、电动机等通过电磁感应原理运行的用电设备提供建立交变磁场和感应磁通所需要的电功率，无功功率符号用 Q 表示。电流在电感元件中做功时，电流超前于电压 90°；电流在电容元件中做功时，电流滞后电压 90°。无功补偿的基本原理是在感性元件电路中有比例地安装电容元件，使两者的电流相互抵消，减小电流与电压之间的向量夹角，从而提高电能做功的能力。无功补偿可以改善电能质量、降低电能损耗，挖掘发、供电设备潜力，减少用户电费支出。

自无功补偿装置产生以来，先后经历了传统同步调相机、无功补偿电容、饱和电抗器、以晶闸管为核心的静止无功补偿器以及采用自换相变流电路的静止无功发生器五个阶段，如图 2-26 所示。

(1) 第一阶段为传统无功功率补偿装置——同步调相机（Synchronous Condenser, SC)。该类补偿装置的原理是将同步电动机运行在无负载情况下，通过调整电机励磁产生大小不同的容性和感性无功功率。由于其具有良好的电压调节性能，在 20 世纪初的

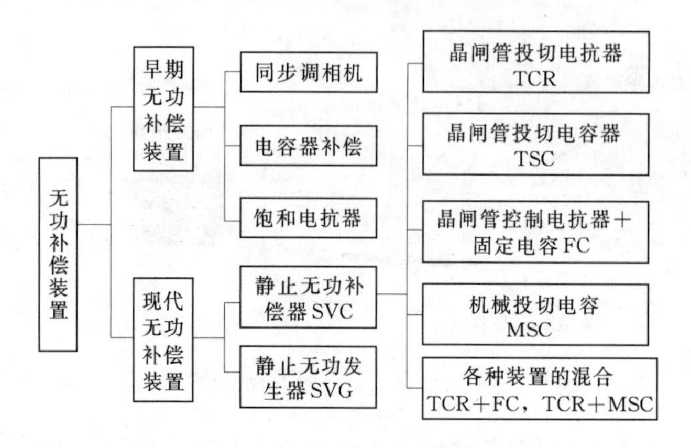

图 2-26　无功补偿装置发展概况图

电力系统无功功率控制中得到大量应用。但是该类无功补偿装置运行过程中损耗及噪声大，维护困难，响应速度慢，在多数情况下无法达到补偿要求。

(2) 第二阶段为传统无功补偿电容。采用并联补偿电容对系统的无功功率进行补偿，该方法结构简单、维护方便且经济，几乎取代了同步调相机。主要应用于企业变电所、车间或村镇变配电所以及电动机等感性负载。但是无功补偿电容容抗值是固定的，不能实现对变化负荷进行无功功率的动态补偿，同时在有谐波时易与感性负载产生并联谐振，发生故障。

(3) 第三阶段为采用饱和电抗器（Saturated Reactor，SR）进行无功补偿。该装置即为静止无功补偿装置。自英国 GEC 公司于 1967 年生产了第一台 SR 型静止无功补偿装置后，各国也进行了相关研究并推出了各自产品，主要分为不可控型和可控型，不可控型饱和电抗器是利用铁芯饱和特征来产生或吸收固定的无功功率，而可控型则是改变绕组工作电流以控制铁芯饱和程度，达到控制无功功率的大小。与 SC 相比具有静止型的优点，但是这类装置调整时间长、饱和损耗大、造价较高。

(4) 第四阶段为 20 世纪 80 年代以来以晶闸管器件为核心的静止无功补偿装置（Static Var Compensator，SVC）。1977 年美国 GE 公司首台晶闸管为核心器件构成的静止无功补偿装置投入运行。之后出现了一些类似产品，如：

1) 晶闸管控制电抗器（Thyristor Controlled，TCR），即将两个反并联晶闸管串联一个电抗器并入电网，通过调整晶闸管触发角来实现补偿吸收无功功率。

2) 晶闸管投切电容器（Thyristor Switched Capacitor，TCS），通过两个反并联晶闸管控制电容器接入或脱离电网，晶闸管代替了常规机械开关解决了电容器频繁投切的问题，串联小电感可抑制投入电网时的冲击电流，根据无功电流大小决定投入电容器的组数，但是该类型无功补偿装置仅能对无功电流进行有级调节。

除此之外，还有诸如晶闸管控制电抗器、固定电容（Fix Capacitor，FC）以及以上几种的混合装置（如 TCR＋TSC、TCR＋FC）等，这类静止无功补偿装置与旋转调相机相比，无论调节速度或运行经济性方面都具有优势。

(5) 第五阶段为新型采用自换相变流电路的静止无功补偿器，即为静止无功发生器(Static Var Generator，SVG)。SVG装置克服了上述无功补偿装置响应速度慢、运行损耗和噪声大、维护困难等缺点，可实现无功功率从感性到容性的宽范围连续补偿，抑制负载不平衡所产生的负序无功电流以及抑制电流突变等。随着电力电子技术的快速发展，SVG已经成为智能无功功率补偿领域的发展趋势。

静止无功发生装置主要采用三相桥式变流电路通过电抗器并网，其与电网和负载的连接关系如图2-27所示。一般通过调节桥式逆变电路的交流侧输出电压相位和幅值，或者直接控制逆变电路交流侧电流来产生或吸收满足要求的无功功率，进而实现从感性无功到容性无功的全范围动态无功功率补偿。某型号静止无功发生装置的外观图如图2-28所示。

静止无功补偿发生装置接入电网，其运行过程中涉及交流环节以及直流环节，交流环节主要与电网相连；直流环节是在SVG处进行交直流电能的变换，即既可将电网交流电能转变为直流电并存储在储能元件中，也可将储能元件中的直流电能转变为交流电能输送至电网。根据直流侧储能元件的不同，可将SVG分为电压型桥式电路结构和电流型桥式电路结构，如图2-29所示。电压型桥式变流电路直流侧储能元件采用电容器，电流型桥式变流电路直流侧储能元件采用电抗器，两者均通过桥式变流器调节，实现无功功率输出。

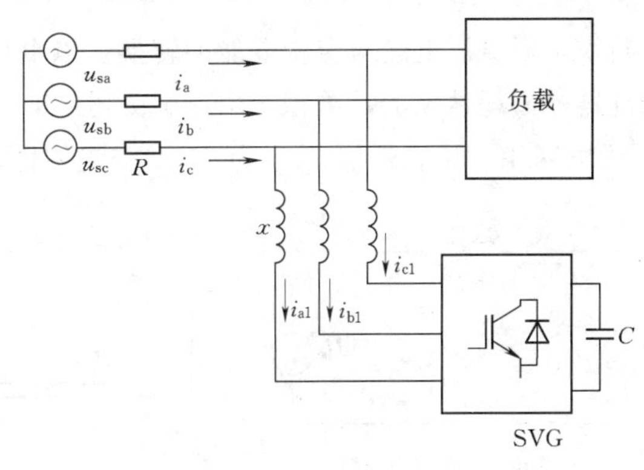

图2-27 静止无功发生装置与电网和负载的连接图

图2-28 某型号静止无功发生装置的外观图

由于电流型桥式变流电路工作效率较低，同时易出现电流短路等故障，因此SVG较多采用电压型桥式变流电路，在SVG正常运行时，主要通过桥式变流器的功率器件

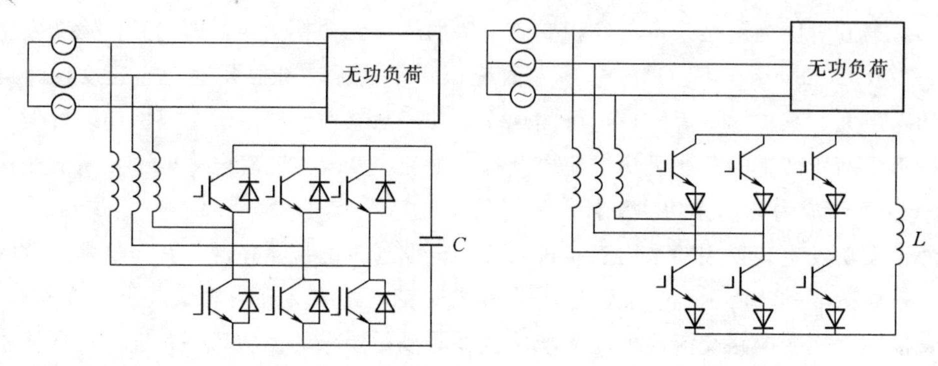

（a）电压型桥式变流电路结构　　（b）电流型桥式变流电路结构

图 2-29　静止无功补偿发生装置基本结构

通断来实现直流电能与交流电能的转换。以电压型桥式 SVG 单相为例，在忽略 SVG 中电抗器等损耗情况下，单相 SVG 等效电路工作原理和向量图如图 2-30 所示。其中，U_s 为电网相电压有效值、U_c 为 SVG 交流侧输出有效值、X 为连接电抗器的阻抗。

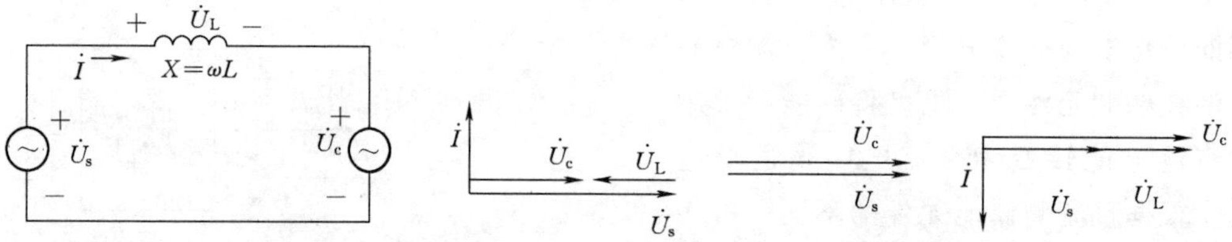

（a）单相 SVG 等效电路　　（b）单相 SVG 向量图

图 2-30　理想情况下单相 SVG 等效电路与向量图

在理想情况下，无功补偿发生装置不消耗有功功率，当 U_s 与 U_c 同相时，U_c 的幅值与大小直接控制 I 的幅值与相位；当 U_s 小于 U_c 时，电流超前电压 90°，此时 SVG 提供感性无功功率；当 U_s 大于 U_c 时，电流滞后电压 90°，SVG 提供容性无功功率。调节电流的幅值即可实现无功功率的补偿控制。在理想情况下，SVG 装置的补偿无功功率为

$$Q=\mathrm{Im}(S)=\mathrm{Im}\left[\frac{U_s(U_c-U_s)}{-\mathrm{j}X}\right]=\frac{U_s(U_c-U_s)}{X} \tag{2-18}$$

其中，Q 值的正负决定了补偿无功功率的性质。

考虑 SVG 中电抗器和变流器及线路等损耗，其等效电路和向量图如图 2-31 所示。

将电抗器及变流器等的有功损耗采用电阻损耗 R 进行等效，此时变流器侧输出电压$\dot{U}_c$ 与电流$\dot{I}$ 相位差仍为 90°，但是由于等效电阻存在，$\dot{U}_s$ 与$\dot{I}$ 的相位差变为（90°−δ），其中 δ 为变流器交流侧电压$\dot{U}_c$ 与电网电压$\dot{U}_s$ 的相位差，当改变 δ 以及$\dot{U}_c$ 的幅值时，电流$\dot{I}$ 的相位与幅值也会随之改变，最终实现 SVG 的无功补偿。

根据 SVG 工作原理分析，SVG 理想电流-电压特性如图 2-32 所示。U_{ref} 为补偿装

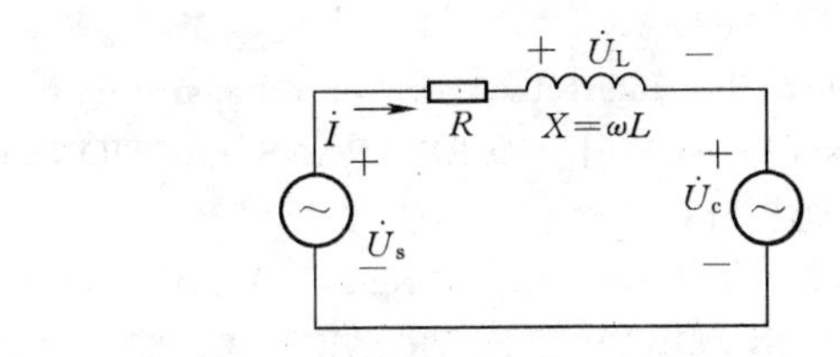

(a) 单相 SVG 等效电路

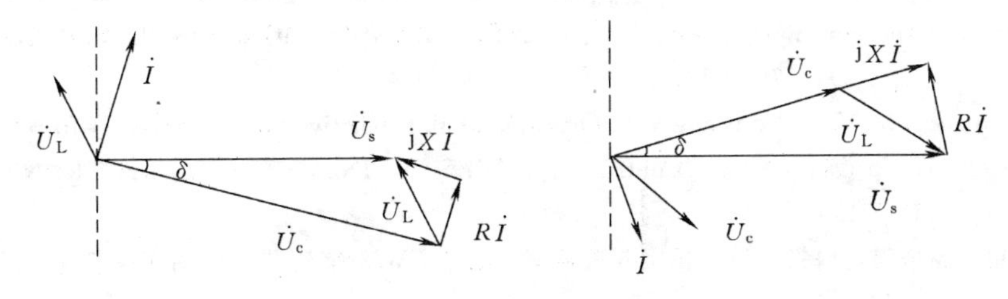

(b) 单相 SVG 向量图

图 2-31　考虑损耗的单相 SVG 等效电路与向量图

置控制电压的参考值，I_{Lmax}以及I_{Cmax}分别为 SVG 所能够提供的最大感性无功电流以及容性无功电流。规定 SVG 对电网输出无功功率为负时，其相应无功电流I_L为正。当U_{ref}发生变化时，电压-电流特性曲线上下移动，通过调节 SVG 交流侧输出电压的幅值和相位，可以达到其所能提供的最大无功电流。

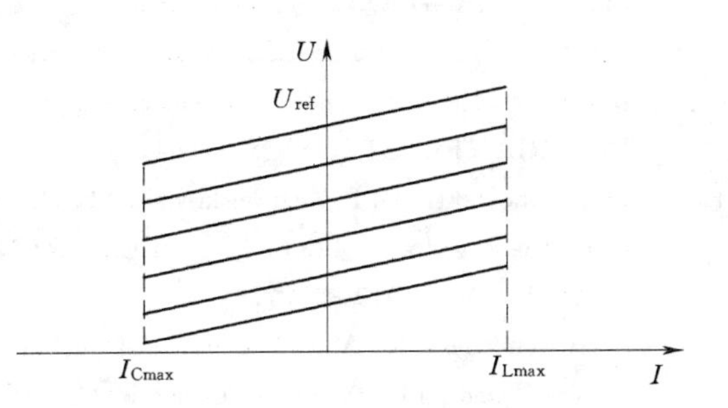

图 2-32　SVG 理想电流-电压特性

参　考　文　献

[1] 李钟实. 太阳能光伏组件生产制造工程技术 [M]. 北京：人民邮电出版社，2012.

[2] 蒋华庆，贺广零，兰云鹏. 光伏电站设计技术 [M]. 北京：中国电力出版社，2014.

[3] 张兴，曹仁贤. 太阳能光伏并网发电及其逆变控制 [M]. 北京：机械工业出版社，2011.

[4] 陈坚. 电力电子学——电力电子变换和控制技术 [M]. 2 版. 北京：高等教育出版社，2002.

[5] 王兆安，黄俊. 电力电子技术 [M]. 4 版. 北京：机械工业出版社，2005.

[6] Myrzik J. M. A.，Calais M. String and module integrated inverters for single-phase grid connected photovoltaic systems：a review [C]. Proceedings of IEEE Bologna Power Tech Conference，2003：23-26.

[7] V. B. Sriram，S. SenGupta，A. Patra. Indirect current control of a single phase voltage sourced boost type bridge converter operated in the rectifier mode [J]. IEEE TRANSACTIONS ON POWER ELECTRONICS. 2003. 18 (5)：1130-1137.

[8] 吴国祥，陈国呈，李杰，等. 三相 PWM 整流器幅相控制策略 [J]. 上海大学学报（自然科学版），2008，14 (2)：130-135.

[9] 张纯江，顾和荣，王宝诚，等. 基于新型相位幅值控制的三相 PWM 整流器数学模型 [J]. 中

国电机工程学报，2003，23（7）：28－31.

[10] Hyosung Kim，Taesik YuSewan Choi. Indirect current control algorithm for utility interactive inverters in distributed generation systems [J]. IEEE TRANS－ACTIONS ON POWER ELECTRONICS，2008，23（3）：1342－1347.

[11] V. Ambrozic，R. FiserD. Nedeljkovic. Direct current control A new current regulation principle [J]. IEEE TRANSACTIONS ON POWER ELECTRONICS，2003，18（2）：495－503.

[12] L. A. Serpa，S. D. Round，J. W. Kolar. A virtual－flux decoupling hysteresis current controller for mains connected inverter systems [J]. IEEE TRANSACTIONS ON POWER ELECTRONICS，2007，22（5）：1766－1777.

[13] S. Aurtenechea，M. A. Rodríguez，E. Oyarbide et al. Predictive Control Strategy for DC/AC Converters Based on Direct Power Control [J]. IEEE ON INDUSTRIAL ELECTRONICS，2007，54（6）：1261－1271.

[14] 张颖超，赵争鸣，鲁挺，等．固定开关频率三电平 PWM 整流器直接功率控制 [J]. 电工技术学报，2008，23（6）：72－76.

[15] H. B. Zhu，B. Arnet，L. Haines et al. Grid synchronization control without AC voltage sensors [C]. APEC 2003：EIGHTEENTH ANNUAL IEEE APPLIED POWER ELECTRONICS CONFERENCE AND EXPOSITION，2003（1）：172－178.

[16] Bo Yin，Ramesh Oruganti，Sanjib Kumar ea al. An output power control strategy for a three phase PWM rectifier under unbalanced supply conditions [J]. IEEE TRANSACTIONS ON INDUSTRIAL ELECTRONICS，2008，55（5）：2140－2151.

[17] M. Malinowski，M. P. Kazmierkowski，S. Hansen et al. Virtual flux based direct power control of three phase PWM rectifiers [J]. IEEE TRANSACTIONS ONINDUSTRIAL ELECTRONICS，2001，37（7）：1019－1027.

[18] S. Aurtenechea，M. A. Rodríguez，E. Oyarbide et al. Predictive Control Strategy for DC/AC Converters Based on Direct Power Control [C]. IEEE TRANSACTIONS ON INDUSTRIAL ELECTRONICS，2007，54（6）：1261－1271.

[19] S. Aurtenechea，M. A. Rodríguez，E. Oyarbide et al. Predictive Direct Power Control A New Control Strategy for DC/AC Converters [C]. IEEE IECON' 06，2006：1661－1666.

[20] Patrycjusz Antoniewicz，Marian P. Kazmierkowski. Comparative Study of Two Direct Power Control Algorithms for AC/DC Converters [C]. IEEE REGION 8 SIBIRCON，2008：159－163.

[21] Salvador Alepuz，Sergio Busquets－Monge，Josep Bordonau. Control Strategies Based on Symmetrical Components for Grid－Connected Converters Under Voltage Dips [J]. IEEE Trans. on Industrial Electronics，2009，56（6）：2162－2173.

[22] 朱琳，徐殿国，马洪飞．电网不平衡跌落时直驱风电系统网侧变换器控制 [J]. 电工技术学报，2007，22（1）：101－106.

[23] C. Jeraputra，P. N. Enjeti. Development of a robust anti－islanding algorithm forutility interconnection of distributed fuel cell powered generation [J]. IEEE Transa－ctions on Power Electronics，2004，19（5）：1163－1170.

[24] 夏祖华，沈斐，胡爱军，等．动态无功补偿技术应用综述 [J]. 电力设备，2004，5（10）：27－31.

[25] 谢小荣，姜齐荣．柔性交流输电系统的原理与应用 [M]. 北京：清华大学出版社，2006.

[26] Grünbaum R. SVC Light：a powerful means for dynamic voltage and power quality control in industry and distribution [J]. IEE International Conf. on Power Electronics and Variable Speed Drives，2000，475：404－409.

[27] 粟时平，刘桂英．静止无功功率补偿技术［M］．北京：中国电力出版社，2006.

[28] 郭锐，刘国海．静止同步补偿器数学模型及其无功电流控制研究［J］．电力自动化设备，2006，26（1）：21-24.

[29] 宁改娣，王跃，何世杰，等．一种新型柔性交流输电技术的研究［J］．电力电子技术，2006，40（6）：140-143.

[30] 陈贤明，许和平，王小红，等．±500kvar静止无功发生器的研制［J］．电力系统自动化，2001，25（24）：52-57.

第3章　光伏发电并网技术要求和检测方法

为保障光伏并网后的安全稳定运行，最大程度在电网内接纳光伏发电，世界各国均开展了光伏发电并网试验检测技术研究，并出台了与各自国家电网相适应的光伏发电并网技术标准。接入电网的光伏发电并网性能主要包括电能质量、有功/无功功率输出和控制特性、防孤岛保护性能、电压/频率响应特性和低电压穿越特性。

本章将首先介绍光伏发电核心部件光伏逆变器的常用控制方法；然后针对并网表现出的外特性介绍国内外典型技术标准的并网性能技术要求，同时进行相应的对比分析；最后，介绍各项并网性能的检测方法。

3.1　光伏发电常用控制方法

虽然光伏发电核心部件光伏逆变器的控制方法较多，但是一般都包括了最大功率点跟踪控制、并网电流控制、防孤岛保护控制和低电压穿越控制。

3.1.1　最大功率点跟踪控制

光伏阵列输出具有明显的非线性特征，其输出特性不仅与光伏组件内部特性有关，还与外界环境温度、辐照度和负载有关。在一定的辐照度和温度环境下，光伏阵列可工作在不同的电压下，但只有一个工作电压对应的输出功率最大，这时光伏阵列的工作点称为最大功率点。在光伏逆变器工作过程中，利用控制技术实现光伏阵列最大功率输出的技术，称为最大功率点跟踪（Maximum Power Point Tracking，MPPT）技术。

1. 恒电压跟踪

当光伏阵列温度不变时，尤其当太阳光照强度在300～1000W/m^{2}时，晶硅光伏组件输出功率电压曲线上的最大功率点几乎分布于一条垂直直线的两侧，因此若能将光伏组件输出电压控制在此垂直直线处，即恒电压跟踪，这时光伏组件将工作在最大功率点。此跟踪方法优点为控制简单，控制易实现；系统不会出现因给定的控制电压剧烈变化而引起振荡的现象，具有良好的稳定性；缺点为控制精度差，系统最大功率点跟踪的精度取决于给定电压值选择的合理性；控制的适应性差，因为光伏组件输出功率电压曲线在不同的温度以及不同的太阳光照强度下具有不同的最大功率值，所以按照恒定电压跟踪原理实现最大功率点跟踪将会存在很大的跟踪误差，特别是当系统外界环境，如太阳光照强度以及光伏阵列温度发生较大改变时，系统难以进行准确的最大功率点跟踪，

该跟踪方法失效。

2. 扰动观察法

扰动观察法又叫爬山法，扰动观察法算法流程如图 3-1 所示，其工作原理是使电压的变化始终朝太阳能光伏电池输出功率最大的方向改变，其实质是一个自寻优的过程。实际工作过程中，通过对光伏阵列当前输出电压和输出电流的检测，得到这一时刻光伏阵列的输出功率，再与已被存储的前一时刻光伏阵列输出功率相比较，从而确定增大或者减小当前时刻光伏阵列输出电压，如此周而复始，使得光伏阵列动态地工作在最大功率点上，达到最大功率点跟踪的目的。这种方法的优点为控制思路简单，实现较为方便，可实现最大功率点的动态跟踪，提高光伏阵列的利用效率；缺点是跟踪到最大功率点时，只能在最大功率点附近振荡运行，造成一定的功率损失，另外由于光照强度是时刻变化的，光伏阵列的输出功率电压曲线也在时刻变化，因此系统可能对扰动方向错误判断，导致一定的能量损失。

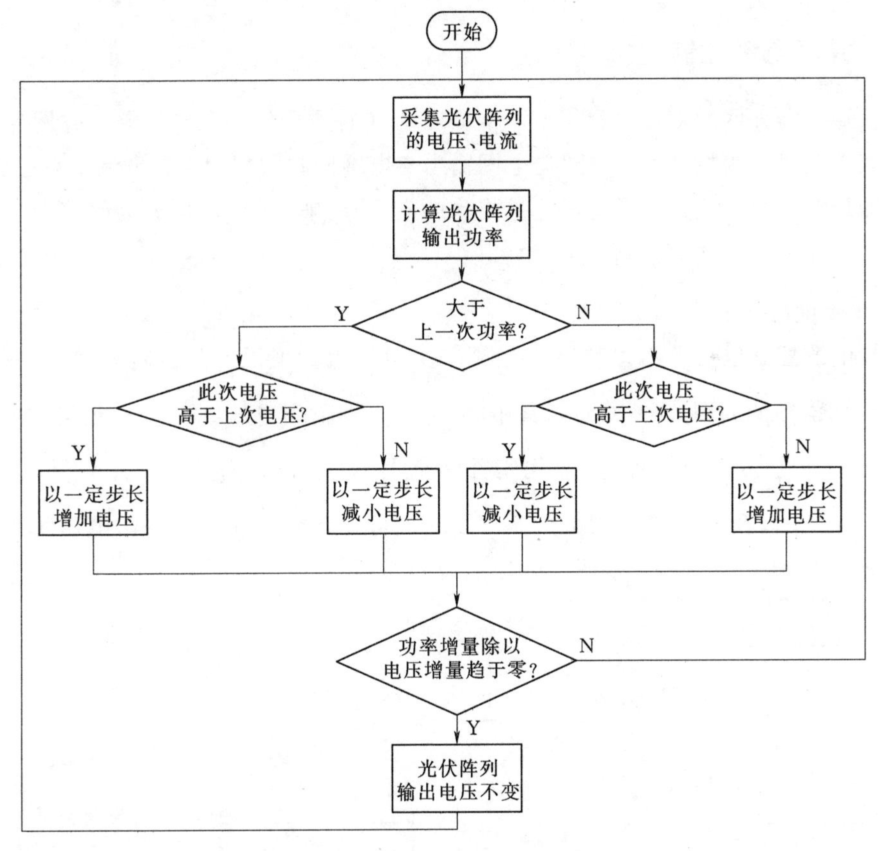

图 3-1　扰动观察法算法流程

3. 电导增量法

电导增量法能够判断出工作点电压与最大功率点电压之间的关系。对于功率 P 有

$$P=UI \tag{3-1}$$

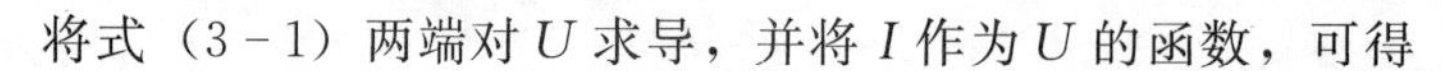

将式（3-1）两端对U求导，并将I作为U的函数，可得

$$\frac{dP}{dU}=\frac{d(IU)}{dU}=I+U\frac{dI}{dU} \tag{3-2}$$

由图2-4可知，当$dP/dU>0$时，$U<U_{max}$；当$dP/dU<0$时，$U>U_{max}$；当$dP/dU=0$时，$U=U_{max}$，再结合式（3-2），则可知当$U<U_{max}$时，$dI/dU>-I/U$；当$U>U_{max}$时，$dI/dU<-I/U$；当$U=U_{max}$时，$dI/dU=-I/U$，如此可以根据dI/dU与$-I/U$之间的关系来调整光伏阵列输出电压，从而实现对光伏阵列最大功率点的跟踪。

由于光照均匀情况下，光伏阵列输出功率电压曲线为一单峰曲线，因此采用电导增量法进行最大功率点跟踪时并无原理性误差，控制稳定度高，当外部环境参数变化时系统能平稳地追踪其变化，且与光伏组件的特性及参数无关，是一种较理想的最大功率点跟踪方法。但是其缺点在于控制算法较复杂，对控制系统要求较高；控制电压初始化参数对系统启动过程中的跟踪性能有较大影响，若设置不当则可能产生较大的功率损失。

3.1.2　并网电流控制

光伏逆变器并网发电可以看作是一个恒压源（电网）与一个电流源（并网逆变器）连接，其控制目标为控制逆变电路向电网输出与电网同频同相的正弦电流。对逆变器并网电流的控制，实际就是对逆变器能量流动的有效控制，主要可以分为间接电流控制、直接电流控制、直接功率控制三类。

1. 间接电流控制

间接电流控制也称为相位和幅值控制，以B相为例来说明其控制原理。并网模式下B相等效电路图如图3-2所示，其中$\dot{U}_b$为逆变器输出电压，r为B相等效电阻，L为滤波电感，$\dot{E}_b$为B相电网电压。可得并网模式下电压电流向量图如图3-3所示。当参数L、r、$\dot{E}_b$以及$\dot{I}_b$和功率因数角θ已知时，可以计算出逆变器输出电压$\dot{U}_b$的向量值，进而通过SPWM调制，实现对输出电流的控制。

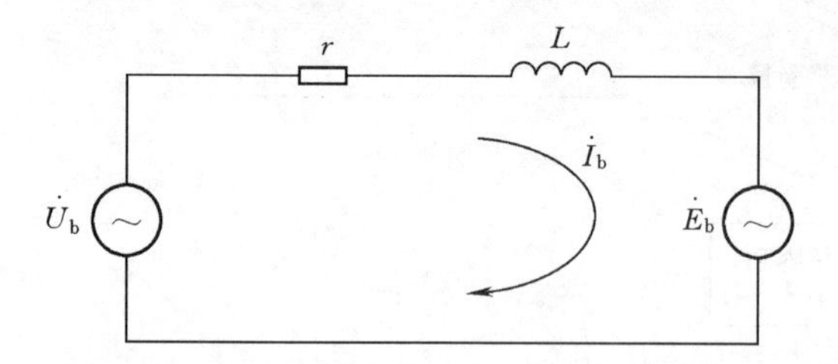

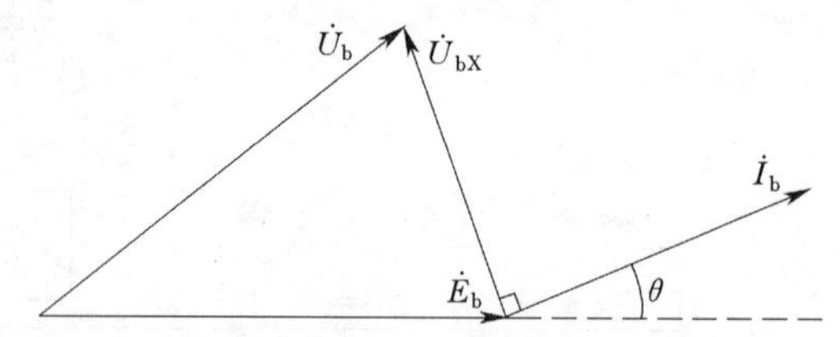

图3-2　并网模式下B相等效电路

图3-3　并网模式下电压电流向量图

间接电流控制的优点在于控制简单，一般不需要电流反馈，减少了系统所需电流传感器的数量，主要缺点在于交流侧电流的动态响应不够快，交流侧电流中甚至会含有直流分量容易造成滤波电感的饱和，且对于并网逆变器的电感参数变化较为敏感。因此间

接电流控制适合于对逆变器动态响应要求不高且控制结构要求简单的应用场合。

2. 直接电流控制

直接电流控制是对电流的闭环控制，具有鲁棒性强，动态性能好等优点。直接电流控制包括基于坐标变换理论的控制、滞环控制、PR控制、预测电流控制等，其中基于坐标变换理论的控制应用较为广泛。根据坐标定向的不同，基于坐标变换理论的控制可分为基于三相静止坐标系的控制、基于电网电压定向的控制和基于虚拟磁链定向的控制三种。具体如下：

（1）基于三相静止坐标系的控制。基于三相静止坐标系下的控制，即把三相逆变器看做三个独立的单相逆变器进行控制，三相并网逆变器控制框图如图3-4所示，i_a、i_b、i_c为三相采样电流，i_{mref}为给定电流。其工作原理是对三相电网电压进行锁相，通过电网相位和电流的功率因数角得到参考电流的相位，将该相位与参考电流的幅值相乘得到给定的正弦电流。参考电流与采样的实际电流相比较，并将误差量送入电流控制器中，利用调制波与三角波比较量即可产生控制开关管通断的PWM波形，使实际电流跟踪参考电流。

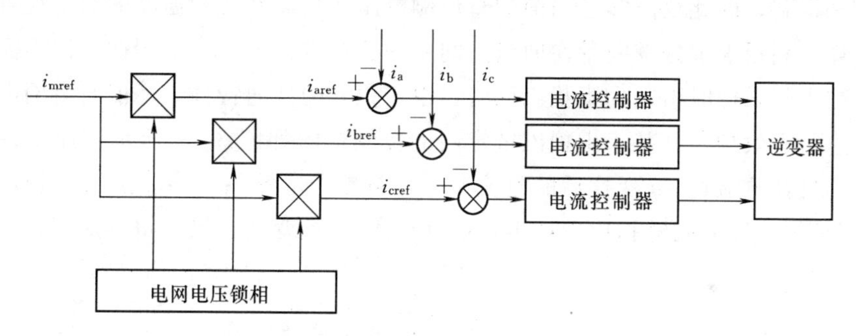

图3-4　基于三相静止坐标系下三相并网逆变器控制框图

（2）基于电网电压定向的控制。基于电网电压定向的控制策略，是一种基于同步旋转坐标系下的向量控制。通过Clark和Park变换，三相电网电压和并网电流由三相交流量转换为两相直流量，有利于电流调节器的设计，能够实现电流调节无静差，有较好的稳态性能。

基于电网电压定向的控制框图如图3-5所示，i_d、i_q为三相电流经过dq变换后的直流量，e_d、e_q为三相电网电压经dq变换后的电压直流量。由于dq变换是使d轴方向

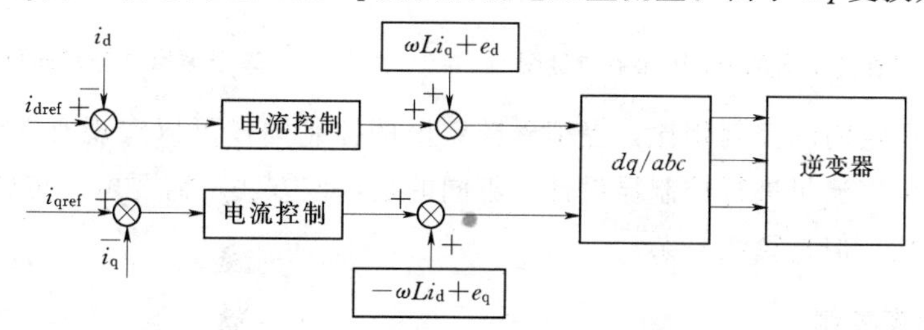

图3-5　基于电网电压定向的控制框图

与电网电压空间向量的方向一致，因此坐标变化后 e_d 为电压峰值大小，e_q 为 0。因此，dq 变换实现了有功与无功的解耦，i_d、i_q 分别代表了有功电流与无功电流，分别控制有功与无功的输出。当 $i_q=0$ 时，代表了无功分量为零，即实现了单位功率因数的电流输出。d 轴与 q 轴的电流误差信号经过电流调节器后，输出电压向量调制波，既可以通过 SVPWM 调制控制各桥臂开关管的通断，也可以通过 Clark 反变换和 Park 反变换，转换为三相调制波，进行 SPWM 调制对各桥臂开关管的通断进行控制。

（3）基于虚拟磁链定向的控制。基于虚拟磁链的电压定向控制为在电压定向控制中引入虚拟磁链的概念。由于三相并网逆变器电网侧的电路结构与三相交流电机非常相似，因此可以将三相并网逆变器看作一台虚拟电机，其中三相电网电动势可以看作三个绕组切割旋转磁场产生的电动势，由虚拟的气隙磁链感应产生，电感及等效电阻分别对应虚拟电机的定子电感和定子电阻。

通过将虚拟磁链向量定义为电网电压向量的积分，方向滞后电网电压 90°，在同步旋转坐标系中，随着电压向量的同步旋转，虚拟磁链向量也随之旋转，但始终滞后电网电压 90°，基于虚拟磁链定向的 dq 坐标系向量图如图 3－6 所示。虚拟磁链通过电网电压的积分来得到，因此只需知道当前的直流侧电压和当前开关管通断的信息就可以对磁链进行估算，利用虚拟磁链向量在向量空间中的位置进行定向。采用此方法不需要对电网采样，减少了采样时引入的干扰。同时，由于积分的低通特性，还能对电网电压中的谐波畸变进行有效抑制。基于虚拟磁链定向的控制框图如图 3－7 所示，控制系统将三相坐标下的反馈电流经 dq 变换后的电流 i_d、i_q 与参考电流 i_{dref}、i_{qdef} 进行比较，通过电流控制环节后与 d、q 磁链相比较，再经过 dq/abc 坐标变换，最终得到逆变器 PWM 驱动信号。

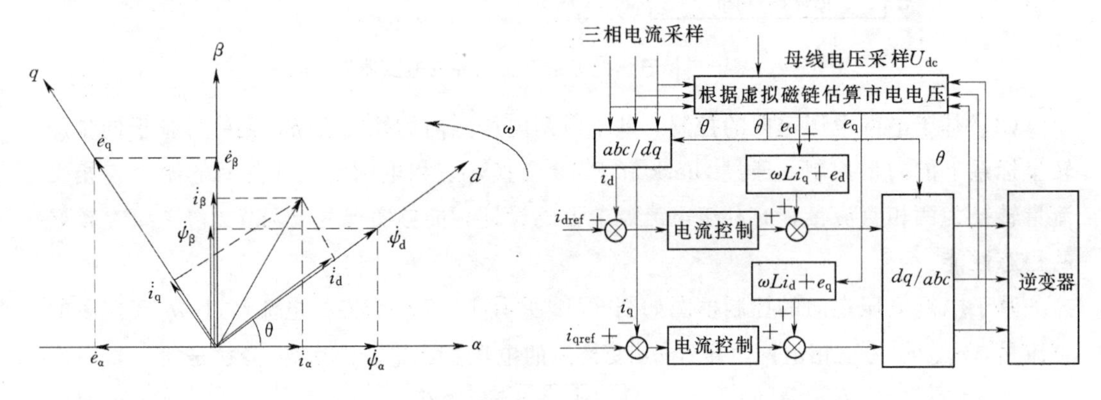

图 3－6　基于虚拟磁链定向的 dq 坐标系向量图

图 3－7　基于虚拟磁链定向的控制框图

与电网电压定向的控制相比，虚拟磁链定向的控制同样可以实现有功无功的解耦，将交流量转换为直流量进行控制器设计。不同的是，该方法不需要电压传感器，减少了成本与信号干扰，但是算法复杂。

3. 直接功率控制

（1）基于电压定向的直接功率控制。直接功率控制（Direct Power Control，DPC）

由异步电机的直接转矩控制发展而来，其是在电网电压定向控制的基础上引入瞬时功率理论得到的一种控制方法。根据瞬时功率理论，从电网吸收的瞬时有功和无功功率可以利用交流侧并网电流和电网电压向量计算得出。直接功率控制是通过对功率的瞬时控制，实现有功功率与无功功率的解耦。控制框图如图 3-8 所示，参考有功功率 P_{ref} 与无功功率 Q_{ref} 值分别与相应反馈信号 P、Q 进行比较，将比较值输入功率控制器中，输出控制系统的 PWM 信号。当无功功率指令为零时，就实现了单位功率因数的功率输出。

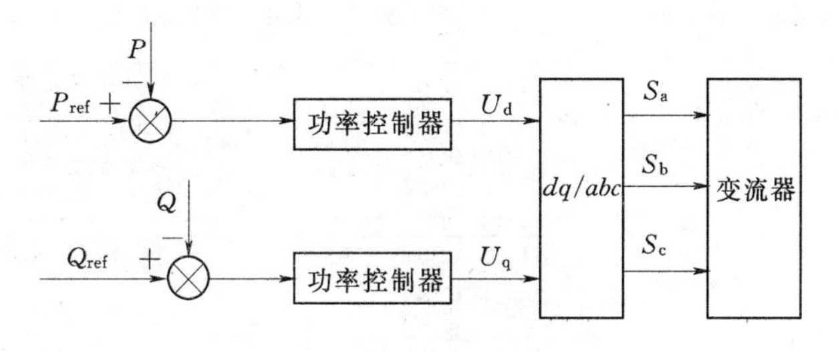

图 3-8 直接功率控制框图

（2）基于虚拟磁链定向的直接功率控制。基于虚拟磁链定向的直接功率控制是根据当前直流侧电压和开关管通断信息，对磁链进行估算，利用虚拟磁链向量计算出网侧电压向量的幅值与相位，并根据瞬时功率理论，通过网侧电压向量与电流向量计算出有功功率与无功功率的大小。基于虚拟磁链定向的直接功率控制框图如图 3-9 所示，将功率指令值与功率估算值比较得到的误差，输入到功率控制器进行调节，调节器的输出为 dq 坐标系下调制波，采用 SVPWM 调制或者坐标变换后采用 SPWM 调制信号，控制输出功率跟踪给定功率。该控制方式是对瞬时功率进行直接控制，具有较好的动态性能，且能对电网电压进行估算，减少三个电压传感器，有效抑制由于采样电路引起的干扰。

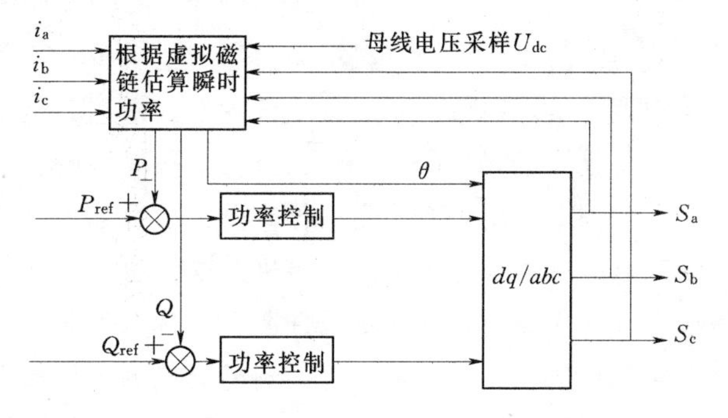

图 3-9 基于虚拟磁链定向的直接功率控制框图

3.1.3 防孤岛保护控制

孤岛效应主要是指：当公共电网突然停止供电时，与电网相连的分布式发电系统（Distribution Generation，DG）未能及时检测出电网的停电状态而继续工作，从而形成一个自给供电孤岛。当光伏并网发电处于孤岛运行状态时会产生严重的后果，如孤岛中的电压和频率无法控制，可能会对用户的设备造成损坏；孤岛中的线路仍然带电，可能会危及检修人员的人身安全；电力公司恢复供电时，由于相位不同步产生大的冲击电流等问题。

光伏发电系统防孤岛保护方法主要是光伏逆变器根据自身的控制算法判断孤岛现象是否发生，不需要增加额外的硬件设备，逆变器防孤岛保护方法主要可分为被动式防孤岛保护方法和主动式防孤岛保护方法两大类，光伏逆变器主要防孤岛保护方法分类图如图3-10所示。

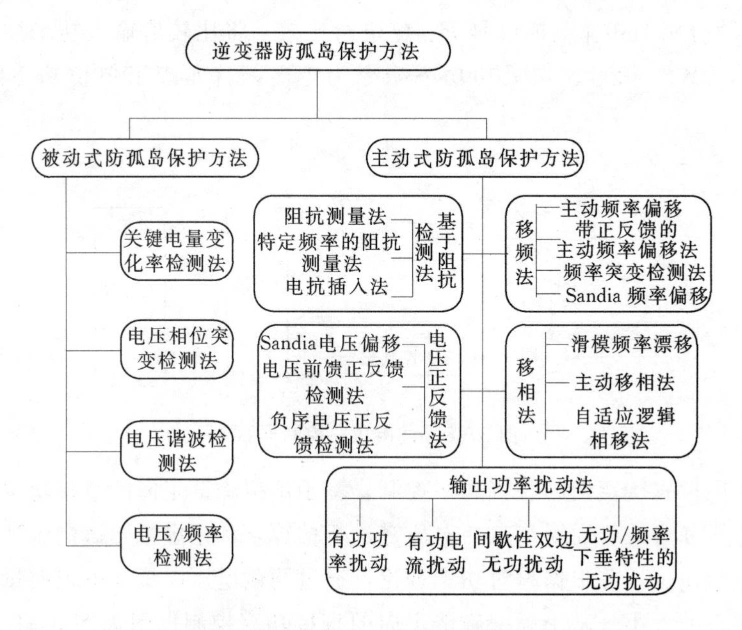

图3-10 光伏逆变器主要防孤岛保护方法分类图

被动式防孤岛保护方法不需要引入扰动量，只需根据并网点电压、频率、相位或谐波等物理变量来判断孤岛现象是否发生。根据其判定物理量的不同，被动式防孤岛保护方法主要分为过/欠电压检测法、过/欠频率检测法、电压谐波检测法、电压相位突变检测法和关键电量变化率检测法等。由于没有加入扰动量，被动式防孤岛检测方法对并网电流的电能质量没有影响，且多机并联时也不会因为相互干扰而造成检测效率下降，但是该类方法孤岛判定阈值难以选取。若选取阈值大，系统容易造成误判；若阈值较小，存在较大盲区，受负载特性的影响可能检测不出孤岛的发生。

主动式防孤岛保护方法在被动式防孤岛保护方法的基础上加入电压、相位、电流或功率等扰动量，根据光伏逆变器并网点对此扰动的响应特性来判断孤岛现象是否发生。这样即使负载完全平衡，也会由于扰动量的加入而打破能量平衡，造成逆变器的关键检测物理量发生变化，检测出孤岛的发生。主动式防孤岛保护方法主要包括移频法、移相法、基于阻抗检测法、电压正反馈法和输出功率扰动法五大类。目前应用较多的是主动频率偏移法、主动移相法以及功率扰动法三种。

1. 主动频率偏移法

主动频率偏移法通过采样逆变器与电网的公共连接点处频率，对频率进行偏移处理作为逆变器的输出电流频率，造成对公共连接点端电压频率的扰动。主动频率偏移法关键波形图如图3-11所示，u_{PCC}为公共点电压，在并网运行时其大小即为电网电压，T_v

是对应的周期，i 为光伏逆变器输出并网电流，t_z 为电流截断时间，i_1 为电流 i 的基波分量。定义截断系数 $c_f=2t_z/T_v$，通过傅立叶分析可得基波分量 i_1 超前 i 的相位 $\omega t_z/2$，定义其为主动移频角 θ_{AFD}。通过调整输出电流的频率使其比电压频率略高，若电流半波已完成而电压未过零，则强制电流给定为零，直到电压过零点到来，电流才开始下一个半波。当市电断电后，公共连接点处电压的频率受电流频率的影响而偏离原值，超过正常范围即可检测出孤岛。

本地 RLC 负载的向量图如图 3－12 所示，其中$\dot{i}_{load}$为负载电流，脱网时即为逆变器输出电流 i 的基波 i_1。定义 ϕ_{load}为负载的相角，它表示负载电流滞后于负载电压的角度。

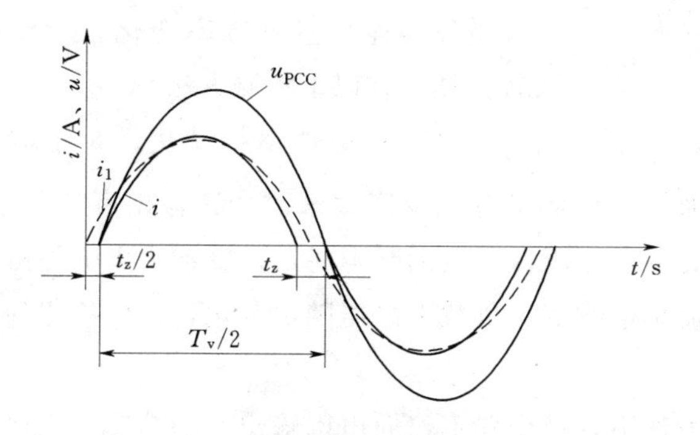

图 3－11 主动频率偏移法关键波形图

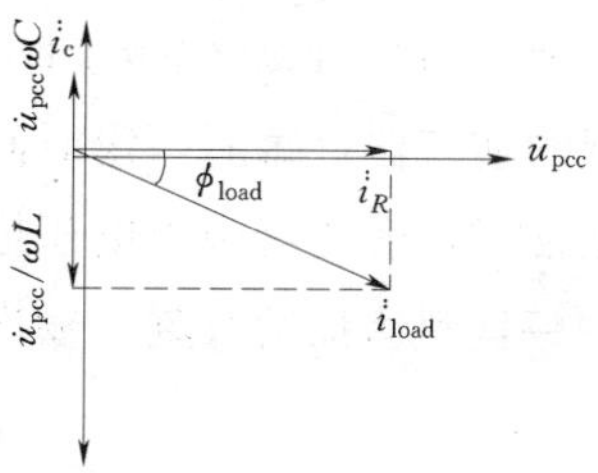

图 3－12 本地 RLC 负载的向量图

根据数字锁相环原理，锁相环的输入量为$\dot{u}_{PCC}$和$\dot{i}$之间的相位差$\angle\dot{u}_{PCC}[k-1]-\angle\dot{i}[k-1]$，即 $\theta_{AFD}[k-1]-\theta_{Load}[k-1]$。当 $\theta_{AFD}[k-1]<\theta_{Load}[k-1]$时，电压$\dot{u}_{PCC}$滞后电流$\dot{i}$，系统将减小$\dot{i}$的输出频率 f，以使$\dot{i}$不断追踪$\dot{u}_{PCC}$，当输出频率 f 减小时，$\theta_{Load}[k]<\theta_{Load}[k-1]$，它将会阻止频率 f 的减小；当 $\theta_{AFD}[k-1]>\theta_{Load}[k-1]$，电压 $\dot{u}_{PCC}$超前电流$\dot{i}$，系统将增加$\dot{i}$的输出频率 f，当输出频率 f 增大时，$\theta_{Load}[k]>\theta_{Load}[k-1]$，它将会阻止频率 f 的增加。显然，直到 $\theta_{Load}[k]=\theta_{AFD}[k-1]$，系统将会进入稳态，此时的关系为

$$\theta_{Load}=\tan^{-1}\left[R\left(\omega C-\frac{1}{\omega L}\right)\right]=\frac{\pi}{2}cf=\theta_{AFD} \tag{3-3}$$

当满足式（3－3）的频率超过正常范围值时，孤岛即被检测出来。

2. 主动移相法

相对于主动频率偏移法通过在输出电流过零点处截断一个正平台或负平台，从而获得电流基波超前或滞后角，主动移相法是直接令输出电流波形提前或滞后一个相位，由该相位驱动系统频率向上或向下持续偏移。主动移相法关键波形图如图3－13 所示，θ 为主动移相角，主动移相法对逆变器输出电流的扰动可表示为

$$i=I\sin(2\pi ft+\theta) \tag{3-4}$$

电网正常时，公共连接点处电压频率和相位在电网的钳制作用下，扰动不起作用；电网断电后，相位正反馈扰动快速将公共连接点处电压频率推出正常范围值，从而检测

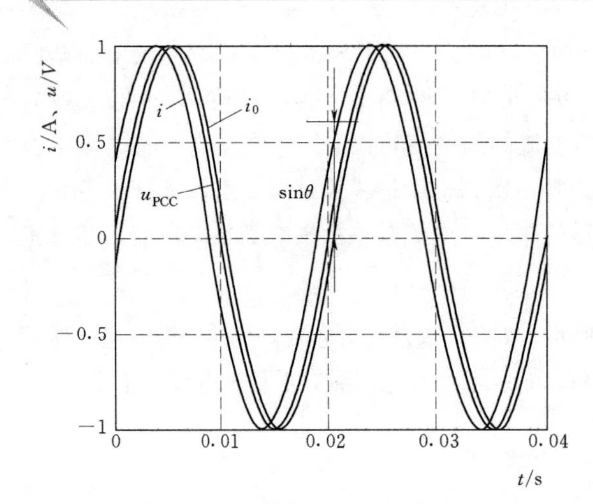

图3-13　主动移相法关键波形图

出孤岛。

3. 功率扰动法

功率扰动法分为有功功率扰动法和无功功率扰动法，前者对逆变器输出电流的幅值进行扰动来改变有功功率输出，通过检测公共点处电压幅值变化来判断是否发生孤岛；后者对逆变器输出的无功功率进行扰动，通过检测公共连接点处频率变化来检测孤岛。具体有以下检测方法：

(1) 有功功率扰动法。对于电流源控制型的逆变器，每隔一定时间，通过减少输出电流给定值来改变其输出有功功率。当电网正常时，逆变器输出电压恒定为电网电压；当电网断电时，逆变器输出电压由负载决定。一旦到达扰动时刻，输出电流幅值改变，负载上电压随之变化，则可检测到孤岛发生。

(2) 无功功率扰动法。在该扰动方法下，逆变器不仅向电网输出有功功率，也提供一部分无功功率。并网运行时，负载端电压由于受电网电压钳制，不受逆变器输出无功功率大小的影响；当系统进入孤岛状态时，一旦逆变器输出的无功功率和负载需求不匹配，则负载电压幅值或者频率将发生变化，进而检测出孤岛。

3.1.4　低电压穿越控制

为保证电力系统安全稳定运行，当电力系统事故或扰动引起光伏发电站并网点电压跌落时，在一定的电压跌落范围和时间间隔内，光伏发电站需要保证不脱网连续运行。因此，应用于光伏发电站的光伏逆变器需具备低电压穿越能力。逆变器低电压穿越控制一般可分为对称故障穿越控制和不对称故障穿越控制两种。

电网电压对称跌落发生后，为使交直流侧功率尽快重新回到平衡状态，逆变器控制器一般舍弃直流母线电压外环，直接采用并网电流内环进行控制，同时，考虑到电网故障期间光伏逆变器需向电网进行动态无功支撑，通常采用如图3-14所示的控制策略。具体步骤如下：

(1) 检测到电网电压对称跌落后，断开直流电压外环，对电流给定值进行重新分配。

(2) 针对不同的跌落深度 h，提供的动态无功支撑不同，分别为

$$\begin{cases} i_{\mathrm{q\_min}}=0 & (h>0.9) \\ i_{\mathrm{q\_min}}=1.5(0.9-h)i_{\mathrm{n}} & (0.2\leqslant h\leqslant 0.9) \\ i_{\mathrm{q\_min}}=1.05i_{\mathrm{n}} & (h<0.2) \end{cases} \tag{3-5}$$

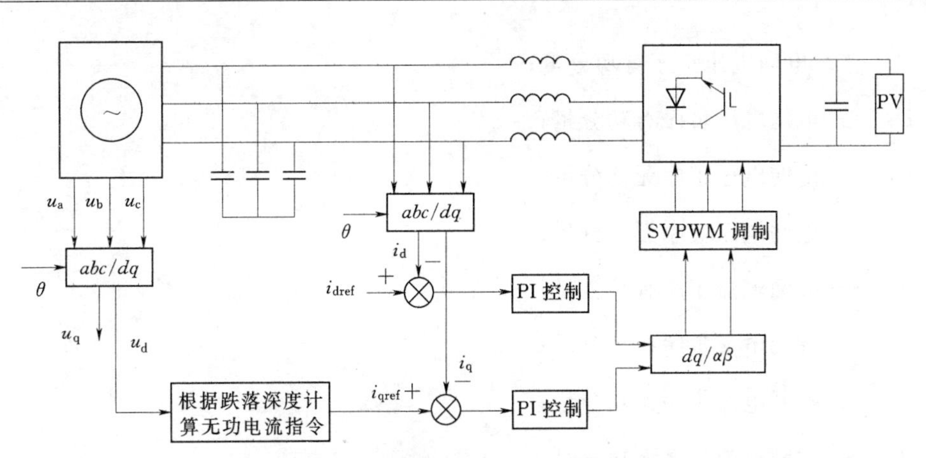

图 3-14 常用对称故障穿越控制框图

(3) 假定逆变器可承受的最大短路电流为 1.1 倍额定电流 i_n，则有功电流参考值 i_{dref} 为

$$i_{dref}=\sqrt{(1.1i_n)^2-i_{qref}^{\ 2}} \tag{3-6}$$

(4) 有功电流参考值 i_{dref}、无功电流参考值 i_{qref} 分别与实测值比较后，经电流 PI 调节和坐标变换后，采用 SVPWM 进行调制，驱动逆变器工作。

由于电网电压正常时，不存在负序分量，dq 变换后 u_d 为直流量，大小为电压幅值，$u_q=0$。因此，可通过 u_d 的大小快速判断电网电压的跌落与恢复，从而切换到相应的控制程序中，对称故障跌落全过程低电压穿越控制流程图如图 3-15 所示。其中，一般判断出电网电压对称跌落后，即锁存此时刻直流母线电压 u_{pv}，并由正常运行程序切换至电网对称跌落模式下的控制程序，为电网提供动态无功电流支撑；判断出电网电压恢复正常后，再将跌落时刻的锁存值 u_{pv} 赋值给最大功率点跟踪参考电压 u_{dcref}，提高母线电压的动态调节性能。

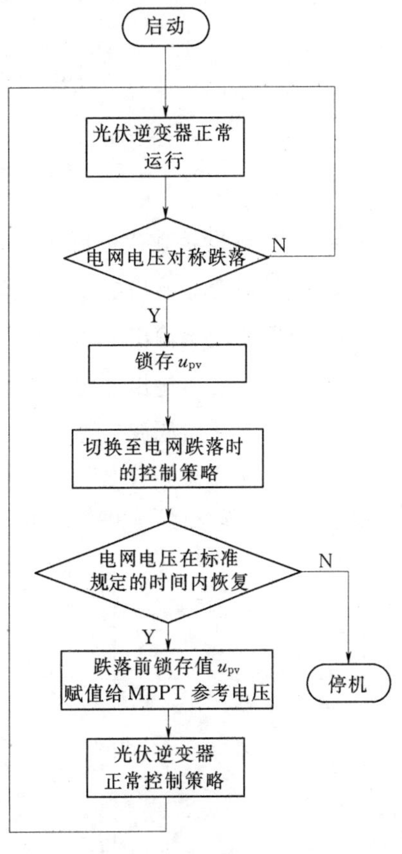

图 3-15 对称故障跌落全过程低电压穿越控制流程图

电网电压不对称故障时，以三相三线制电网为例，由于不存在零序分量，电网电压、电流向量可表示为

$$\begin{cases}\dot{U}_d=\dot{U}_d^+ +\dot{U}_d^- \\ \dot{U}_q=\dot{U}_q^+ +\dot{U}_q^- \\ \dot{I}_d=\dot{I}_d^+ +\dot{I}_d^- \\ \dot{I}_q=\dot{I}_q^+ +\dot{I}_q^- \end{cases} \tag{3-7}$$

式中　$\dot{U}_{d}^{+}$——电网电压正序有功分量；

$\dot{U}_{d}^{-}$——电网电压负序有功分量；

$\dot{U}_{q}^{+}$——电网电压正序无功分量；

$\dot{U}_{q}^{-}$——电网电压负序无功分量；

$\dot{I}_{d}^{+}$——并网电流正序有功分量；

$\dot{I}_{d}^{-}$——并网电流负序有功分量；

$\dot{I}_{q}^{+}$——并网电流正序无功分量；

$\dot{I}_{q}^{-}$——并网电流负序无功分量。

基于正负序双 dq 旋转坐标系，逆变器数学模型为

$$\begin{cases} u_{rd}^{+}=u_{d}^{+}+L\dfrac{di_{d}^{+}}{dt}+ri_{d}^{+}-\omega Li_{q}^{+} \\ u_{rq}^{+}=u_{q}^{+}+L\dfrac{di_{q}^{+}}{dt}+ri_{q}^{+}+\omega Li_{d}^{+} \end{cases} \tag{3-8}$$

$$\begin{cases} u_{rd}^{-}=u_{d}^{-}+L\dfrac{di_{d}^{-}}{dt}+ri_{d}^{-}+\omega Li_{q}^{-} \\ u_{rq}^{-}=u_{q}^{-}+L\dfrac{di_{q}^{+}}{dt}+ri_{q}^{+}-\omega Li_{d}^{+} \end{cases} \tag{3-9}$$

式中　u_{rd}^{+}——逆变器输出电压正序有功分量；

u_{rd}^{-}——逆变器输出电压负序有功分量；

u_{rq}^{+}——逆变器输出电压正序无功分量；

u_{rq}^{-}——逆变器输出电压负序无功分量；

L——逆变器滤波电感；

r——逆变器等效电阻。

由式（3-8）和式（3-9）可得

$$\begin{cases} L\dfrac{di_{d}^{+}}{dt}+ri_{d}^{+}=u_{rd}^{+}-u_{d}^{+}+\omega Li_{q}^{+}=u'^{+}_{rd} \\ L\dfrac{di_{q}^{+}}{dt}+ri_{q}^{+}=u_{rq}^{+}-u_{q}^{+}-\omega Li_{d}^{+}=u'^{+}_{rq} \end{cases} \tag{3-10}$$

$$\begin{cases} L\dfrac{di_{d}^{-}}{dt}+ri_{d}^{-}=u_{rd}^{-}-u_{d}^{-}+\omega Li_{q}^{-}=u'^{-}_{rd} \\ L\dfrac{di_{q}^{-}}{dt}+ri_{q}^{-}=u_{rq}^{-}-u_{q}^{-}-\omega Li_{d}^{-}=u'^{-}_{rq} \end{cases} \tag{3-11}$$

等效控制量 u'^{+}_{rd}、u'^{-}_{rd}、u'^{+}_{rq}、u'^{-}_{rq}可分别由电流 PI 控制器独立控制输出得到。因此，

电网电压不对称跌落时，可断开直流电压外环，直接基于正负序双 dq 旋转坐标系的电流 PI 单环控制，电网电压不对称跌落下常见并网电流控制框图如图 3-16 所示。

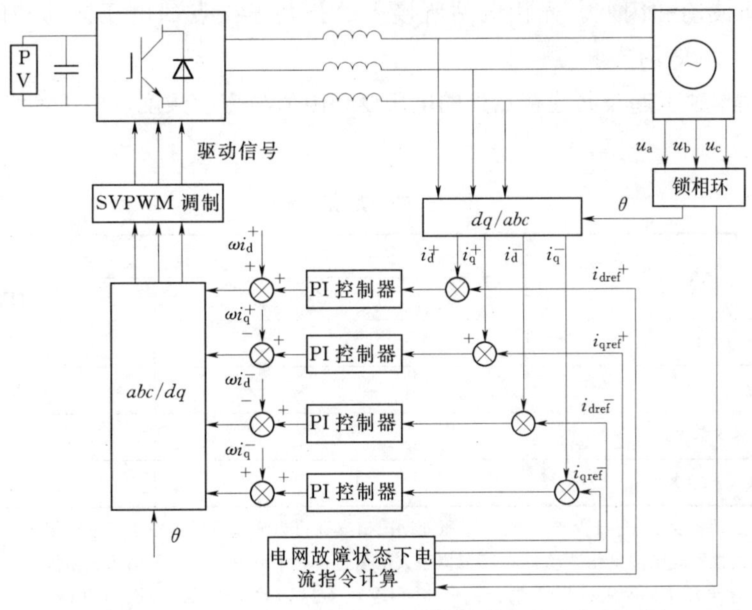

图 3-16 电网电压不对称跌落下常见并网电流控制框图

3.2 并网性能技术要求

3.2.1 电能质量

目前国内外较少单独对光伏电站提出电能质量标准，一般参考已有标准，或是将光伏并网标准纳入其他新能源标准范围内。国际电工委员会在风力发电领域制订了一套完整描述并网风电机组电能质量的特征参数及其相应的检测和计算方法，但目前尚未对光伏发电电能质量检测提出特别要求。我国针对光伏逆变器和光伏电站的电能质量制定了相应的标准，国家标准 GB/T 19964—2012 和 GB/T 29319—2012、国家电网公司企业标准 Q/GDW 617—2011 和 Q/GDW 618—2011、行业标准 NB/T 32006—2013 和 NB/T 32008—2013，均对光伏逆变器/光伏电站电能质量的技术要求和检测方法做了明确规定。

下文分别重点以我国标准 GB/T 19964—2012 和德国标准 BDEW—2008 为例来介绍电能质量关键技术要求。

1. GB/T 19964—2012

(1) 电压偏差。光伏电站接入电网后，公共连接点的电压偏差应满足 GB/T 12325—2008 的规定，即：①35kV 及以上公共连接点电压正、负偏差的绝对值之和不超过标称电压的 10%；②20kV 及以上三相公共连接点电压偏差为标称电压的±7%。

如公共连接点电压上下偏差同号（均为正或负）时，按较大的偏差绝对值作为衡量依据。

（2）电压波动和闪变。光伏电站所接入的公共连接点的电压波动和闪变应满足GB/T 12326—2008的要求。

光伏电站单独引起公共连接点处的电压变动限值与变动频度、电压等级有关，见表3-1。

表3-1　　电压变动限值

r/(次·h^{-1})	d/%	
	LV，MV	HV
$r\leqslant 1$	4	3
$1<r\leqslant 10$	3	2.5
$10<r\leqslant 100$	2*	1.5*
$100<r\leqslant 1000$	1.25	1

注：1. 很少的变动频度r（每日少于1次），电压变动限值d还可以放宽，但不在本标准中规定。
2. 对于随机性不规则的电压波动，依95%概率大值衡量，表中标有“*”的值为其限值。
3. 系统标称电压U_n等级按以下划分：低压（LV），$U_n\leqslant 1$kV；中压（MV），1kV$<U_n\leqslant 35$kV；高压（HV），35kV$<U_n\leqslant 220$kV。
4. 数据来源于GB/T 12326—2008。

光伏电站接入电网后，公共连接点短时间闪变P_{st}和长时间闪变P_{lt}应满足表3-2所列的限值。

表3-2　　各级电压下的闪变限值

系统电压等级	LV	MV	HV
P_{st}	1.0	0.9（1.0）	0.8
P_{lt}	0.8	0.7（0.8）	0.6

注：1. 本标准中P_{st}和P_{lt}每次测量周期分别取为10min和2h。
2. MV括号中的值仅适用于PCC连接的所有用户为同电压级的场合。
3. 数据来源于GB/T 12326—2008。

光伏电站在公共连接点单独引起的电压闪变值应根据光伏电站安装容量占供电容量的比例以及系统电压，按照GB/T 12326—2008的规定分别按三级作不同的处理。

（3）谐波。光伏发电站所接入公共连接点的谐波注入电流应满足GB/T 14549—1993的规定，应不超过表3-3中规定的容许值，其中光伏电站向电网注入的谐波电流容许值按此光伏电站装机容量与其公共连接点上具有谐波源的发/供电设备之比进行分配。

光伏发电站接入后，所接入公共连接点的间谐波应满足GB/T 24337—2009的要求。220kV及以下电力系统公共连接点（PCC）各次间谐波电压含有率应不大于表3-4限值。

表 3-3　　注入公共连接点的谐波电流容许值

标称电压/kV	基准短路容量/MVA	谐波次数及谐波电流容许值/A																							
		2	3	4	5	6	7	8	9	10	11	12	13	14	15	16	17	18	19	20	21	22	23	24	25
0.38	10	78	62	39	62	26	44	19	21	16	28	13	24	11	12	9.7	18	8.6	16	7.8	8.9	7.1	14	6.5	12
6	100	43	34	21	34	14	21	11	11	8.5	16	7.1	13	6.1	6.8	5.3	10	4.7	9	4.3	4.9	3.9	7.4	3.6	6.8
10	100	26	20	13	20	8.5	15	6.4	6.8	5.1	9.3	4.3	7.9	3.7	4.1	3.2	6	2.8	5.4	2.6	2.9	2.3	4.5	2.1	4.1
35	250	15	12	7.7	12	5.1	8.8	3.8	4.1	3.1	5.6	2.6	4.7	2.2	2.5	1.9	3.6	1.7	3.2	1.5	1.8	1.4	2.7	1.3	2.5
66	300	16	13	8.1	13	5.1	9.3	4.1	4.3	3.3	5.9	2.7	5	2.3	2.6	2	3.8	1.8	3.4	1.6	1.9	1.5	2.8	1.4	2.6
110	750	12	9.6	6	9.6	4	6.8	3	3.2	2.4	4.3	2	3.7	1.7	1.9	1.5	2.8	1.3	2.5	1.2	1.4	1.1	2.1	1	1.9

注： 1. 数据来源于 GB/T 14549—1993。
2. 220kV 基准短路容量取 2000MVA。

表 3-4　　间谐波电压含有率限值　　%

电压等级	频率/Hz	
	<100	100～800
1000V 及以下	0.2	0.5
1000V 以上	0.16	0.4

注： 频率 800Hz 以上的间谐波电压限值还处于研究中。

接于 PCC 的单个用户引起的各次间谐波电压含有率一般不得超过表 3-5 限值。根据连接点的负荷状况，此限值可以做适当变动，但必须满足表 3-4 的要求。

表 3-5　　间谐波电压含有率限值　　%

电压等级	频率/Hz	
	<100	100～800
1000V 及以下	0.16	0.4
1000V 以上	0.13	0.32

同一节点上，多个间谐波源同次间谐波电压的合成为

$$U_{ih}=\sqrt[3]{U_{ih1}^3+U_{ih2}^3+\cdots+U_{ihk}^3} \tag{3-12}$$

式中　U_{ih1}——第 1 个间谐波源的第 ih 次间谐波电压；
U_{ih2}——第 2 个间谐波源的第 ih 次间谐波电压；
U_{ihk}——第 k 个间谐波源的第 ih 次间谐波电压；
U_{ih}——k 个间谐波源的第 ih 次间谐波电压。

（4）电压不平衡度。光伏电站接入电网后，公共连接点的三相电压不平衡度应不超过 GB/T 15543—2008 规定的限值，公共连接点的负序电压不平衡度应不超过 2%，短时不得超过 4%；其中由光伏电站引起的负序电压不平衡度应不超过 1.3%，短时不超过 2.6%。

2. BDEW—2008

（1）电压突变。由于发电机组开关操作引起的最大电压变化不超过 2%，且 3min

内2%的次数不超过一次。

在同一个电网连接点，一个或多个发电设备同时断开时，电网每一个点的电压变化限制不超过5%。

(2) 闪变。在连接点连接一个或多个发电设备，长期电压闪变强度：$P_{\mathrm{lt}} \leqslant 0.46$。

(3) 谐波和间谐波。

如果中压电网中只有一个连接点，这个连接点处可容许的谐波电流可以由表3-6中的相关谐波电流 $i_{\nu \mathrm{zul}}$ 乘以连接点的短路功率计算，即

$$I_{\nu \mathrm{zul}} = i_{\nu \mathrm{zul}} S_{\mathrm{kv}} \tag{3-13}$$

表3-6　可能馈入电网连接点的相关电网短路功率 S_{kv} 的可容许谐波电流

谐波次数 ν，μ	可容许相关谐波电流 $i_{\nu \mathrm{zul}}/(\mathrm{A \cdot MVA^{-1}})$		
5	0.058	0.029	0.019
7	0.082	0.041	0.027
11	0.052	0.026	0.017
13	0.038	0.019	0.013
17	0.022	0.011	0.07
19	0.018	0.009	0.006
23	0.012	0.006	0.004
25	0.010	0.005	0.003
$25<\nu<40$[1]	$0.01\times 25/\nu$	$0.005\times 25/\nu$	$0.003\times 25/\nu$
偶数次	$0.06/\nu$	$0.03/\nu$	$0.02/\nu$
$\mu<40$	$0.06/\mu$	$0.03/\mu$	$0.02/\mu$
ν，$\mu>40$[2]	$0.18/\mu$	$0.09/\mu$	$0.06/\mu$

注：1. 奇次的。

2. 整数的或非整数的在200Hz以内。

3. ν 为谐波；μ 为间谐波。

如果这个连接点连接了几个发电厂，每个发电厂可容许的谐波电流，由式(3-13)中的 $I_{\nu \mathrm{zul}}$ 乘以电厂视在功率 S_{A} 和连接点处的全部可连接的或者可预计的反馈功率的比值，即

$$I_{\nu \mathrm{Azul}} = I_{\nu \mathrm{zul}} \frac{S_{\mathrm{A}}}{S_{\mathrm{Gesamt}}} = i_{\nu \mathrm{zul}} S_{\mathrm{kv}} \frac{S_{\mathrm{A}}}{S_{\mathrm{Gesamt}}} \tag{3-14}$$

如果中压电网中有几个连接点，每个节点可容许的谐波电流为

$$I_{\nu \mathrm{Azul}} = I_{\nu \mathrm{zul}} S_{\mathrm{kv}} \frac{S_{\mathrm{Gesamt}}}{S_{\mathrm{Netz}}} \tag{3-15}$$

3.2.2 有功功率特性

光伏并网标准IEEE Std. 1547—2003、VDE—AR—N 4105：2011、BDEW—2008等均对功率特性的技术参数、测试电路和测试步骤做了详细的规定。

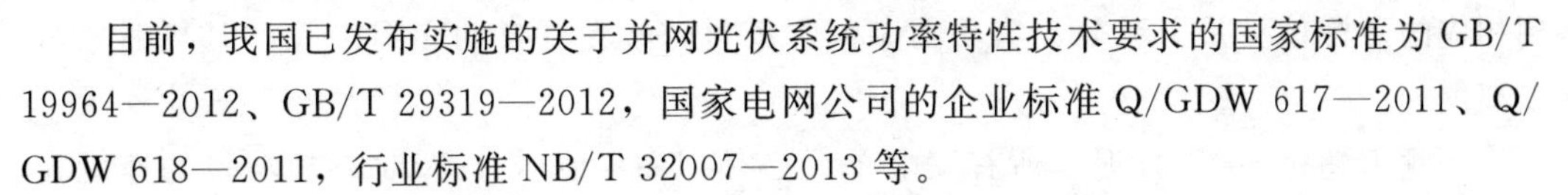

目前，我国已发布实施的关于并网光伏系统功率特性技术要求的国家标准为 GB/T 19964—2012、GB/T 29319—2012，国家电网公司的企业标准 Q/GDW 617—2011、Q/GDW 618—2011，行业标准 NB/T 32007—2013 等。

下文分别重点以标准 GB/T 19964—2012、VDE—AR—N 4105：2011 和 BDEW—2008 为例来介绍有功功率关键技术要求。

1. GB/T 19964—2012

光伏发电站应配置有功功率控制系统，具备有功功率连续平滑调节的能力，并能够参与系统有功功率控制。

光伏发电站有功功率控制系统应能够接收并自动执行电网调度机构下达的有功功率及有功功率变化的控制指令。

在光伏发电站并网、正常停机以及太阳能辐照度增长过程中，光伏发电站有功功率变化速率应满足电力系统安全稳定运行的要求，其限值应根据所接入电力系统的频率调节特性，由电网调度机构确定。光伏发电站有功功率变化速率应不超过（10%装机容量)/min，允许出现因太阳能辐照度降低而引起的光伏发电站有功功率变化速率超出限值的情况。

在电力系统事故或紧急情况下，光伏发电站应按下列要求运行：

(1) 电力系统事故或特殊运行方式下，按照电网调度机构的要求降低光伏发电站有功功率。

(2) 当电力系统频率高于 50.2Hz 时，按照电网调度机构指令降低光伏发电站有功功率，严重情况下切除整个光伏发电站。

(3) 若光伏发电站的运行危及电力系统的安全稳定，电网调度机构按相关规定暂时将光伏发电站切除。

事故处理完毕，电力系统恢复正常运行状态后，光伏发电站应按调度指令并网运行。

2. VDE—AR—N 4105：2011

容量超过 100kW 的电站必须能够接收电网操作者的命令，按照能够以 10%最大有功功率的步长降低有功输出，有功功率须能够在 1min 内降至指定值，有功功率降至 10%额定功率时不能断开。

3. BDEW—2008

发电设备必须能以最大步长 10%P_{AV}（约定的有功连接功率）的速度减少有功功率；必须能在任何工作条件和任何工作点都能达到电网运营商指定的功率点。目标值一般是有步骤或无步骤的预设，与 P_{AV} 的百分比相对应。迄今为止，目标值的 100%/60%/30%/0%已被证明是有效的。电网运营商不能干预发电厂的控制，仅负责信号的发送。

电站运营商负责实施功率馈入的减少，功率减少必须没有延时，最多在 1min 内达到相应的目标值。减少到 10%有功功率额定值时，不允许自动离网；低于 10%时，可以离网。

当频率超过 50.2Hz 时，所有发电单元必须以每赫兹 40%瞬时有功功率的速度减少。如果频率恢复到小于 50.05Hz，只要实际频率不超过 50.2Hz，有功功率可再次增加。

3.2.3　无功功率特性

1. GB/T 19964—2012

光伏发电站安装的并网逆变器应满足额定有功出力下功率因数在超前 0.95～滞后 0.95 的范围内动态可调，并应满足在图 3-17 所示矩形框内动态可调。

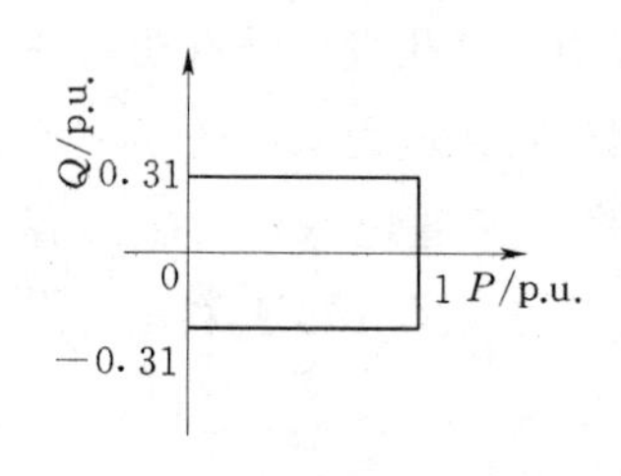

图 3-17　逆变器无功出力范围

光伏发电站要充分利用并网逆变器的无功容量及其调节能力，当逆变器的无功容量不能满足系统电压调节需要时，应在光伏发电站集中加装适当容量的无功补偿装置，必要时加装动态无功补偿装置。

光伏发电站的无功容量应按照分（电压）层和分（电）区基本平衡的原则进行配置，并满足检修备用要求，具体如下：

（1）通过 10～35kV 电压等级并网的光伏发电站功率因数应能在（−0.98，0.98）范围内连续可调，有特殊要求时，可做适当调整以稳定电压水平。

（2）对于通过 110kV（或 66kV）及以上电压等级并网的光伏发电站，无功容量应满足下列要求：

1）容性无功容量能够补偿光伏发电站满发时站内汇集线路、主变压器的感性无功及光伏发电站送出线路的一半感性无功功率之和。

2）感性无功容量能够补偿光伏发电站自身的容性充电无功功率及光伏发电站送出线路的一半充电无功功率之和。

（3）对于通过 220kV（或 330kV）光伏发电汇集系统升压至 500kV（或 750kV）电压等级接入电网的光伏发电站群中的光伏发电站，无功容量宜满足下列要求：

1）容性无功容量能够补偿光伏发电站满发时汇集线路、主变压器的感性无功及光伏发电站送出线路的全部感性无功之和。

2）感性无功容量能够补偿光伏发电站自身的容性充电无功功率及光伏发电站送出线路的全部充电无功功率之和。

光伏发电站配置的无功装置类型及其容量范围应结合光伏发电站实际接入情况，通过光伏发电站接入电力系统无功电压专题研究来确定。

通过 10～35kV 电压等级接入电网的光伏发电站在其无功输出范围内，应具备根据光伏发电站并网点电压水平调节无功输出，参与电网电压调节的能力，其调节方式和参

考电压、电压调差率等参数应由电网调度机构设定。

通过110kV（或66kV）及以上电压等级接入电网的光伏发电站应配置无功电压控制系统，具备无功功率调节及电压控制能力。根据电网调度机构指令，光伏发电站自动调节其发出（或吸收）的无功功率，实现对并网点电压的控制，其调节速度和控制精度应满足电力系统电压调节的要求。

2. VDE—AR—N 4105：2011

在电压上下浮动$\pm10\%U_n$，且有功功率输出高于额定功率20%的情况下，$\cos\varphi$应满足以下要求：

（1）发电单元功率不大于3.68kVA，$\cos\varphi$在（−0.95，0.95）范围内。

（2）发电单元功率大于3.68kVA，且不大于13.8kVA，$\cos\varphi$在（−0.95，0.95）范围内且满足图3-18中无功功率输出限值范围1的要求。

（3）发电单元功率大于13.8kVA，$\cos\varphi$在（−0.9，0.9）范围内且满足图3-19中无功功率输出限值范围2的要求。

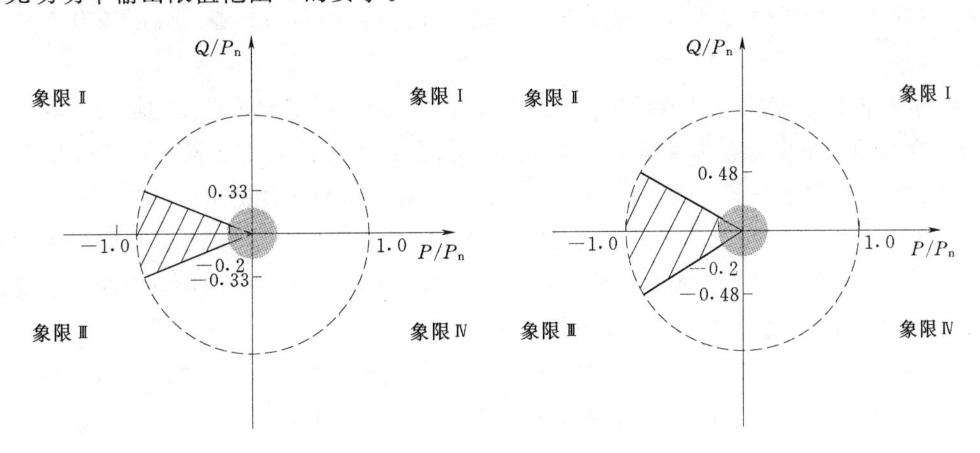

图3-18　无功功率输出限值范围1　　图3-19　无功功率输出限值范围2

3. BDEW—2008

伴随有功输出，任何一个运行点上运营的发电厂都至少应该有一个无功输出，并网点处的有功因数$\cos\varphi$应满足：0.95超前～0.95滞后。

伴随有功输出，无论是无功规定的固定目标值还是通过远程控制可变可调的目标值（或者其他控制技术）都可以在转接站被电网运营商制定。

如果电网运营商指定运行特性，任何由这个特性产生的无功功率值必须按照下面的方式自动获得：

（1）10s内达到$\cos\varphi-P$特性的值。

（2）10s和1min中之内调节$Q-U$特性。

为了减少在有功功率馈入波动时产生电压跳变，应选择连续图形和有限斜率的特性曲线，$\cos\varphi-P$特性曲线如图3-20所示。

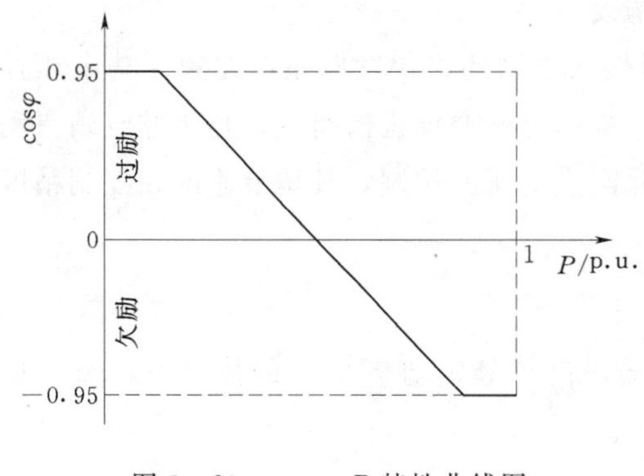

图3-20　cosφ-P特性曲线图

3.2.4　防孤岛保护性能

光伏发电系统的防孤岛保护能力是分布式光伏发电系统必备的保护功能之一，国内外光伏并网检测标准在光伏发电系统的防孤岛保护能力方面的要求基本相同，略有差别。

国际上主流光伏并网标准IEC 62116：2014，美国标准UL1741—2010，德国标准VDE—AR—N 4105：2011、VDE V 0126—1—1：2013，澳大利亚标准AS 4777.3—2005等，均对发电系统的防孤岛保护能力的技术要求、检测条件、检测方法和检测步骤做了详细的规定。

国际标准IEEE Std.1547：2003中要求：非计划性孤岛产生时，通过公共连接点向区域电力系统供电的分布式电源应在孤岛形成2s内检测到孤岛并停止向区域电力系统供电。

国际标准IEC 62116：2014中要求：如果每种检测情况下记录得到的运行时间短于2s或符合当地规范要求，那么即认为被测设备符合孤岛保护要求。同时，该标准对检测电路、检测仪器、直流电源、交流电源、交流负载、检测步骤提出了具体要求。

德国标准VDE V 0126—1—1：2013、VDE—AR—N 4105：2011对小型光伏发电系统要求：逆变器应具有防孤岛效应保护功能。若逆变器并入的电网供电中断，逆变器应在5s内停止向电网供电，同时发出警示信号。

我国针对光伏系统防孤岛保护能力也制定了相应的标准，国家标准GB/T 29319—2012、GB/T 30152—2013，行业标准NB/T 32004—2013、NB/T 32010—2013、NB/T 32014—2013，国家电网公司的企业标准Q/GDW 617—2011、Q/GDW 618—2011、北京鉴衡认证中心认证标准CGC/GF 001：2009等均对光伏逆变器/光伏发电站防孤岛保护能力的技术要求、检测条件、检测方法和检测步骤等做了规定。

国家标准GB/T 29319—2012对接入配电网小型光伏发电系统的要求：光伏发电系统应具备快速监测孤岛且立即断开与电网连接的能力。防孤岛保护动作时间不大于2s，且防孤岛保护还应与电网侧线路保护相配合。

国家标准GB/T 19964—2012对接入电网的大中型光伏电站的要求：光伏发电站应配置独立的防孤岛保护装置，动作时间应不大于2s。防孤岛保护还应与电网侧线路保护相配合。

国家电网公司企业标准Q/GDW 617—2011要求：对于小型光伏发电系统，应具备快速监测孤岛且立即断开与电网连接的能力。对于大中型光伏电站，公用电网继电保护装置必须保障公用电网故障时切除光伏电站，光伏电站可不设置防孤岛保护。其中接入用户内部电网的中型光伏电站的防孤岛保护能力由电力调度部门确定。

由于不同国家的电网结构和运行情况不同，光伏并网技术条件有所不同，国内外对光伏防孤岛保护能力的要求标准并不统一，主要体现在品质因素和孤岛保护的响应时间两方面，几种主要的防孤岛保护检测标准的技术指标对比见表3-7。

表3-7　几种主要的防孤岛保护检测标准技术指标对比

标　准　号	品质因数	防孤岛保护响应时间/s	标　准　号	品质因数	防孤岛保护响应时间/s
VDE V 0126—1—1：2013	2	<5	GB/T 29319—2012	—	<2
IEC 62116：2014	1	<2	GB/T 30152—2013	1	<2
VDE-AR-N 4105：2011	2	<5			

3.2.5　电压/频率响应特性

3.2.5.1　国际上的技术要求

国际上光伏并网标准IEEE Std.1547—2003，美国标准UL 1741—2010，德国标准VDE—AR—N 4105：2011以及BDEW—2008等均对电压/频率响应特性的技术参数、测试电路和测试步骤做了详细的规定。

1. VDE—AR—N 4105：2011

(1) VDE—AR—N 4105：2011对小型光伏发电站电压响应特性的要求：

1) 当并网点电压小于80%U_n，要求发电系统在0.2s内断开与电网的接连。

2) 当并网点电压在(80%～110%)U_n时，正常运行。

3) 当并网点电压10min的平均电压值高于110%U_n时，要求发电系统在0.2s内断开与电网的接连。

4) 当并网点电压大于135%U_n时，要求发电系统在0.2s内断开与电网的接连。

(2) VDE—AR—N 4105：2011对小型光伏发电站频率响应特性的要求：

1) 运行频率为47.5～51.5Hz，频率在50.2～51.5Hz时，发电系统输出的有功功率满足图3-21的要求，以40%P_n/Hz的速度连续调节有功功率。

2) 频率超过51.5Hz或低于47.5Hz时，要求在1s内断开与电网接连。光伏发电系统并网断路器要求响应时间小于100ms。

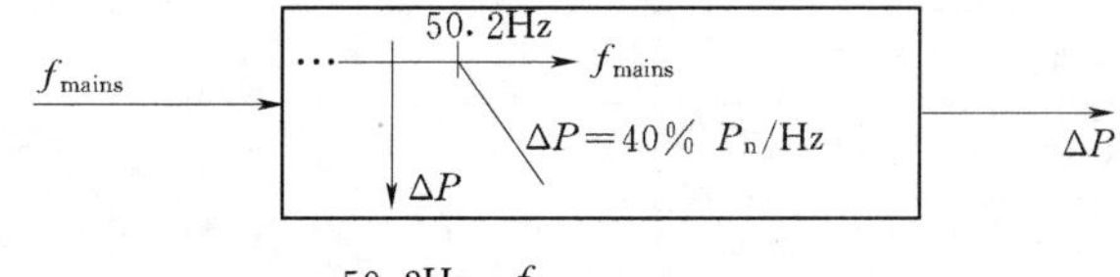

$$\Delta P=20P_n\frac{50.2\text{Hz}-f_{mains}}{50\text{Hz}},\quad 50.2\text{Hz}\leqslant f_{mains}\leqslant 51.5\text{Hz}$$

图3-21　功率变化要求

2. BDEW—2008

(1) 德国标准BDEW—2008对接入中高压电网的大型光伏发电站电压响应特性有以下要求：

1) 当电网连接点连接多个发电系统的情况，对于发电系统侧要求：①发电系统侧

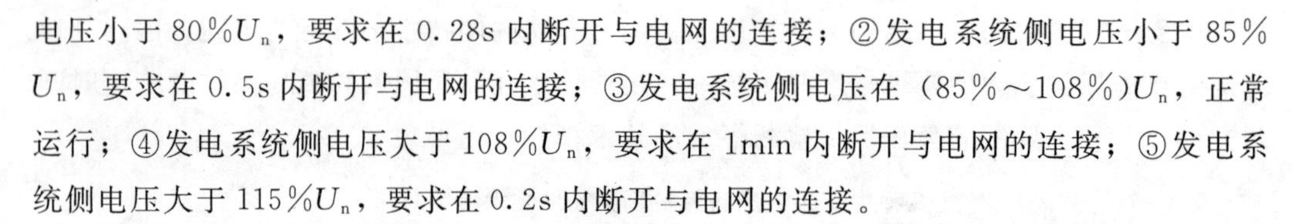

电压小于 80%U_n，要求在 0.28s 内断开与电网的连接；②发电系统侧电压小于 85%U_n，要求在 0.5s 内断开与电网的连接；③发电系统侧电压在（85%～108%）U_n，正常运行；④发电系统侧电压大于 108%U_n，要求在 1min 内断开与电网的连接；⑤发电系统侧电压大于 115%U_n，要求在 0.2s 内断开与电网的连接。

2）如果电网连接点只连接一个发电系统，对于电网连接点处要求：①当并网点电压小于 45%U_n，要求在 0.3s 内断开与电网的连接；②发电系统侧电压小于 80%U_n，要求在 1.5～2.4s 内断开与电网；③发电系统侧电压在（80%～120%）U_n，正常运行；④发电系统侧电压大于 120%U_n，要求在 0.2s 内断开与电网的连接。

（2）德国标准 BDEW—2008 对接入中高压电网的大型光伏发电站频率响应特性有以下要求：

1）发电系统侧频率小于 47.5Hz，要求在 0.2s 内断开与电网的连接。

2）发电系统侧频率在 47.5～50.2Hz，要求正常运行。

3）发电系统侧频率在 50.2～51.5Hz，要求降载运行。

4）发电系统侧频率大于 51.5Hz，要求在 0.2s 内断开与电网的连接。

3.2.5.2　国内技术要求

目前，我国已发布实施的关于并网光伏系统电压/频率响应特性技术要求的国家标准为 GB/T 29319—2012、GB/T 30152—2013、GB/T 19964—2012、GB/T 31365—2015，行业标准 NB/T 32013—2013，国家电网公司的企业标准 Q/GDW 617—2011 和 Q/GDW 618—2011 等。

1. GB/T 19964—2012

该标准对接入电网的光伏发电站在对不同并网点电压范围内的运行规定见表 3-8，不同电力系统频率范围内的运行规定见表 3-9。

表 3-8　光伏发电站在不同并网点电压范围内的运行规定

U	运 行 要 求
<0.9p.u.	应符合标准 GB/T 19964—2012 第 8 章低电压穿越的要求
0.9p.u.≤U_T≤1.1p.u.	应正常运行
1.1p.u.<U_T<1.2p.u.	应至少持续运行 10s
1.2p.u.≤U_T≤1.3p.u.	应至少持续运行 0.5s

2. GB/T 29319—2012

该标准对接入配电网的光伏发电系统在不同配电网电压范围内的运行规定要求当光伏发电系统并网点电压超出表 3-10 规定的电压范围时，应在相应的时间内停止向电网线路送电。此要求适用于多相系统中的任何一相。

表 3-9　光伏发电站在不同电力系统频率范围内的运行规定

f	运行要求
<48Hz	根据光伏发电站逆变器允许运行的最低频率而定
48Hz≤f<49.5Hz	频率每次低于 49.5Hz，光伏发电站应能至少运行 10min
49.5Hz≤f≤50.2Hz	连续运行
50.2Hz<f≤50.5Hz	频率每次高于 50.2Hz，光伏发电站应能至少运行 2min，并执行电网调度机构下达的降低出力或高周切机策略；不允许处于停运状态的光伏发电站并网
>50.5Hz	立刻终止向电网线路送电，且不允许处于停运状态的光伏发电站并网

表 3-10　保护动作时间要求

并网点电压	要求	并网点电压	要求
$U<50\%U_n$	最大分闸时间不超过 0.2s	$110\%U_n \leqslant U<135\%U_n$	最大分闸时间不超过 2.0s
$50\%U_n \leqslant U<85\%U_n$	最大分闸时间不超过 2.0s	$\geqslant 135\%U_n$	最大分闸时间不超过 0.2s
$85\%U_n \leqslant U<110\%U_n$	连续运行		

注：1. U_n 为并网点电网额定电压。
2. 最大分闸时间是指异常状态发生到电源停止向电网送电时间。

该标准接入配电网的光伏发电系统在不同配电网频率范围内的运行规定要求：当光伏发电系统并网点频率在 49.5～50.2Hz 范围之内时，光伏发电系统应能正常运行；当光伏发电系统并网点频率在 48～49.5Hz 范围内时，频率每次低于 49.5Hz，光伏发电系统应能至少运行 10min；当光伏发电系统并网点频率超出 48～50.2Hz 范围时，应在 0.2s 内停止向电网线路送电。

3.2.6 低电压穿越特性

2008 年前后，德国、西班牙等新能源发电发达的国家就出台了低电压穿越标准，大部分国家提出的光伏低电压穿越标准等同于风电标准，有以下特点：

（1）标准中对低电压穿越能力提出了强制性要求，其中大多数要求光伏发电系统最小维持电压在电网电压的 15%～25%之间，保持时间在 0.5～3s 之间。

（2）只有电网故障造成并网点电压低于最小维持电压时间超过低电压运行时间，才允许光伏发电系统从电网解列。

（3）在电压跌落时，光伏发电系统应在自身允许的范围内尽可能向电网注入无功功率，以支持电网电压恢复。一旦电网电压恢复，必须在尽可能短的时间内恢复到正常工作状态。

不同国家电网对新能源发电站低电压穿越曲线要求的差异主要表现在最低电压要求、故障持续时间、恢复时间、无功电流注入，总结见表 3-11。

低电压穿越检测为并网性能检测中较重要的检测项目，主要考核光伏发电站在电网发生暂态故障时，能否在一定时间内维持并网运行的能力。可再生能源发展早期，德国即对低电压穿越提出要求，德标 BDEW 中关于低电压穿越曲线分为两种类型，光伏发电属于类型2（类型1为同步发电机），BDEW—2008 LVRT曲线图如图3-22所示。除了要求光伏发电站在规定时间内不脱网以外，标准要求光伏发电站有功输出在故障切除后立即恢复并且每秒钟至少增加额定功率的10%；电网故障时，光伏发电站必须能够提供电压支撑。在故障清除后，不向电网吸收比故障发生前更多的感性无功电流。

表3-11　　不同国家电网的低电压穿越能力要求

国家		低电压穿越能力要求			
		最低电压要求/p.u.	最低电压故障持续时间/ms	恢复时间/s	无功电流注入
丹麦		0.25	100	1	无要求
爱尔兰		0.15	625	3	无要求
德国		0	150	1.5	最高达1p.u.
英国		0.15	140	1.2	无要求
西班牙		0.2	500	1	最高达1p.u.
意大利		0.2	500	0.3	无要求
美国		0.15	625	2.3	无要求
加拿大	安大略	0.15	625	—	无要求
	魁北克	0	150	0.18	无要求

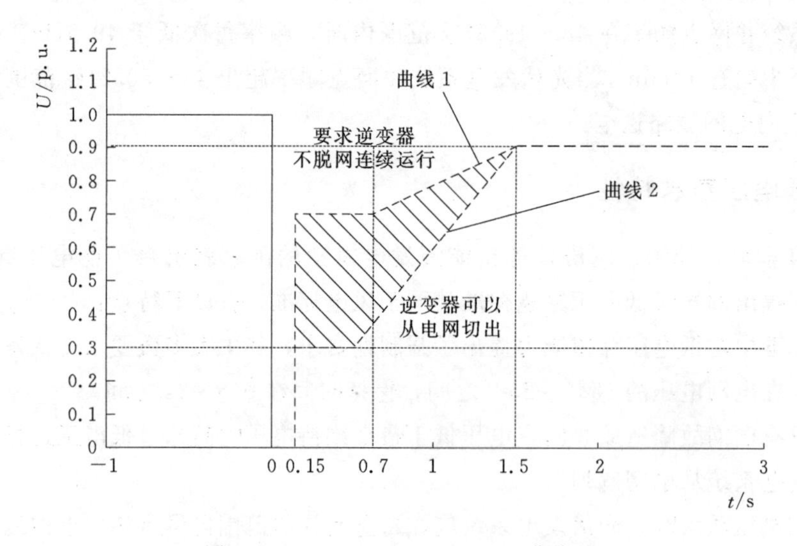

图3-22　BDEW—2008 LVRT曲线图

GB/T 19964—2012标准在国内首次提出了零电压穿越和低电压穿越期间动态无功支撑的要求，主要规定如下：

（1）光伏发电站并网点电压跌至0时，光伏发电站应能不脱网连续运行0.15s。

（2）光伏发电站并网点电压跌至图3-23曲线1以下时，光伏发电站可以从电网切出。

（3）电力系统发生不同类型故障时，若光伏发电站并网点考核电压全部在图3-23

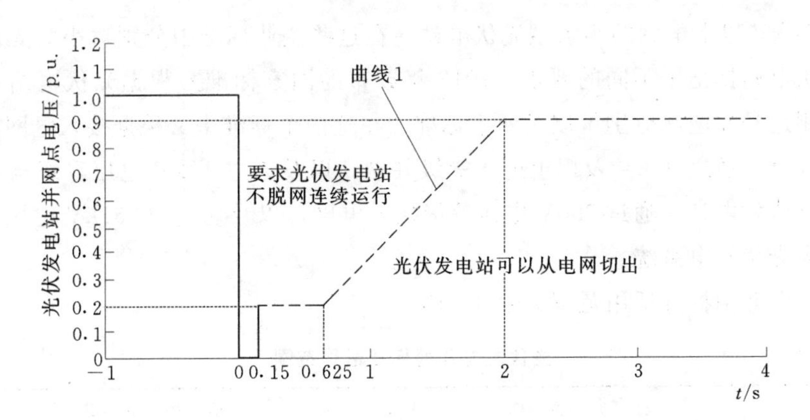

图 3-23 GB/T 19964—2012 对光伏发电站低电压穿越能力的要求

中电压轮廓线及以上的区域内，光伏发电站应保证不脱网连续运行；否则，允许光伏发电站切出。针对不同故障类型的考核电压见表 3-12。

(4) 对电力系统故障期间没有脱网的光伏发电站，其有功功率在故障清除后应快速恢复，自故障清除时刻开始，以至少 30% P_n/s 的功率变化率恢复至故障前的值。

表 3-12 光伏发电站低电压穿越考核电压

故障类型	考核电压
三相短路故障	并网点线电压
两相短路故障	并网点线电压
单相接地短路故障	并网点相电压

(5) 对于通过 220kV（或 330kV）光伏发电汇集系统升压至 500kV（或 750kV）电压等级接入电网的光伏发电站群中的光伏发电站，当电力系统发生短路故障引起电压跌落时，光伏发电站注入电网的动态无功电流应满足以下要求：

1) 自并网点电压跌落的时刻起，动态无功电流的响应时间不大于 30ms。

2) 自动态无功电流响应起直到电压恢复至 0.9p.u. 期间，光伏发电站注入电力系统的动态无功电流 I_T 应实时跟踪并网点电压变化，并应满足

$$\begin{cases} I_T \geqslant 1.5\times(0.9-U_T)I_n & (0.2\leqslant U_T\leqslant 0.9) \\ I_T \geqslant 1.05I_n & (U_T<0.2) \\ I_T=0 & (U_T>0.9) \end{cases} \tag{3-16}$$

式中 U_T——光伏发电站并网点电压标么值；

I_n——光伏发电站额定电流。

3.3 技术要求国内外比对

德国标准对并网的技术要求也是根据接入电网的电压等级进行分类的，如 BDEW—2008 中规定中压电网为额定电压大于 1kV 并小于 60kV。

我国国家电网公司 2011 年颁布的企业标准对光伏电站的分类是按照电压等级进行划分。接入 380V 及以下电网的为小型光伏电站；接入 10～35kV 电网的为中型光伏电

压；接入 66kV 以上电网的为大型光伏电站。在这些企业标准中分别对小型光伏电站和大中型光伏电站提出了不同的要求。2012 年颁布的国家标准是根据光伏电站是接入电网的输电侧还是配电侧分别编制了两个标准，在这两个标准中又根据接入电网的电压等级进行了划分：通过 35kV 及以上电压等级并网，以及通过 10kV 电压等级与公共电网连接的为光伏发电站；通过 380V 电压等级接入电网，以及通过 10(6)kV 电压等级接入用户侧的为光伏发电系统。

光伏发电并网标准适用范围见表 3 - 13。

表 3 - 13　　光伏发电并网标准适用范围

标准编号	标　准　名　称	适　用　范　围
Q/GDW 617—2011	光伏电站接入电网技术规范	适用于接入 380V 及以上电压等级电网的新建或扩建并网光伏电站，包括有隔离变压器与无隔离变压器连接方式，不适用于离网光伏电站
GB/T 19964—2012	光伏发电站接入电力系统技术规定	适用于通过 35kV 及以上电压等级并网以及通过 10kV 电压等级与公共电同连接的新建、改建和扩建光伏发电站
GB/T 29319—2012	光伏发电系统接入配电网技术规定	适用于通过 380V 电压等级接入电网以及通过 10(6)kV 电压等级接入用户侧的新建、改建和扩建光伏发电系统
IEEE 1547—2003	IEEE Standard for Interconnecting Distributed Resources with Electric Power Systems	适用于公共连接点的总容量为 10MVA 及以下的分布式能源
BDEW—2008	Guideline for generating plants' Connecting to and parallel operation with medium - voltage network	适用于在规划、建设、运行和改造的接入中压电网运行的发电站，也适用于发电站的并网点在低压电网，同时公网的接入点在中压电网中。这里发电站并入低压电压电网，指无公共电源接入，通过独立终端变压器连接到中压电网。本导则同样适用于电站组成部分的接入辅助装置

3.3.1　电能质量

针对电能质量中的谐波要求，我国在标准 GB/T 19964—2012、GB/T 29319—2012 和 Q/GDW 617—2011 中均有提及；德国标准是在 VDE—AR—N 4105：2011 中做出了相关的规定和要求。

我国标准 GB/T 14549—1993 中对谐波电流和谐波电压的规定比较详细，德国标准在具体数值上与我国有所不同；我国标准在记录谐波电流时，只要求记录固定频率上的谐波电流，德国要求记录子群的谐波电流计算值；我国的间谐波要求是电压要求，德国的标准是对间谐波电流提出要求；在高频谐波的要求中，我国对谐波的要求最高到 25 次，没有高频要求，德国的要求是到 178 次。

我国的电压不平衡度要求参考标准 GB/T 15543—2008 定量的要求（公共连接点的

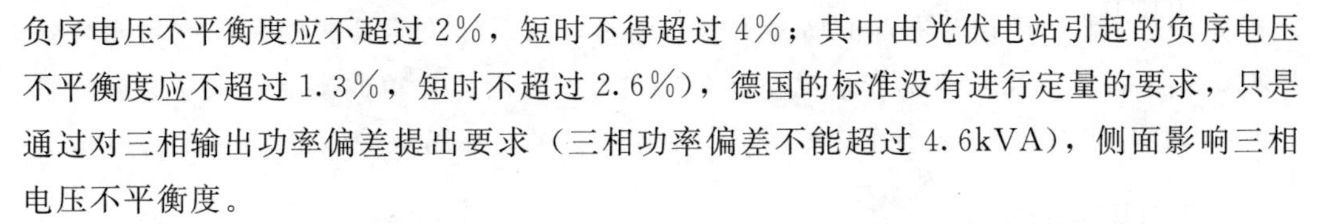

负序电压不平衡度应不超过2%，短时不得超过4%；其中由光伏电站引起的负序电压不平衡度应不超过1.3%，短时不超过2.6%)，德国的标准没有进行定量的要求，只是通过对三相输出功率偏差提出要求（三相功率偏差不能超过4.6kVA)，侧面影响三相电压不平衡度。

关于直流分量，我国国家标准GB/T 29319—2012和国家电网的企业标准Q/GDW 617—2011都有相关要求（不应超过其交流电流额定值的0.5%)，德国标准中在VDE—0126—1—1：2013中有直流分量的要求，德国标准是按照直流分量超过一定值所允许的时间来要求的（当直流注入电流超过1A时，则需要在0.2s内断网)。

关于电压偏差，我国的电压偏差要求应满足标准GB/T 12325—2008，按照电压等级划分（35kV及以上电压等级，±10%；20kV及以下电压等级，±7%)，德国标准中是在VDE—AR—N 4105：2011中给出了具体的要求（在公共耦合点的最大电压变化不能超过3%)。

3.3.2 有功和无功功率特性

(1) 功率因数调节。美国相关标准中指出，光伏发电设备的功率因数范围在(−0.9，0.9)范围内连续可调。德国相关标准对有功功率控制能力为：当光伏设备的功率大于100kW时，要求至少每10%功率区间有一个降功率调节点，且可以由调度直接控制。

(2) 有功功率调节。我国标准和德国标准均提出了对发电方有功调节的要求，而美国的所有标准都没有提到有功的调节，电站可通过开断逆变器的方法调节有功。我国对大范围调节有功的时间要求是10min，而德国为1min，时间上德国的要求更严格。

(3) 无功功率调节。我国和德国都提出了无功调节的要求：我国对无功容量的要求较高；德国基本在（−0.9，0.9）的范围内，对无功调节所需时间没有要求。另外，两国对小型电站都不要求调节无功，只有对大中型电站才有此要求；德国对功率超过3.68kVA以上的发电系统需要无功可调。

3.3.3 防孤岛保护性能

防孤岛保护标准的内容基本相同，但电压、频率和品质因数等技术指标上不同，试验步骤中也有差异，可以从负载品质因数、负载功率匹配试验、孤岛结果判定3个方面进行分析。

1. 负载品质因数

IEEE专家组认为实际配电网的品质因数不会大于2.5；德国标准VDE—AR—N 4105：2011将孤岛保护试验电路的负载品质因数设置为$Q_f=2$，而IEC 62116：2014和Q/GDW 618—2011对孤岛保护检测电路的负载，要求品质因数$Q_f=1$。负载品质因数

Q_f 越大，逆变器利用扰动进行孤岛检测就越困难，对孤岛检测算法的孤岛检测能力要求越高，但 Q_f 过高会给电网带来扰动过大或注入过多谐波等负面影响。孤岛保护试验电路的负载品质因数 Q_f 减小意味着降低了对逆变器的防孤岛保护能力。

2. 负载功率匹配

负载无功功率匹配采用电感和电容组合微调实现，其试验步骤为多次微调重复试验，但这种微调方法是经过了反复检测得出的实现孤岛功率匹配的最合适方法。IEEE Std. 929—2000 无功匹配过程是电感和电容按±1%进行微调，直到超出±5%为止。IEC 62116：2014 将试验条件分为 A、B 和 C 三种，试验条件 B 和 C 无功匹配过程与 IEEE Std. 929—2000 相同。国内的检测规程 Q/GDW 618—2011、GB/T 30152—2013 等简化了无功匹配过程，电感和电容每次变化±2%，比 IEEE Std. 929—2000 减少了 4 次无功匹配试验。Q/GDW 618—2011、GB/T 30152—2013 是光伏发电站现场检测标准，而 IEEE Std. 929—2000 和 IEC 62116：2014 是在实验室环境下逆变器的检测标准，现场检测环境受辐照度影响，适当简化检测步骤有利于现场试验。

3. 防孤岛试验结果判定

防孤岛保护的跳闸时间一般要求为 2s 以内，若逆变器孤岛运行超过 2s，则逆变器的防孤岛保护不合格。防孤岛保护试验无功和有功功率匹配过程包括多次试验，IEEE Std. 929—2000 和 IEC 62116：2014 要求这些检测必须全部完成，且规定任何一次检测中若出现孤岛运行时间超过 2s，则判定逆变器防孤岛保护不合格，防孤岛保护试验结束。国内标准 Q/GDW 618—2011、GB/T 30152—2013 规定：若第 1 次孤岛试验被测光伏发电站在 2s 或电网企业指定时间内断开与电网连接，则不再继续检测，若不满足则继续进行检测。Q/GDW 618—2011、GB/T 30152—2013 的结果判定与前 2 个标准不同，从理论上分析，多次功率匹配试验是必须的，所有的防孤岛保护试验都通过才合格，若试验中出现跳闸时间大于规定时间，则防孤岛保护功能不合格。

3.3.4　电压/频率响应特性

电压/频率响应特性标准内容基本相同，在适应性范围和分闸时间要求等技术参数上有所不同，检测步骤中也有差异，下面从适应性范围和分闸时间两个方面进行分析。

1. 适应性范围

对于电压/频率适应性范围，德国和我国标准都针对小型光伏发电系统和大中型光伏发电站分别进行要求。详见表 3 - 14。德国标准 VDE—AR—N 4105：2011 和 BDEW—2008 要求发电系统并网点频率在 50.2～51.5Hz 范围之间时，光伏发电系统应降载运行；对于接入中高压电网的光伏发电站，德国标准 BDEW—2008 规定了发电系统侧和电网连接点侧不同的要求；我国 GB/T 19964—2012 标准要求并网点电压大于 110%U_n 或频率在 48～49.5Hz、49.5～50.2Hz 范围时，光伏发电站至少能支撑一段时间，之后可断网也可不断网。

表 3-14　　中、德两国标准电压及频率适应性范围对比

		我国标准 GB/T 29319—2012	德国标准 VDE—AR—N 4105：2011 （接入低压电网的发电系统）
小型光伏发电系统	电压适应性范围	$(85\%\sim110\%)U_n$	$(80\%\sim110\%)U_n$
	频率适应性范围	49.5～50.2Hz	47.5～50.2Hz，50.2～51.5Hz，降载运行
		我国标准 GB/T 19964—2012	德国标准 BDEW—2008
大中型光伏电站	电压适应性范围	$U=(90\%\sim110\%)U_n$，连续运行； $U<90\%U_n$，符合低电压穿越要求； $U=(110\%\sim120\%)U_n$，至少运行 10s； $U=(120\%\sim130\%)U_n$，至少运行 0.5s	发电系统侧：$U=(85\%\sim108\%)U_n$； 电网连接点侧：$U=(80\%\sim120\%)U_n$
	频率适应性范围	$48\text{Hz}\leqslant f<49.5\text{Hz}$，至少运行 10min； $49.5\text{Hz}\leqslant f\leqslant50.2\text{Hz}$，连续运行； $50.2\text{Hz}<f\leqslant50.5\text{Hz}$，至少运行 2min，执行调度指令	47.5～50.2Hz；50.2～51.5Hz，降载运行

2. 分闸时间要求

对于电压/频率保护分闸时间，德国标准和我国标准都针对小型光伏发电系统和大中型光伏发电站分别进行要求。主要差异在于：

（1）对于小型光伏发电系统，我国标准中的过欠压保护分闸时间有快跳和慢跳之分，即当电压虽然有偏差但仍接近正常工作电压时，可在较长时间内分闸，而当电压严重偏离正常工作电压范围时，必须在很短时间内分闸，如当并网点电压小于 $50\%U_n$，要求最大分闸时间为 0.2s；当并网点电压在 $(50\%\sim85\%)U_n$ 之间，要求最大分闸时间为 2s。德国对欠压没有快跳和慢跳之分，分闸时间基本接近我国的快跳时间，当过压的要求为高于 $115\%U_n$ 时，需立即分闸，高于 $110\%U_n$ 的情况则为 10min 平均值超过 $110\%U_n$。

（2）对大中型光伏发电站，我国和德国标准都要求低压时具有低电压穿越功能，高压时发电站需能支撑一段时间，我国标准的规定是至少能支撑一段时间，之后可断网也可不断网；德国是明确规定支撑的时间之后即需断网。德国同时还规定了发电系统侧和电网连接点侧不同的要求，另外规定了单相欠压和多相同时欠压时不同的要求。

3.3.5　低电压穿越特性

在低电压穿越检测要求方面，我国标准 GB/T 19964—2012 和德国标准 BDEW—2008 的对比见表 3-15。

（1）在电压跌落点持续时间方面，我国要求在电压 0.2p.u. 维持 0.625s，德国要求在电压 0.3p.u. 维持 0.625s，如图 3-24 所示。

（2）在有功功率恢复方面，我国要求 $(30\%P_n)/s$ 的恢复速度，德国标准要求 $(10\%P_n)/s$ 的恢复速度。

（3）在动态无功支撑方面，两国标准均要求光伏发电站在电网故障时需提供无功电流。我国标准要求动态无功电流的响应时间不大于 30ms，并给出了详细的动态无功电流技术要求和计算公式；德国标准没有对动态无功电流相应时间提出要求，只提出了动态无功支撑的定性要求。

表 3-15　　BDEW—2008 及 GB/T 19964—2012 对低电压穿越测试的要求

项目 \ 标准名称	BDEW—2008	GB/T 19964—2012
跌落类型	三相、两相	三相、两相或单相
功率区间	$(0.1\sim0.3)P_n$；$>0.9P_n$	$(0.1\sim0.3)P_n$；$>0.7P_n$
跌落深度	≤5%；20%～25%；45%～55%；70%～80%四个区间内随机抽取	0，其他各点在 0～25%、25%～50%、50%～75%、75%～90%四个区间内随机抽取
有功恢复速率	至少每秒增长标称（额定）容量的 10%	功率变化率超过 $30\%P_n/s$ 恢复至正常发电状态

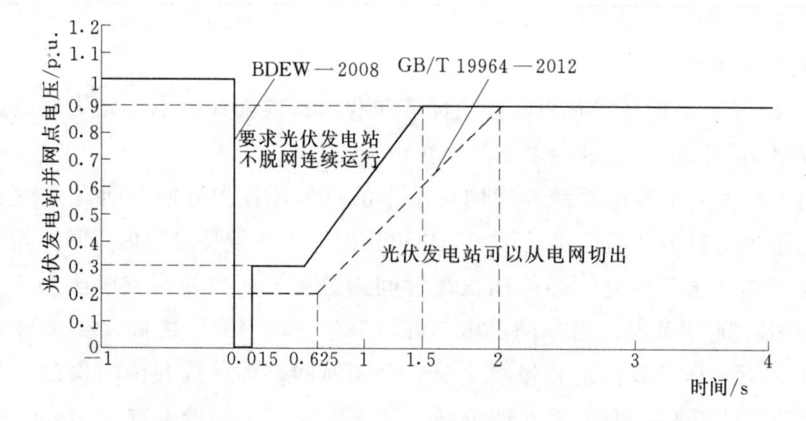

图 3-24　中、德两国标准中针对光伏发电低电压穿越技术要求曲线图

BDEW—2008 中针对无功电流技术要求曲线如图 3-25 所示，包括无功电流注入值、建立时间、稳定时间、设定值容限范围等，其中无功电流注入值与电网电压跌落深度之间的关系定义为 K 系数，数学表达式为

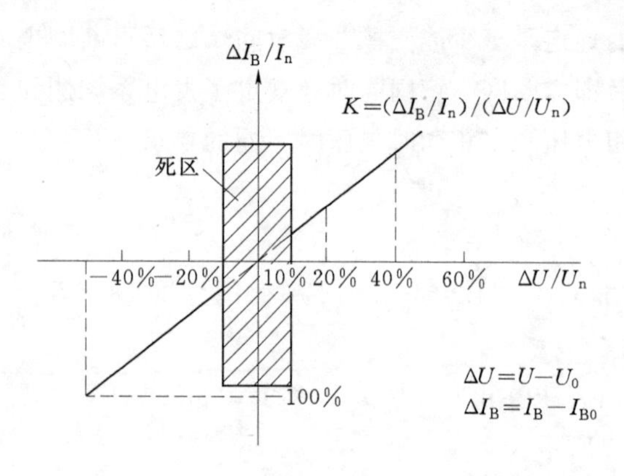

图 3-25　BDEW—2008 中针对无功电流技术要求曲线图

$$K=\frac{\Delta I_B/I_n}{\Delta U/U_n} \tag{3-17}$$

式中　ΔI_B——无功电流变化值；

ΔU——并网点电压变化值；

I_n——并网点电流；

U_n——电压额定值。

BDEW—2008 中要求 $K\geqslant2$，通常检

测要求 $K=2$ 或者 $K=3$，死区范围为 $\pm 10\% U_n$，此区间内不考虑无功电流注入。无功电流设定值容限范围为［$-10\% I_n$，$20\% I_n$］，在对称故障时无功电流范围为［$90\% I_n$，$120\% I_n$］，两相不对称故障时无功电流范围为［$30\% I_n$，$60\% I_n$］，建立时间应不大于30ms，稳定时间应不大于60ms。

3.4 并网性能检测方法

3.4.1 电能质量

3.4.1.1 实验室检测方法

NB/T 32008—2013 规定了并网型光伏逆变器交流侧电能质量的检测设备、检测电路和检测方法等。

1. 检测设备要求

（1）直流电源。直流电源宜采用光伏方阵模拟器，若条件允许，也可以采用光伏方阵。

光伏方阵模拟器应能模拟光伏方阵的电流电压特性和时间响应特性，并满足表 3 - 16 的指标要求。

表 3 - 16 光伏方阵模拟器指标要求

参数	指 标 要 求
输出功率	使被测逆变器产生最大输出功率以及检测方法中涉及的其他功率等级
稳定度	除了由被测逆变器最大功率跟踪引起的变化外，光伏方阵模拟器的输出功率应稳定在规定的功率等级，允许偏差±2%

光伏方阵应能满足被测逆变器在最小和最大输入电压下达到最大输入功率要求，光伏方阵的类型应根据被测逆变器的适用范围选择。

（2）测量装置。电能质量测量装置应符合 GB/T 17626.30—2012 的要求。

测量设备仪器准确度等级至少应满足表 3 - 17 的要求，电压互感器应满足 GB 1207—2006 的要求，电流互感器应满足 GB 1208—2006 的要求，数据采集装置的带宽应不小于 100MHz。

表 3 - 17 测量设备仪器准确度等级

设备仪器	准确度等级	设备仪器	准确度等级
电压互感器	0.2 级	直流传感器	0.2 级
电流互感器	0.2 级	数据采集装置	0.2 级

2. 检测电路及检测方法

电能质量检测电路示意图如图 3 - 26 所示，电能质量测量装置应接在被测光伏逆变器交流侧。

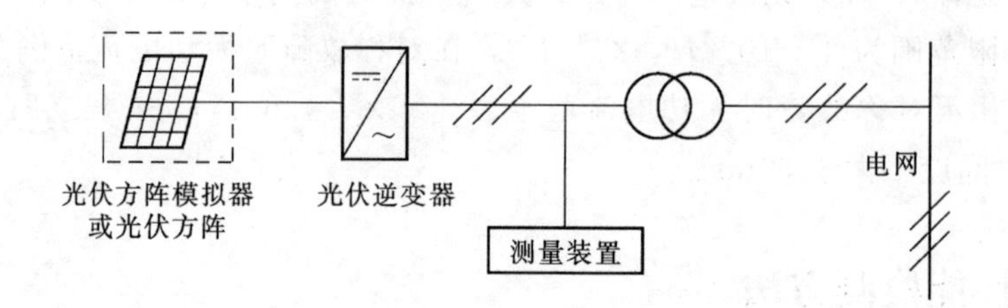

图 3-26　电能质量检测电路示意图

（1）三相电流不平衡度。对于离散采样的测量仪器推荐计算为

$$\varepsilon=\sqrt{\frac{1}{m}\sum_{k=1}^{m}\varepsilon_k^2} \tag{3-18}$$

式中　ε_k——在 3s 内第 k 次测得的电流不平衡度；

m——在 3s 内均匀间隔取值次数（$m\geqslant 6$）。

测试应符合下列要求：

1）被测逆变器运行在 33%额定功率，测试期间被测逆变器的输出功率应保持稳定，运行功率等级允许 5%的偏差。

2）每个负序电流不平衡度的测量间隔为 1min，仪器记录周期应为 3s，利用式（3-18）按每 3s 时段计算均方根值。测量次数应该满足数理统计的要求，一般不少于 100 次。

3）应分别记录其负序电流不平衡度测量值的 95%概率大值以及所有测量值中的最大值作为参考。

4）被测逆变器分别运行在 66%和 100%额定功率，重复步骤 1）～步骤 3）。

（2）闪变。闪变应通过模拟一个虚拟电网进行测试。虚拟电网电路图如图 3-27 所示，虚拟一个单相电网，由电感 L_{fic}、电阻 R_{fic}、理想电压源 $u_0(t)$ 以及电流源 $i_{\mathrm{m}}(t)$ 串联而成，通过改变阻抗比，可以实现虚拟电网阻抗角 ψ_{k} 的调节。

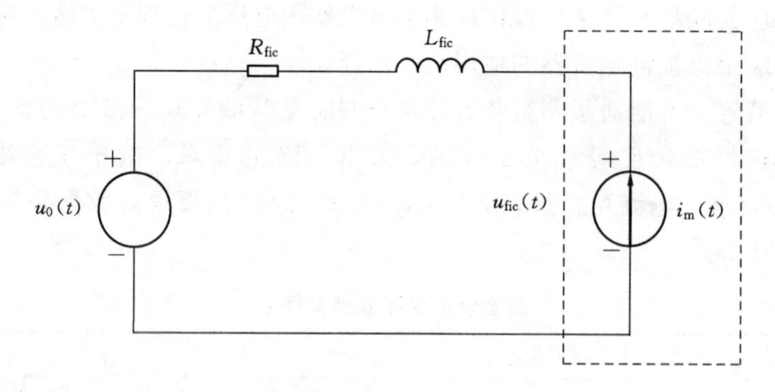

图 3-27　虚拟电网电路图

虚拟瞬时电压 $u_{\mathrm{fic}}(t)$ 的表达式为

$$u_{\mathrm{fic}}(t)=u_0(t)+R_{\mathrm{fic}}\times i_{\mathrm{m}}(t)+L_{\mathrm{fic}}\times\frac{\mathrm{d}i_{\mathrm{m}}(t)}{\mathrm{d}t} \tag{3-19}$$

式中 $i_m(t)$——被测逆变器出口侧测量的瞬时电流。

理想电压源 $u_0(t)$ 没有任何波动或闪变，且与被测逆变器出口侧测量电压的基波拥有同样的相位角 $\alpha_m(t)$。为满足这些特性，理想电压源 $u_0(t)$ 的表达式为

$$u_0(t)=\sqrt{\frac{2}{3}}U_n\sin[\alpha_m(t)] \tag{3-20}$$

式中 U_n——电网额定电压的均方根值；

$\alpha_m(t)$——逆变器出口侧所测电压基波的相位角。

所测电压基波的相位角表达式为

$$\alpha_m(t) = 2\pi\int_0^t f(t)\mathrm{d}t + \alpha_0 \tag{3-21}$$

式中 $f(t)$——随时间波动的频率；

t——自录波起经过的时间；

α_0——初始相位角。

通过改变 L_{fic}和 R_{fic}，调节虚拟电网阻抗角 ψ_k，其表达式为

$$\tan(\psi_k)=\frac{2\pi f_g L_{fic}}{R_{fic}}=\frac{X_{fic}}{R_{fic}} \tag{3-22}$$

式中 f_g——电网标称频率，50Hz。

虚拟电网三相短路视在功率 $S_{k,fic}$的表达式为

$$S_{k,fic}=\frac{U_n^2}{\sqrt{R_{fic}^2+X_{fic}^2}} \tag{3-23}$$

式中 $S_{k,fic}$——虚拟电网的短路视在功率。

需要注意的是，建议取虚拟电网中短路容量比 $S_{k,fic}/S_n=20\sim50$，S_n 是被测逆变器的额定视在功率。

停机操作时的闪变值 $P_{st,fic}$应通过测量结合虚拟电网确定，在整个测试过程中，应控制被测逆变器无功功率输出 $Q=0$，并执行以下测量要求：

1）应在被测逆变器出口侧进行测量，测量电压和电流的截止频率应至少为 1500Hz。

2）运行被测逆变器，测量从 100%额定功率切除过程中的三相瞬时电压 $u_m(t)$ 和瞬时电流 $i_m(t)$，测量时段 T 应足够长以确保停机操作引起的电流瞬变已经减弱。

3）至少测量 2 次，运行功率等级允许±5%的偏差。

虚拟电网用于确定被测逆变器停机操作状态下的闪变值 $P_{st,fic}$，应按规定的电网阻抗角 $\psi_k=30°$、50°、70°和 85°（容许±2°的偏差）分别重复以下步骤：

1）所测 T 时段内的瞬时电压 $u_m(t)$ 与瞬时电流 $i_m(t)$ 应与 $u_{fic}(t)$ 的表达式结合，得到电压 $u_{fic}(t)$ 的曲线函数。

2）电压 $u_{fic}(t)$ 随时间变化的曲线函数应导入符合 GB/T 17626.15—2011 的闪变算法，每相得到至少 5 次每 T 时段时序的闪变值 $P_{st,fic}$。

3）利用闪变值 $P_{st,fic}$计算闪变值 P_{st}为

$$P_{st}=P_{st,fic}\frac{S_{k,fic}}{S_n} \tag{3-24}$$

需要注意的是对具有冲击电流抑制的被测逆变器，电流互感器等级应是额定电流的 2～4 倍；对于没有冲击电流抑制的被测逆变器，电流互感器等级应是额定电流的 10～20 倍。

对于光伏发电站逆变器，电压闪变发生的概率大值发生在额定功率运行时功率突变的状态下。

（3）谐波、间谐波及高频分量。光伏发电站逆变器出口侧的电流谐波、间谐波及高频分量应测量并记录作为电能质量的评判依据。由于电压畸变可能会导致更严重的电流畸变，使得谐波测试存在一定的问题。注入谐波电流应排除公共电网谐波电压畸变引起的谐波电流。

1）电流谐波。具体如下：

a. 控制被测逆变器无功功率输出 $Q=0$，以 10％额定功率运行被测逆变器，测试期间被测逆变器的输出功率应保持稳定，运行功率等级允许±5％的偏差。

b. 按每个时间窗 T_w 测量一次电流谐波子群的有效值作为输出，取 3s 内 15 个输出结果的均方根值。

h 次电流谐波子群的有效值可计算为

$$I_h=\sqrt{\sum_{i=-1}^{1}C_{10h+i}^2} \tag{3-25}$$

式中　C_{10h+i}——DFT 输出对应的第 $10h+i$ 根频谱分量的有效值。

c. 连续测量 10min 逆变器输出电流，计算 10min 内所包含的各 3s 电流谐波子群的均方根值，记录最大值。

d. 电流谐波子群应记录到第 50 次，计算电流谐波子群总畸变率并记录，公式为

$$THDS_i=\sqrt{\sum_{h=2}^{50}\left(\frac{I_h}{I_1}\right)^2}\times 100\% \tag{3-26}$$

式中　I_h——在 10min 内 h 次电流谐波子群的最大值；

I_1——在 10min 内电流基波子群的最大值。

e. 以 $20\%P_n$、$30\%P_n$、$40\%P_n$、$50\%P_n$、$60\%P_n$、$70\%P_n$、$80\%P_n$、$90\%P_n$ 及 $100\%P_n$ 分别重复步骤 a～步骤 d。

需要注意的是，持续在短暂周期内的谐波可以认为是对公用电网无害的。因此，这里不要求测量因逆变器启停操作而引起的短暂谐波。

2）电流间谐波。具体如下：

a. 控制被测逆变器无功功率输出 $Q=0$，并运行在 $10\%P_n$，测试期间被测逆变器的输出功率应保持稳定，运行功率等级允许±5％的偏差。

b. 按每个时间窗 T_w 测量一次电流间谐波中心子群的有效值作为输出，取 3s 内 15 个输出结果的平均值。

h 次电流间谐波中心子群的有效值可计算为

$$I_h = \sqrt{\sum_{i=2}^{8} C_{10h+i}^2} \tag{3-27}$$

式中 C_{10h+i}——DFT 输出对应的第 $10h+i$ 根频谱分量的有效值。

c. 连续测量 10min 逆变器输出电流，计算 10min 内所包含的各 3s 电流间谐波中心子群的平均值，记录最大值。

d. 电流间谐波测量最高频率应达到 2kHz。

e. 以 $20\%P_n$、$30\%P_n$、$40\%P_n$、$50\%P_n$、$60\%P_n$、$70\%P_n$、$80\%P_n$、$90\%P_n$ 及 $100\%P_n$ 分别重复步骤 a～步骤 d。

3）电流高频分量。应测量逆变器 $10\%P_n$、$20\%P_n$、$30\%P_n$、$40\%P_n$、$50\%P_n$、$60\%P_n$、$70\%P_n$、$80\%P_n$、$90\%P_n$ 及$100\%P_n$的电流高频分量。参照 GB/T 17626.7—2008 中附录 B 的要求进行电流高频分量的检测，以 200Hz 为间隔，计算中心频率从 2.1～8.9kHz 的电流高频分量。

（4）直流分量。

1）以 $33\%P_n$ 运行被测逆变器，测试期间被测逆变器的输出功率应保持稳定，运行功率等级允许±5%的偏差。

2）在被测逆变器出口侧测量各相的直流分量，按每个时间窗 T_w 测量一次直流分量作为输出，取 5min 内所有输出结果的平均值。

3）以 $66\%P_n$ 和 $100\%P_n$ 分别运行被测逆变器，重复步骤 1）～步骤 2）。

3.4.1.2 现场检测方法

NB/T 32006—2013 规定了 35kV 及以上电压等级并网，以及通过 10kV 电压等级与公共电网连接的新建、扩建和改建的光伏发电站电能质量的检测设备、检测电路和检测方法等。

1. 检测设备要求

电能质量测量装置应符合 GB/T 17626.30—2012 的要求，闪变评估算法应符合 GB/T 17626.15—2011 的要求。

测量设备仪器准确度等级要求见表 3-18，电压互感器应满足 GB 1207—2006 的要求，电流互感器应满足 GB 1208—2006 的要求。数据采集装置采样频率不小于 20kHz，带宽应不小于 10MHz。

表 3-18　　测量设备仪器准确度等级要求

设备仪器	准确度要求
电压互感器	0.2 级
电流互感器	0.2 级
数据采集装置	0.2 级

2. 检测电路及检测方法

现场电能质量检测电路示意图如图 3－28 所示。

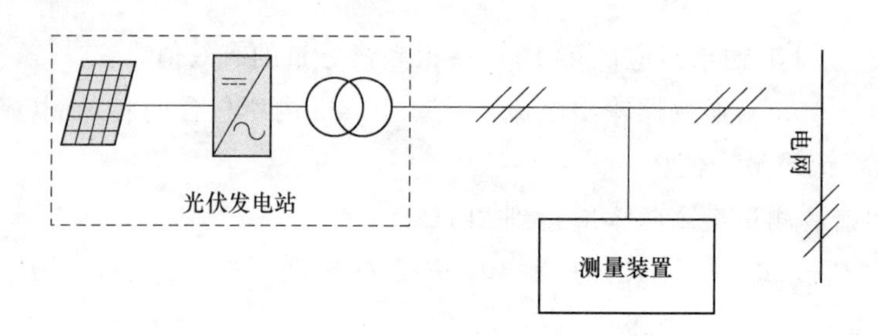

图 3－28　现场电能质量检测示意图

（1）三相电压不平衡度。检测应按照如下步骤进行：

1）在光伏发电站公共连接点处接入电能质量测量装置。

2）运行光伏发电站，从光伏发电站持续正常运行的最小功率开始，以 10％的光伏发电站所配逆变器总额定功率为一个区间，每个区间内连续测量 10min，从区间开始按每 3s 时段计算均方根值，共计算 200 个 3s 时段均方根值。

3）应分别记录其负序电压不平衡度测量值的 95％概率大值以及所有测量值中的最大值。

4）重复测量 1 次。

需要注意的是，最后一个区间的终点取测量日光伏发电站持续正常运行的最大功率。

（2）三相电流不平衡度。步骤参照三相电压不平衡度。

（3）闪变。在光伏发电站并网点处接入电能质量测量装置，电压互感器和电流互感器的截止频率应不小于 400Hz；从光伏发电站持续正常运行的最小功率开始，以 10％的光伏发电站所配逆变器总额定功率为一个区间，每个区间内分别测量 2 次 10min 短时闪变值 P_{st}。光伏发电系统的长时闪变值应通过短时闪变值 P_{st} 计算。检测方法应满足 GB/T 12326—2008 的要求。

需要注意的是，最后一个区间的终点取测量日光伏发电站持续正常运行的最大功率。

（4）谐波、间谐波及高频分量。

1）电流谐波。

a. 在光伏发电站公共连接点处接入电能质量测量装置。

b. 从光伏发电站持续正常运行的最小功率开始，以 10％的光伏发电站所配逆变器总额定功率为一个区间，每个区间内连续测量 10min。

c. 按式（3－25）取时间窗 T_w 测量电流谐波子群的有效值，取 3s 内的 15 个电流谐波子群有效值计算方均根值。

d. 计算 10min 内所包含的各 3s 电流谐波子群的方均根值。

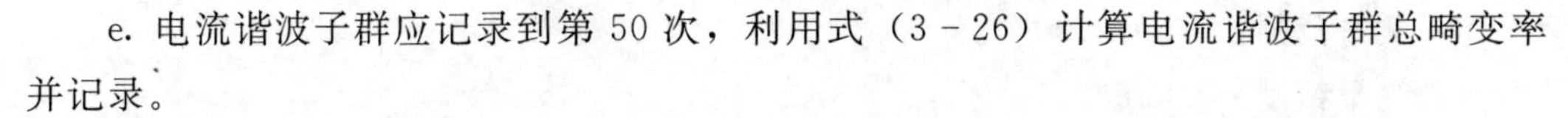

e. 电流谐波子群应记录到第 50 次，利用式（3-26）计算电流谐波子群总畸变率并记录。

需要注意的是，最后一个区间的终点取测量日光伏发电站持续正常运行的最大功率。

持续在短暂周期内的谐波可以认为是对公用电网无害的。因此，这里不要求测量因光伏发电站启停操作而引起的短暂谐波。

2）电流间谐波。

a. 在光伏发电站公共连接点处接入电能质量测量装置。

b. 从光伏发电站持续正常运行的最小功率开始，以 10％的光伏发电站所配逆变器总额定功率为一个区间，每个区间内连续测量 10min。

c. 取时间窗 T_w 测量电流间谐波中心子群的有效值，取 3s 内的 15 个电流间谐波中心子群有效值计算方均根值。

d. 计算 10min 内所包含的各 3s 电流间谐波中心子群的方均根值。

e. 电流间谐波测量最高频率应达到 2kHz。

需要注意的是，最后一个区间的终点取测量日光伏发电站持续正常运行的最大功率。

3）电流高频分量。从光伏发电站持续正常运行的最小功率开始，以 10％的光伏发电站所配逆变器总额定功率为一个功率区间，测量每个功率区间内的电流高频分量。测试应满足 GB/T 17626.7—2008 的要求，以 200Hz 为间隔，计算中心频率 2.1～8.9kHz 的电流高频分量。

3.4.2 有功功率特性

NB/T 32007—2013 适用于通过 35kV 及以上电压等级并网，以及通过 10kV 电压等级与公共电网连接的新建、扩建和改建光伏发电站接入电网的检测设备、检测电路和检测方法等。

1. 检测装备要求

测量设备准确度要求见表 3-19，电压互感器应满足 GB 1207—2006 的要求，电流互感器应满足 GB 1208—2006 的要求，数据采集装置带宽不应小于 10MHz。

表 3-19　测量设备准确度要求

设备仪器	准确度要求
电压互感器	0.5 级
电流互感器	0.5 级
数据采集装置	0.5 级

功率特性检测装置应包括气象数据采集装置和组件温度测量装置。组件温度测量装置的技术参数要求：

1）测量范围：－50～100℃。

2）测量精度：±0.5℃。

3）工作环境温度：－50～100℃。

2. 检测电路及检测方法

应选择在晴天少云且光伏发电站输出功率波动较小的条件下进行检测，检测过程中应全程记录辐照度和大气温度。

（1）有功功率输出特性。有功功率输出特性检测示意图如图 3－29 所示。各装置之间应保持时间同步，时间偏差应小于 10μs。

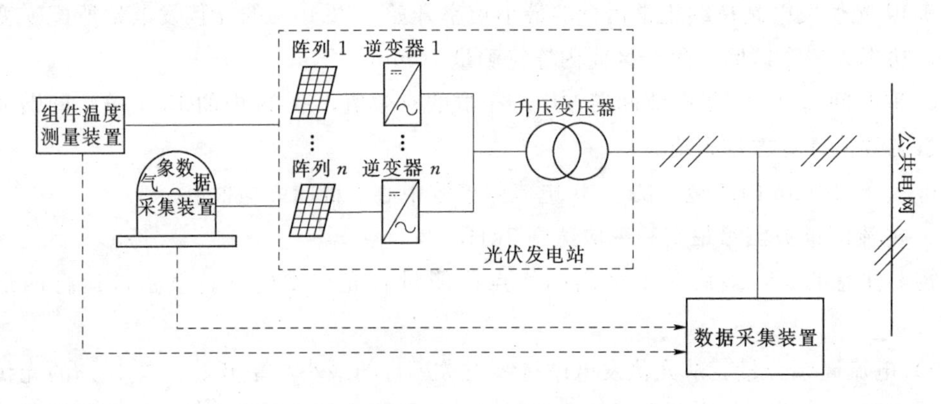

图 3－29　有功功率输出特性检测示意图

检测应按照以下步骤进行：

1）根据光伏发电站所在地的气象条件，应选择太阳辐照度最大值不小于 400W/m^2 的完整日开展检测，检测应至少采集总辐照度和组件温度参数。

2）连续测满光伏发电站随辐照度发电的全天运行过程，要求每 1min 同步采集一次光伏发电站有功功率、总辐照度和组件温度三个数据。

3）以时间轴为横坐标，有功功率为纵坐标，绘制有功功率变化曲线。

4）以时间轴为横坐标，组件温度为纵坐标，绘制组件温度变化曲线。

5）将横坐标的时间轴与辐照度时序对应，绘制有功功率变化曲线和组件温度变化曲线。

有功功率 1min 平均值用 1min 发电量值/60s 来计算。总辐照度 10s 采样 1 次，1min 采样的 6 个样本去掉 1 个最大值和 1 个最小值，余下 4 个样本的算术平均为 1min 的瞬时值。组件温度 10s 采样 1 次，1min 采样的 6 个样本去掉 1 个最大值和 1 个最小值，余下 4 个样本的算术平均为 1min 的瞬时值。

（2）有功功率变化。

1）光伏发电站启动工况。检测应按照以下步骤进行：

a. 应在上午光伏发电站正常启动和正午太阳辐照度较强时控制光伏发电站启动两种工况下分别进行检测。

b. 测量光伏发电站从启动开始时刻 t_1 到输出功率稳定时刻 t_2 时间段的有功功率输出，t_1 宜选取光伏发电站输出电流大于额定电流 1%的时刻，t_2 时刻光伏发电站输出的功率应至少为光伏发电站所配逆变器总额定功率的 50%。

c. 使用数据采集装置记录从 t_1 开始到 t_2 时间段内的数据，每 0.2s 计算一次有功功率平均值。

d. 以时间轴为横坐标，有功功率为纵坐标，用计算的所有 0.2s 有功功率平均值绘制有功功率变化曲线。

2）光伏发电站停机工况。检测应按照如下步骤进行：

a. 应在下午光伏发电站正常停机和正午太阳辐照度较强时控制光伏发电站停机的两种工况下分别进行检测。

b. 测量光伏发电站从输出功率稳定时刻 t_1 到停机时刻 t_2 时间段的有功功率输出，t_2 宜选取光伏发电站输出电流为 0 或小于额定电流 1%的时刻，t_1 时刻光伏发电站输出的功率应至少为光伏发电站所配逆变器总额定功率的 50%。

c. 使用数据采集装置记录从 t_1 开始到 t_2 时间段内的数据，每 0.2s 计算一次有功功率平均值。

d. 以时间轴为横坐标，有功功率为纵坐标，用计算的所有 0.2s 有功功率平均值绘制有功功率变化曲线。

（3）有功功率控制能力。检测应按照如下步骤进行：

1）检测期间不应限制光伏发电站的有功功率变化速度。

2）有功功率控制曲线图如图 3-30 所示，按照图 3-30 的设定曲线控制光伏发电站有功功率，并应在每个功率基准值上保持 2min。

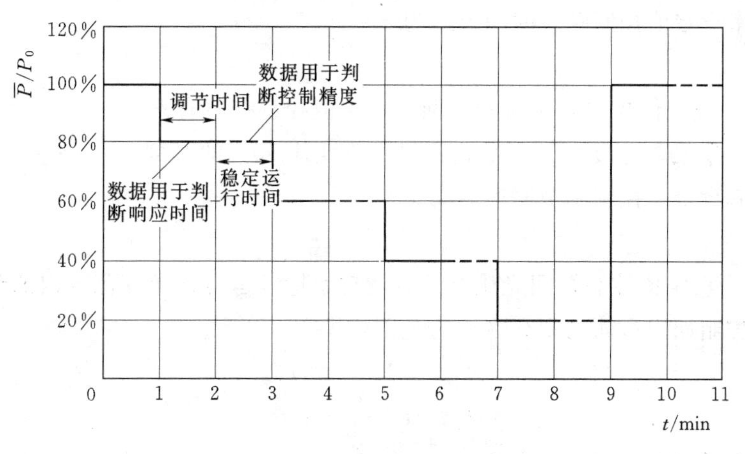

图 3-30 有功功率控制曲线图

3）在光伏发电站并网点测量时序功率，以每 0.2s 有功功率平均值为一点，拟合实测曲线。

4）以每次有功功率变化后的第 2 个 1min 数据计算 1min 有功功率平均值。

5）判定有功功率控制精度和响应时间。

6）检测期间应同时记录现场的辐照度和大气温度。

P_0 为辐照度大于 400W/m^2 时被测光伏发电站的有功功率值。

光伏发电站功率控制响应时间和响应精度判定示意图如图 3-31 所示。其中，P_1 为光伏电站有功功率初始运行值，P_2 为光伏电站有功功率设定值控制目标值。由图 3-32 可以得出光伏发电站有功功率设定值响应时间和控制特性参数。

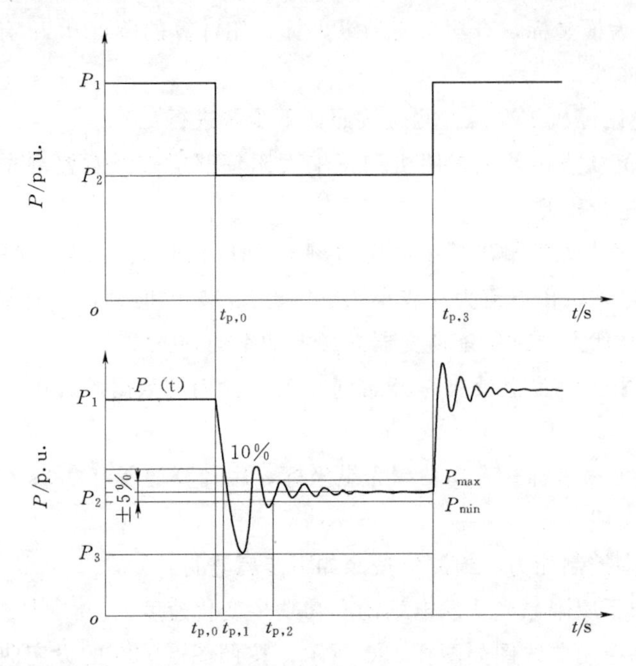

图 3-31　功率控制响应时间和响应精度判定示意图

有功功率设定值控制响应时间 $t_{p,res}$ 为

$$t_{p,res}=t_{p,1}-t_{p,0} \tag{3-28}$$

式中　$t_{p,0}$——设定值控制开始时刻（前一设定值控制结束时刻）；

$t_{p,1}$——有功功率变化第一次达到设定阶跃值 90%的时刻。

有功功率设定值控制调节时间 $t_{p,reg}$ 为

$$t_{p,reg}=t_{p,2}-t_{p,0} \tag{3-29}$$

式中　$t_{p,2}$——设定值控制期间光伏电站有功功率持续运行在允许范围内的开始时刻。

设定值控制期间有功功率允许运行范围，即

$$\begin{aligned}P_{max}&=(1+0.05)P_2\\P_{min}&=(1-0.05)P_2\end{aligned} \tag{3-30}$$

有功功率设定值控制超调量为

$$\sigma=\frac{|P_3-P_2|}{P_2}\times 100\% \tag{3-31}$$

式中　P_3——设定值控制期间光伏发电站有功功率偏离控制目标的最大运行值。

功率设定值控制精度判定公式为

$$\Delta P\% = \frac{|P_{set} - P_{mes}|}{P_{set}} \times 100\% \tag{3-32}$$

式中 P_{set}——设定的有功功率值；

P_{mes}——实际测量每次阶跃后第 2 个 1min 有功功率平均值；

$\Delta P\%$——功率设定值控制精度。

3.4.3 无功功率特性

NB/T 32007—2013 适用于通过 35kV 及以上电压等级并网，以及通过 10kV 电压等级与公共电网连接的新建、扩建和改建光伏发电站接入电网的检测设备、检测电路和检测方法等。

1. 检测设备要求

测量设备准确度要求见表 3-19，电压互感器应满足 GB 1207—2006 的要求，电流互感器应满足 GB 1208—2006 的要求，数据采集装置带宽不应小于 10MHz。

功率特性检测装置应包括气象数据采集装置和组件温度测量装置。组件温度测量装置的技术参数要求：

1）测量范围：－50～＋100℃。

2）测量精度：±0.5℃。

3）工作环境温度：－50～100℃。

2. 检测电路及检测方法

应选择在晴天少云且光伏发电站输出功率波动较小的条件下进行检测，检测过程中应全程记录辐照度和大气温度。

（1）无功功率输出特性。检测前光伏发电站逆变器应完成有功功率和无功功率的型式试验。应记录光伏发电站的无功配置，并与电网调度部门协调。

检测应按照如下步骤进行：

1）调节光伏发电站在正常并网方式下运行，保证光伏发电站集中无功补偿装置在运行状态。

2）从光伏发电站持续正常运行的最小功率开始，以每 10%有功功率作为一个区间进行测试。

3）按步长调节光伏发电站输出的感性无功功率至光伏发电站感性无功功率输出限值，记录至少 2 个 1min 感性无功功率和有功功率数据。

4）按步长调节光伏发电站输出的容性无功功率至光伏发电站容性无功功率输出限值，记录至少 2 个 1min 容性无功功率和有功功率数据。

5）以每 0.2s 数据计算一个无功功率平均值，以每 0.2s 数据计算一个有功功率平均值，利用所有计算所得 0.2s 平均值绘制无功功率-有功功率特性曲线。

需要注意的是，P_0 为辐照度大于 400W/m^2 时被测光伏发电站的有功功率值。

光伏发电站无功功率输出跳变限值为光伏发电站无功功率最大值或电网调度部门允许的最大值两者中较小的值。

（2）无功功率控制能力。无功功率控制能力检测前光伏发电站逆变器应完成有功功率和无功功率的型式试验。应记录光伏发电站的无功配置，并与电网调度部门协调。

检测应按照以下步骤进行：

1）控制光伏发电站的有功功率输出为 $50\%P_0$，保证光伏发电站集中无功补偿装置在运行状态。

2）检测期间不限制光伏发电站的无功功率变化速度。设定 Q_L 和 Q_C 为光伏发电站无功功率输出跳变限值。

3）无功功率控制曲线图如图3-32所示，按照图3-32的设定曲线控制光伏发电站无功功率，在光伏发电站出口侧测量时序功率，以每0.2s无功功率平均值为一点，绘制功率实测曲线。

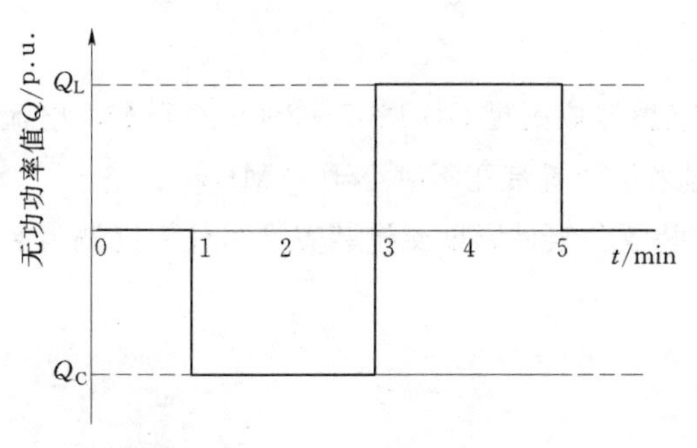

图3-32 无功功率控制曲线图

4）计算无功功率调节精度和响应时间。

Q_L 和 Q_C 为与调度部门协商确定的感性无功功率阶跃允许值和容性无功功率阶跃允许值。

P_0 为辐照度大于 $400W/m^2$ 时被测光伏发电站的有功功率值。

3.4.4 防孤岛保护性能

当前国内外标准对于光伏发电系统防孤岛保护性能的检测方法基本相同，主要是利用 RLC 负载来模拟本地负荷，调节 RLC 负载来模拟孤岛发生，测量光伏发电系统的输出响应，分析判断其防孤岛保护性能。检测示意图如图3-33所示，光伏发电站经过开关 S_2 并网发电，并经过 S_1 将防孤岛检测装置接入。光伏发电站正常运行情况下，通过功率检测装置测量被测光伏发电站的有功功率和无功功率输出，根据检测功率依次投入防孤岛检测装置的电阻 R、电感 L、电容 C，调节 RLC 负载使得电阻 R 消耗的有功功率等于被测发电站发出的有功功率，LC 消耗的无功功率等于被测发电站发出的无功功率。当光伏发电系统和 RLC 负载形成了一个自给自足的孤岛系统时，断开并网开关 S_2，观察逆变器能否能够检测到孤岛现象并与电网解列。由于不同国家的电网

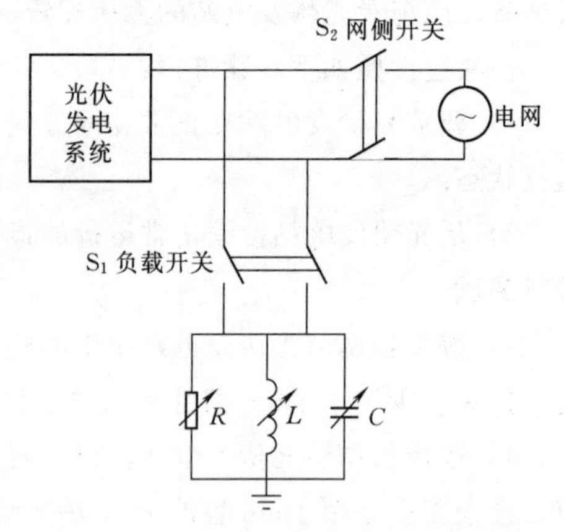

图3-33 防孤岛保护性能检测示意图

结构和运行情况不同，在具体的检测细节上存在一些差异。下面详细介绍典型国际标准 IEC 62116：2014 和我国国家标准 GB/T 30152—2013。

3.4.4.1 实验室检测方法

虽然各个标准的检测方法有所不同，实验室检测采用的方法基本都是源于 IEC 62116：2014，该标准规定了单相或三相并网型光伏逆变器自动孤岛保护功能的检测方法，同样适用于其他类型的并网系统。标准要求试验电路品质因数为 $Q_f=1\pm0.05$，试验中任一记录的孤岛运行时间超过 2s 或不符合当地规范要求，则逆变器防孤岛保护判定为不合格。此外，标准对检测设备、检测电路及检测方法做了要求，具体如下：

1. 检测设备要求

（1）检测仪器。

1）应使用具有存储功能的检测装置观测波形，装置存储容量应至少为 1GB。记录时间应从测试开始时刻到被测设备停止输出为止。

2）对于三相被测设备，测试和监测设备应记录所有相的电流以及相电压或线电压、有功功率、无功功率的基频值。宜使用 10kHz 或更高的采样频率，测量精度应至少为被测设备标称输出电压和标称输出电流的 1%。

（2）直流电源。

1）测试中宜使用光伏方阵模拟器。

2）光伏方阵模拟器应能模拟光伏方阵的电流、电压特性和时间响应特性。光伏方阵模拟器技术规范见表 3-20。检测应在表 3-20 规定的输入电压条件下进行。

3）串接阻抗限制电流、电压的直流电源。

a. 应能在被测设备的最小和最大输入电压下使被测设备达到最大输入功率。

b. 该直流电源提供的电流和电压应可调节。

c. 可通过选择或调整串联电阻（或并联电阻）用来调整填充因子，使其达到规定要求的范围值。

表 3-20　光伏方阵模拟器技术规范

项目	条　件
输出功率	应使被测设备产生最大输出功率和规定的其他功率等级
响应速度①	当检测负载以 5%变化时，响应时间应能在小于 1ms 的时间内将输出电流稳定在其终值的 10%以内
稳定度	除了由被测设备最大功率跟踪引起的变化外，模拟器的输出功率在整个检测期间应稳定在规定的功率等级，偏差小于 2%
填充因子②	0.25～0.8

① 一定的响应速度可避免 MPPT 控制系统、被测设备直流侧的脉动频率或主动防孤岛方法造成的影响。

② 填充因子$=(U_{mn}\times I_{mn})/(U_{oc}\times I_{sc})$，其中 U_{mn} 和 I_{mn} 分别是最大功率点的电压和电流，U_{oc} 是开路电压，I_{sc} 是短路电流。

4）光伏方阵。应能满足被测逆变器在最小和最大输入电压下达到最大输入功率要

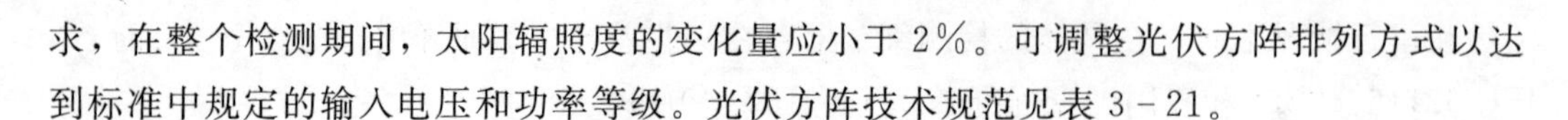

求，在整个检测期间，太阳辐照度的变化量应小于2%。可调整光伏方阵排列方式以达到标准中规定的输入电压和功率等级。光伏方阵技术规范见表3-21。

表3-21　　光伏方阵技术规范

项目	条　　件
输出功率	满足使被测设备产生最大输出功率和检测条件中规定的其他功率等级
气候条件	辐照度、环境温度等参数应满足光伏方阵的正常运行

（3）交流电源。可使用公共电网或电网模拟装置，交流电源技术规范见表3-22。

表3-22　　交流电源技术规范

项　　目	条　　件	项　　目	条　　件
电压	标称值±2.0%	频率	标称值±0.1Hz
总谐波失真（Total Harmonic Distortion，THD）	<2.5%	相角差①	120°±5°

①　仅适用于三相电源。

（4）交流负载。

1）应在被测设备和交流电源之间并联可以调整的电阻器、电容器和电抗器。也可以使用类似的负载源，例如电子负载，但应能确保结果的一致性。

2）所有的交流负载必须满足所有检测条件规定的额定等级，并可以通过调节以满足所有测试条件要求。为确保Q_f值的精确性，在检测电路中应使用无感电阻、低耗电感和具有低串联有效内阻和低串联有效电感的电容器。如果使用铁心电抗器，在标称电压条件下工作时，电感电流的THD不得超过2%。

2. 检测电路及检测方法

逆变器防孤岛保护性能检测电路示意图如图3-34所示。对于由单相或三相逆变器组成的被测设备，应按以下要求进行检测：

测试使用RLC负载，使其在被测设备的额定频率上谐振，并与被测设备输出功率匹配。对于三相被测设备，所有相上的负载应达到平衡。防孤岛效应保护的试验条件见表3-23，本测试应在被测设备处在表3-23给出的条件下进行测试。

表3-23　　防孤岛效应保护的试验条件

条件	被测设备输出功率P_{EUT}	被测设备输入电压③	被测设备跳闸设置④
A	最大功率①	大于额定输入电压范围的90%	生产商规定的电压和频率跳闸设置
B	最大功率的50%～66%	额定输入电压范围的50%±10%	将电压和频率跳闸设置设定为标称值
C	最大功率的25%～33%②	小于额定输入电压范围的10%	将电压和频率跳闸设置设定为标称值

①　被测设备最大功率输出条件应利用最大允许输入功率实现。实际输出功率可以超过标称额定输出功率。

②　如果被测设备的最小输出功率大于额定输出功率的33%，则该项测试应使用被测设备的最小输出功率进行。

③　根据被测设备的输入电压范围计算。例如，如果输入电压范围在X和Y之间，则额定输入电压的$90\%=X+0.9\times(Y-X)$。在任何情况下，被测设备都不应在允许输入电压范围以外工作。

④　生产商应提供被测设备的电压和频率跳闸幅值和时间。

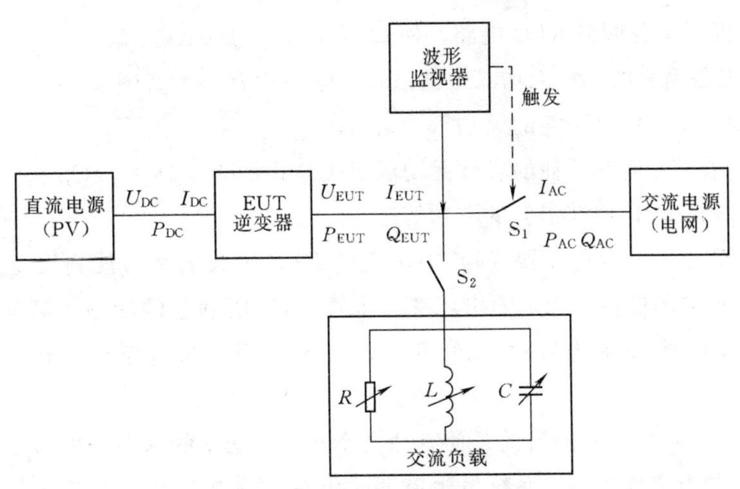

图 3-34　逆变器防孤岛保护性能检测电路示意图

被测设备电压和频率参数（幅值和时间）设置见表 3-24，其会对测得的孤岛运行时间产生影响。应用此测试验证被测设备在设定值上，包括更为严格的设定值上具有可靠的孤岛防护（例如，如果被测设备通过了标称频率跳闸设置为±1.5Hz 的测试，对于±0.5Hz 或更为严格的设置，在测得的最长运行时间内也会跳闸）。当把设定值调整到超出本测试的各设定值时，则被测设备的孤岛运行时间可能会延长。本测试步骤中推荐的标称频率±1.5Hz 的频率设置以及标称电压±15%的电压设置已可满足大多数公用电网要求。

表 3-24　　被测设备电压和频率参数设置表

参数	幅值	时限/s	参数	幅值	时限/s
过电压	115%的标称电压	2	过频率	高于标称频率 1.5Hz	1
欠电压	85%的标称电压	2	欠频率	低于标称频率 1.5Hz	1

具体有以下检测步骤：

（1）根据表 3-23 确定所测试被测设备的输出功率为 P_{EUT}。在测试过程中，可按照测试方便的原则任意安排条件 A、条件 B、条件 C 的测试顺序。

（2）调节直流电源，使被测设备输出功率可运行在 P_{EUT}，合上开关 S_1。在交流负载不接入的情况下（S_2 开路，此时未连接 RLC 负载）将被测设备接入测试系统，开启被测设备，使其在（1）步骤确定的输出条件下运行，测量基频（50Hz）下有功功率 P_{AC} 和无功功率 Q_{AC}。本步骤测得的无功功率 Q_{AC} 在接下来的测试中将作为 Q_{EUT}。

通过直流电源提供足够的输入功率使被测设备在不自动保护的前提下达到最高输出，来实现条件 A 中被测设备的输出功率。条件 B 中的被测设备输出功率宜通过调节直流电源来达到（如果被测设备允许该运行模式）。条件 C 中的被测设备输出功率宜利用逆变器自身的控制功能限制到规定的输出（如果被测设备允许该运行模式）。

（3）关闭被测设备并断开开关 S_1。如果 RLC 负载可实时调节，则可以将 S_1 保持闭合。

(4) 通过以下步骤调整 RLC 电路，使 Q_f 满足 $Q_f=1.0\pm0.05$：

1) RLC 电路消耗的感性无功满足关系式：$Q_L=Q_fP_{EUT}=1.0P_{EUT}$。

2) 接入电感 L，使其消耗的无功等于 Q_L。

3) 接入电容 C，使其消耗的容性无功满足关系式：$Q_C+Q_L=-Q_{EUT}$。

4) 接入电阻器 R，使其消耗的有功等于 P_{EUT}。

(5) 闭合开关 S_2，将在步骤 (4) 中确定的 RLC 负载电路与被测设备接合。再闭合开关 S_1，启动被测设备，确定输出功率为步骤 (1) 所确定的功率。调整 R、L、C，确保流过 S_1 的每一相电流 I_{AC} 的基频分量为 0A，允许误差为逆变器恒定状态时额定电流的 ±1%。

步骤 (1) ～步骤 (5) 的目的是使有功功率和无功功率的基频分量为零输出，或者使流过开关 S_1 的电流值为零。系统发生谐振时将在检测电路中产生谐波电流，这些谐波可能使流过开关 S_1 的功率和电流值无法为零。由于检测设备固有的测量误差以及可能受谐波电流的影响，应对检测电路进行微调，以达到最平衡的孤岛状态。

(6) 切断开关 S_1 启动试验。记录切断 S_1 开始直至被测设备输出降低并维持在其额定输出电流值的 ±1% 以内所需的时间，记为孤岛运行时间 t_R。

(7) 检测条件 A 的负载不平衡条件见表 3-23。对于表 3-23 中的检测条件 A (100%)，调整负载的有功功率和无功功率使其达到表 3-25 阴影区给出的各个负载不平衡条件。表 3-25 中的值表征的是步骤 (4) 和步骤 (5) 中所确定标称值 P_{EUT}、Q_{EUT} 的变化量，以及这些标称值的百分比表示。表 3-25 中的值给出的是流过图 3-34 中 S_1 的有功功率和无功功率，正值代表功率流从被测设备到交流电源，负值代表功率流从交流电源到被测设备。每次调整之后都要进行孤岛检测和记录孤岛作用时间。如果任一次测得的孤岛作用时间超过了额定平衡条件下测得的孤岛作用时间，则需要按照非阴影区的条件参数进行检测；如果在不平衡条件下的孤岛运行时间没有超过平衡条件下测得的孤岛运行时间，可认为本部分的测试已顺利完成。

表 3-25　检测条件 A 的负载不平衡条件

负载不匹配有功功率偏差百分比，负载不匹配无功功率偏差百分比/%				
−10，+10	−5，+10	0，+10	+5，+10	+10，+10
−10，+5	−5，+5	0，+5	+5，+5	+10，+5
−10，0	−5，0		+5，0	+10，0
−10，−5	−5，−5	0，−5	+5，−5	+10，−5
−10，−10	−5，−10	0，−10	+5，−10	+10，−10

(8) 检测条件 B 和检测条件 C 的负载不平衡条件见表 3-26。对于检测条件 B 和检测条件 C，只需调整负载的无功功率，在表 3-26 给出的工作点的 95%～105% 总范围内调整，每次试验调整量大约 1%，表 3-26 中的值表示的是流过图 3-34 中 S_1 的有功功率、偏差百分比，正值代表功率流从被测设备到交流电源，每次调整之后都要进行孤

岛检测和记录孤岛作用时间。如果在95%～105%的各点上，孤岛作用时间仍然增加，再以1%的增量继续进行测试，直至孤岛作用时间开始下降。如果逆变器具备输出功率调节功能，检测条件C宜通过逆变器自身控制措施控制输出功率来实现，而不是通过限制直流电源的输出来实现。

表 3-26　　检测条件B和检测条件C的负载不平衡条件

负载不匹配有功功率偏差百分比，负载不匹配无功功率偏差百分比/%	负载不匹配有功功率偏差百分比，负载不匹配无功功率偏差百分比/%
0，−5	0，+1
0，−4	0，+2
0，−3	0，+3
0，−2	0，+4
0，−1	0，+5

3.4.4.2 现场检测方法

光伏发电系统防孤岛保护性能现场检测主要根据国家标准GB/T 30152—2013，该标准是依据GB/T 29319—2012编写的检测方法，其中防孤岛保护性能检测方法主要为：

1. 检测设备要求

防孤岛保护检测应使用能够精确模拟三相独立交流用电设备谐振发生的*RLC*负载，且满足三相负载不平衡时的检测要求。

2. 抽检原则

(1) 对于只配备单台逆变器且该逆变器已通过防孤岛测试的光伏发电系统可不测试。

(2) 对于具备多个并网点的光伏发电系统，应按照所配逆变器型号进行分类，每类子系统随机抽取一个并网点开展测试。

3. 检测电路及检测方法

光伏发电系统防孤岛保护性能检测电路示意图如图3-35所示，检测步骤如下：

(1) 防孤岛能力检测点应设置在光伏发电系统并网点处。

(2) 通过功率检测装置测量被测光伏发电系统的有功功率和无功功率输出。

(3) 依次投入电感*L*、电容*C*、电阻*R*，使得：

1) *LC*消耗的无功功率等于被测光伏发电系统发出的无功功率。

2) *RLC*消耗的有功功率等于被测光伏发电系统发出的有功功率。

3) *RLC*谐振电路的品质因数为1±0.2。

4) 流过S_2的基波电流小于被测光伏发电系统输出电流的5%。

(4) 断开S_2，通过数字示波器记录被测光伏发电系统运行情况。

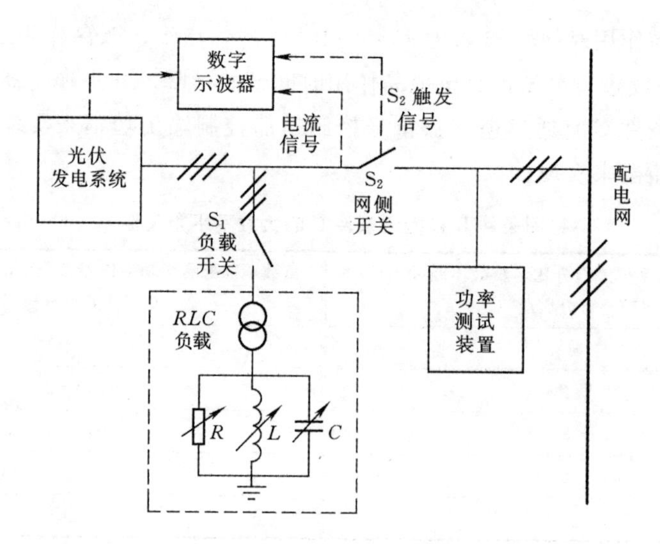

图 3－35　光伏发电系统防孤岛保护性能检测电路示意图

(5) 读取数字示波器和功率检测装置数据进行分析，若被测光伏发电系统在 2s 内停止向交流负载供电，则不再继续检测。否则应继续进行以下检测步骤。

(6) 调节电感 L、电容 C，使 L、C 的无功功率按规定每次变化±2%。负载不匹配检测条件见表 3－27，表 3－27 中的参数表示的是图 3－35 中流经开关 S_2 的无功功率流的方向，正号表示功率流从被测光伏发电系统到电网。

(7) 每次调节后，断开 S_2，通过数字示波器记录被测光伏发电系统运行情况；若记录的时间呈持续上升趋势，则应继续以 2%的增量扩大调节范围，直至记录的时间呈下降趋势。

表 3－27　　负载不匹配检测条件

有功功率偏差百分比①	无功功率偏差百分比②	有功功率偏差百分比①	无功功率偏差百分比②
0	－1	0	＋1
0	－3	0	＋3
0	－5	0	＋5

① 被测光伏发电系统逆变器总额定有功功率值与 RLC 负载实际消耗的有功功率值之差与被测光伏发电系统逆变器总额定有功功率值之比。

② 被测光伏发电系统逆变器总额定无功功率值与 RLC 负载实际消耗的无功功率值之差与被测光伏发电系统逆变器总额定无功功率值之比。

3.4.5 电压/频率响应特性

对于光伏发电站/系统、光伏并网逆变器的电压/频率响应特性的检测，国内外所采用的方法基本相同即在并网点接入电网模拟装置，模拟电网电压/频率的变化，测量光伏系统的输出响应。以我国行业标准 NB/T 32013—2013、NB/T 32009—2013 为例分别介绍光伏发电站/系统和光伏并网逆变器的电压/频率响应特性检测方法。

3.4.5.1 实验室检测方法

依据标准 NB/T 32009—2013，应用于通过 35kV 及以上电压等级并网，以及通过 10kV 电压等级与公共电网连接的新建、改建和扩建的光伏发电站的逆变器，检测内容应包括电压适应性检测、过压适应性检测、频率适应性检测、过/欠频适应性检测，其性能应满足 GB/T 19964—2012 的要求；应用于通过 380V 电压等级接入电网，以及通过 10/6kV 电压等级接入用户侧的新建、改建和扩建的光伏发电系统的逆变器，检测内容应包括过压慢速跳闸检测、过压快速跳闸检测、欠压慢速跳闸检测、欠压快速跳闸检测、过频跳闸检测、欠频跳闸检测、恢复并网检测，其性能应满足 GB/T 29319—2012 的要求。

1. 检测设备要求

(1) 直流电源。用于光伏发电站逆变器电压/频率响应检测的直流电源宜采用光伏方阵模拟器，若条件允许，也可采用光伏方阵。

1) 可控直流电源。光伏方阵模拟器应能模拟光伏方阵的 $I-U$ 特性和时间响应特性，光伏方阵模拟器参数要求见表 3-28。

表 3-28　　光伏方阵模拟器参数要求

参数	要　求
输出功率	使被测逆变器产生最大输出功率以及检测方法中涉及的其他功率等级
稳定度	除了由被测逆变器最大功率跟踪引起的变化外，光伏方阵模拟器的输出功率在整个检测期间应稳定在规定的功率等级，允许偏差±2%

2) 光伏方阵。光伏方阵应能满足被测逆变器在最小和最大输入电压下达到最大输入功率要求，光伏方阵的类型应根据被测逆变器的适用范围选择。

(2) 电网模拟装置。电网模拟装置应能模拟公用电网的电压与频率的扰动，并满足以下技术条件：

1) 与逆变器连接侧的电压谐波应小于 GB/T 14549—1993 中谐波允许值的 50%。

2) 具备电能双向流动的能力，对电网的安全性不应造成影响，向电网注入的电流谐波应小于 GB/T 14549—1993 中谐波允许值的 50%。

3) 正常运行时，电网模拟装置的输出电压基波偏差值应小于 0.2%。

4) 正常运行时，电网模拟装置的输出频率偏差值应小于 0.01Hz，可调节步长至少为 0.05Hz。

5) 三相电压不平衡度应小于 1%，相位偏差应小于 1%。

6) 响应时间应小于 0.02s。

(3) 其他设备。测量设备精度要求见表 3-29，电压互感器应满足 GB 1207—2006 的要求，电流互感器应满足 GB 1208—2006 的要求，数据采集装置的带宽应不小于 10MHz。

表 3-29　　测量设备精度要求

设　备	精度等级
电压互感器	0.5 级
电流互感器	0.5 级
数据采集系统	0.2 级

2. 检测方法

(1) 电压适应性检测。电压适应性检测步骤如下：

1) 根据制造商提供的说明书和参数标准连接逆变器。

2) 调节电网模拟装置与直流电源使逆变器运行在额定功率。

3) 调节电网模拟装置在标称频率下三相输出电压按照图 3-36 电压适应性曲线图的曲线在 91%U_n 与 109%U_n 之间连续阶跃 5 次，逆变器应保持并网状态运行。U_n 为逆变器交流侧额定电压值。

4) 通过数据采集装置记录逆变器交流侧电压、电流数据。

电压阶跃时间（即 t_0 与 t_1、t_2 与 t_3 的间隔时间）应尽可能快，一般不宜超过 20ms。电压维持时间（即 t_1 与 t_2、t_3 与 t_4 的间隔时间）应至少为 20s。

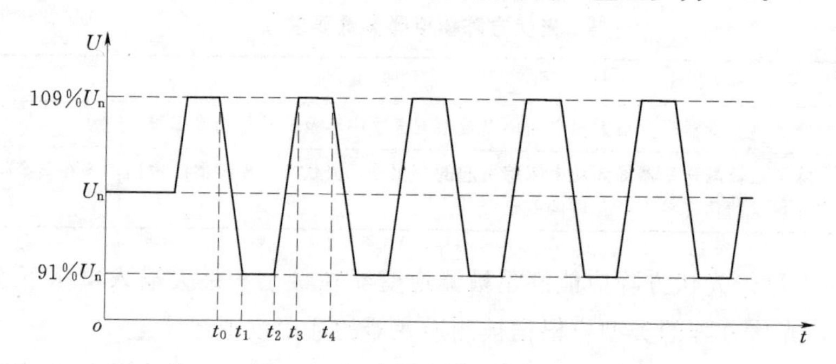

图 3-36　电压适应性曲线图

(2) 过压适应性检测。过压适应性检测步骤如下：

1) 根据制造商提供的说明书和参数标准连接逆变器。

2) 调节电网模拟装置与直流电源使逆变器运行在额定功率。

3) 调节电网模拟装置在标称频率下三相输出电压分别至 111%U_n、119%U_n 并保持 10s 后恢复额定值，逆变器应保持并网状态运行。

4) 调节电网模拟装置在标称频率下三相输出电压按照图 3-37 过压适应性曲线图 1 的曲线从 U_n 跳变到 109%U_n 后按照恒定的速率缓慢增长到 119%U_n 再降低到 111%U_n，逆变器应保持并网状态运行。

电压阶跃时间（即 t_0 与 t_1 的间隔时间）应尽可能快，一般不宜超过 20ms。电压变化时间（即 t_1 与 t_3 的间隔时间）应为 10s。

5) 调节电网模拟装置在标称频率下三相输出电压分别至 121%U_n、129%U_n 并保

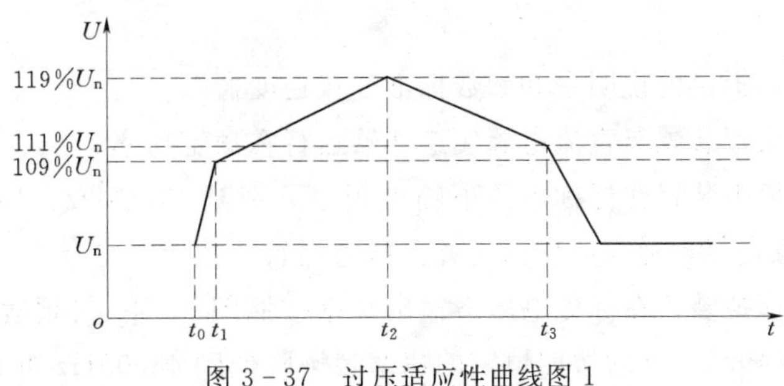

图 3-37 过压适应性曲线图 1

持时间 0.5s 后恢复额定值，逆变器应保持并网状态运行。

6）调节电网模拟装置在标称频率下三相输出电压按照图 3-38 过压适应性曲线图 2 的曲线从额定电压跳变到 119%U_n 后按照恒定的速率缓慢增长到 129%U_n 再降低到 121%U_n，逆变器应保持并网状态运行。

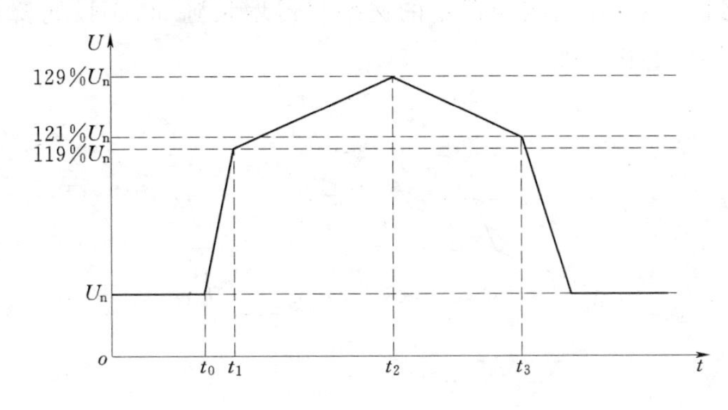

图 3-38 过压适应性曲线图 2

7）通过数据采集装置记录逆变器交流侧电压、电流数据。

（3）频率适应性检测。频率适应性检测步骤如下：

1）根据制造商提供的说明书和参数标准连接逆变器。

2）调节电网模拟装置与直流电源使逆变器运行在额定功率。

3）调节电网模拟装置在标称电压下输出频率按照图 3-39 频率适应性曲线图的曲线在 49.55Hz 与 50.15Hz 之间连续变化，逆变器应保持并网状态运行。

4）通过数据采集装置记录逆变器交流侧电压、电流数据。

电压阶跃时间（即 t_0 与 t_1 的间隔时间）应尽可能快，一般不宜超过 20ms。电压变化时间（即 t_1 与 t_3 的间隔时间）应为 0.5s。

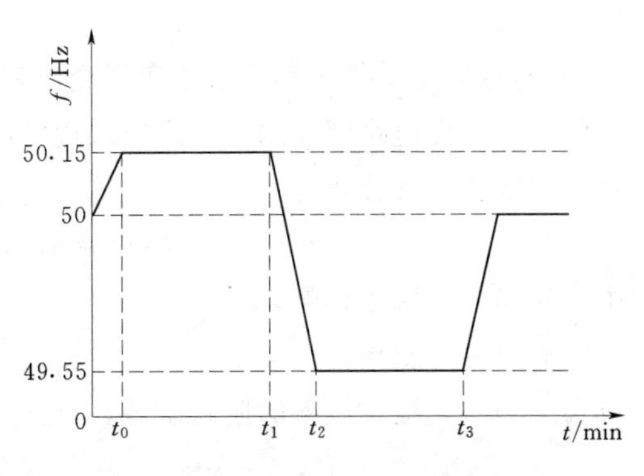

图 3-39 频率适应性曲线

注：频率维持时间（即 t_0 与 t_1、t_2 与 t_3 的间隔时间）应不小于 20min。

（4）过/欠频适应性检测。过/欠频适

应性检测步骤如下：

1）根据制造商提供的说明书和参数标准连接逆变器。

2）调节电网模拟装置与直流电源使逆变器运行在额定功率。

3）调节电网模拟装置在标称电压下输出频率分别至 49.45Hz、48.05Hz 并保持时间 10min 后恢复额定值，逆变器应保持并网状态运行。

4）调节电网模拟装置在标称电压下输出频率按照图 3-40 欠频适应性曲线图的曲线从 50Hz 跳变到 49.55Hz 后按照恒定的速率缓慢降低到 48.05Hz 再升高到 49.45Hz，逆变器应保持并网状态运行。

5）调节电网模拟装置在标称电压下输出频率至 50.25Hz 并保持时间 2min 后恢复额定值，逆变器应保持并网状态运行。

6）调节电网模拟装置在标称电压下输出频率按照图 3-41 过频适应性曲线图的曲线从 50Hz 跳变到 50.15Hz 后按照恒定的速率缓慢增长到 50.5Hz 再降低到 50.25Hz，逆变器应保持并网状态运行。

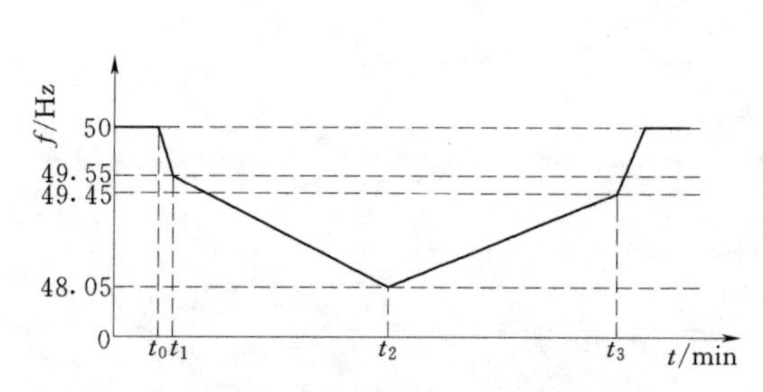

图 3-40　欠频适应性曲线图

注：1. 频率阶跃时间（即 t_0 与 t_1 的间隔时间）应尽可能快，一般不宜超过 20ms。
2. 频率变化时间（即 t_1 与 t_3 的间隔时间）应为 10min。

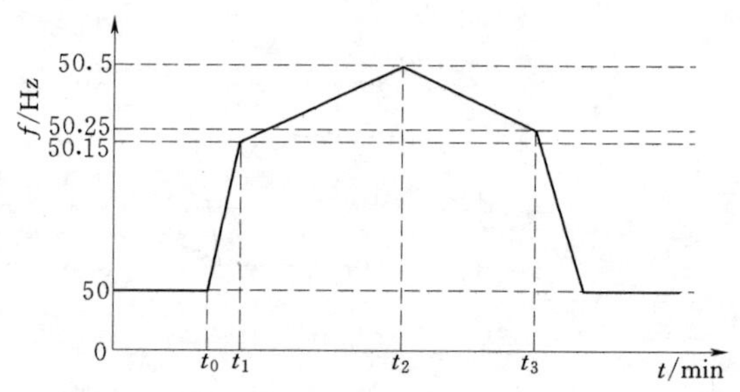

图 3-41　过频适应性曲线图

注：1. 频率阶跃时间（即 t_0 与 t_1 的间隔时间）应尽可能快，一般不宜超过 20ms。
2. 频率变化时间（即 t_1 与 t_3 的间隔时间）应为 2min。

7）调节电网模拟装置在标称电压下输出频率至 50.55Hz，记录逆变器的脱网跳闸时间。

8）通过数据采集装置记录逆变器交流侧电压、电流数据。

（5）过压慢速跳闸检测。检测应采用阶跃函数，只有输入信号可以改变，其他参数保持为正常值。其公式为

$$P(t)=Au(t-t_i)+P_b \tag{3-33}$$

式中　$P(t)$——输入信号；

A——斜率；

$u(t-t_i)$——被试设备的阶跃函数，$t<t_i$ 时，$u(t-t_i)=0$；$t>t_i$ 时，$u(t-t_i)=1$；$i=0，1，2，\cdots$；

P_b——阶跃函数起始点对应的输入信号的数值。

式（3-33）对应的曲线图如图 3-42 阶跃函数曲线图所示。

图 3-42 中，t_t 为断开时间；P_N 为输入量的正常值；P_T 为输入量的断开幅值；P_U 为阶跃函数的最终值；t_s 为阶跃函数起始点对应的时刻；t_0 为计算断开时间时采用的时间起点；t_r 为检测信号从 P_b 升高到 P_U 所用的时间，该值应小于 20ms；t_h 为至少是跳闸时间设定值的 2 倍；t_0 为斜坡函数起始点对应的时刻。

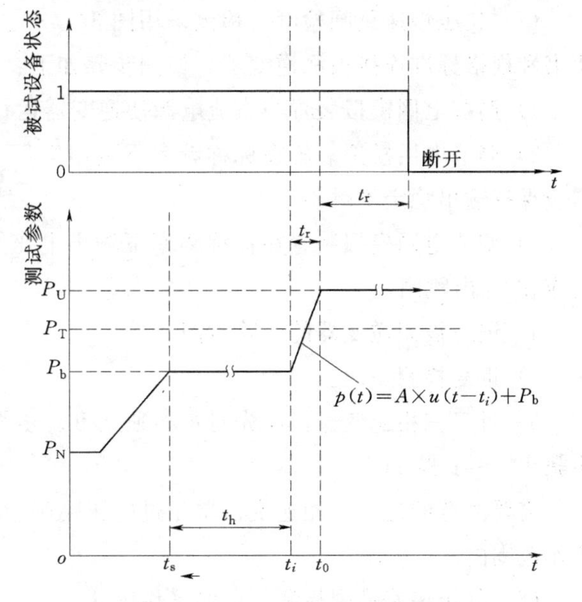

图 3-42 阶跃函数曲线图

根据制造商提供的说明书和规格标准连接被测逆变器，检测步骤如下：

1）调节电网模拟装置与直流电源使逆变器运行在额定功率。

2）调节电网模拟装置在标称频率下输出电压至 109%U_n 并至少保持 4s，被测逆变器应保持输出稳定不跳闸。

3）调节电网模拟装置在标称频率下输出电压至 111%U_n 并至少保持 4s，被测逆变器应在 2s 内跳闸。

4）记录被测逆变器的切除时间。

5）重复检测一次。

6）对于三相逆变器，应先对每相重复步骤 1）～步骤 5)，再对三相整体重复步骤 1）～步骤 5)。三相逆变器单相过电压跳闸检测时，其他相输出电压应保持在正常工作范围内。

(6) 过压快速跳闸检测。检测采用上述定义的阶跃函数，根据制造商提供的说明书和规格标准连接被测逆变器，检测步骤如下：

1）调节电网模拟装置与直流电源使逆变器运行在额定功率。

2）调节电网模拟装置在标称频率下输出电压至 109%U_n 并至少保持 4s，被测逆变器应保持输出稳定不跳闸。

3）调节电网模拟装置在标称频率下输出电压从额定值阶跃至 136%U_n 并至少保持 0.4s，被测逆变器应在 0.2s 内跳闸。

4）记录被测逆变器的切除时间。

5）重复检测一次。

6）对于三相逆变器，应先对每相重复步骤 1）～步骤 5)，再对三相整体重复步骤 1）～步骤 5)。

需要注意的是，三相逆变器单相过电压跳闸检测时，其他相输出电压应保持在正常工作范围内。

(7) 欠压慢速跳闸检测。检测采用图 3-42 定义的阶跃函数，根据制造商提供的说明书和规格标准连接被测逆变器，检测步骤如下：

1) 调节电网模拟装置与直流电源使逆变器运行在额定功率。

2) 调节电网模拟装置在标称频率下输出电压至 86%U_n 并保持至少 4s，被测逆变器应保持输出稳定不跳闸。

3) 调节电网模拟装置在标称频率下输出电压至 84%U_n 并至少保持 4s，被测逆变器应在 2s 内跳闸。

4) 记录被测逆变器的切除时间。

5) 重复检测一次。

6) 对于三相逆变器，应先对每相独立重复步骤 1) ～步骤 5)，再对三相整体重复步骤 1) ～步骤 5)。

需要注意的是，三相逆变器单相过电压跳闸检测时，其他相输出电压应保持在正常工作范围内。

(8) 欠压快速跳闸检测。检测采用图 3-42 定义的阶跃函数，根据制造商提供的说明书和规格标准连接被测逆变器，检测步骤如下：

1) 调节电网模拟装置与直流电源使逆变器运行在额定功率。

2) 调节电网模拟装置在标称频率下输出电压至 86%U_n 并至少保持 4s，被测逆变器应保持输出稳定不跳闸。

3) 调节电网模拟装置在标称频率下输出电压至 49%U_n 并至少保持 0.4s，被测逆变器应在 0.2s 内跳闸。

4) 记录被测逆变器的切除时间。

5) 重复检测一次。

6) 对于三相逆变器，应先对每相独立重复步骤 1) ～步骤 5)，再对三相整体重复步骤 1) ～步骤 5)。

需要注意的是，三相逆变器单相过电压跳闸检测时，其他相输出电压应保持在正常工作范围内。

(9) 过频跳闸检测。检测采用图 3-42 定义的阶跃函数，根据制造商提供的说明书和规格标准连接被测逆变器，检测步骤如下：

1) 调节电网模拟装置与直流电源使逆变器运行在额定功率。

2) 调节电网模拟装置在标称电压下输出频率至 50.15Hz 并至少保持 4s，逆变器应保持输出稳定不跳闸。

3) 调节电网模拟装置在标称电压下输出频率至 50.25Hz 并至少保持 4s，被测逆变器应在 0.2s 内跳闸。

4) 记录被测逆变器的切除时间。

5) 重复检测一次。

(10) 欠频跳闸检测。检测采用图 3-42 定义的阶跃函数，根据制造商提供的说明

书和规格标准连接被测逆变器，检测步骤如下：

1）调节电网模拟装置与直流电源使逆变器运行在额定功率。

2）调节电网模拟装置在标称电压下输出频率至47.55Hz并至少保持4s，逆变器应保持输出稳定不跳闸。

3）调节电网模拟装置在标称电压下输出频率至47.45Hz并至少保持4s，被测逆变器应在0.2s内跳闸。

4）记录被测逆变器的切除时间。

5）重复检测一次。

（11）重新并网检测。

1）过压跳闸后重新并网检测。检测步骤如下：

a. 调节电网模拟装置与直流电源使逆变器运行在额定功率。

b. 调节电网模拟装置在标称频率下输出电压至115%U_n并保持该电压直至逆变器跳闸。

c. 调节电网模拟装置在标称频率下输出电压至111%U_n并保持至少两倍被测逆变器设定的重连时间，被测逆变器应不并网运行。

d. 调节电网模拟装置在标称频率下输出电压恢复到U_n并保持此电压到被测逆变器重新并网运行。

e. 记录被测逆变器的重连时间。

f. 重复检测一次。

g. 对于三相逆变器，应先对每相重复步骤a～步骤f，再对三相整体重复步骤a～步骤f。

2）欠压跳闸后重新并网检测。检测步骤如下：

a. 调节电网模拟装置与直流电源使逆变器运行在额定功率。

b. 调节电网模拟装置在标称频率下输出电压至80%U_n并保持该电压直至逆变器跳闸。

c. 调节电网模拟装置在标称频率下输出电压至85%U_n并保持至少两倍被测逆变器设定的重连时间，被测逆变器应不并网运行。

d. 调节电网模拟装置在标称频率下输出电压恢复到U_n并保持此电压到被测逆变器重新并网运行。

e. 记录被测逆变器的重连时间。

f. 重复检测一次。

g. 对于三相逆变器，应先对每相重复步骤a～步骤f，再对三相整体重复步骤a～步骤f。

3）过频跳闸后重新并网检测。检测步骤如下：

a. 调节电网模拟装置与直流电源使逆变器运行在额定功率。

b. 调节电网模拟装置在标称电压下输出频率至50.5Hz并保持该电压直至被测逆变

器跳闸。

c. 调节电网模拟装置在标称电压下输出频率至 50.25Hz 并保持至少两倍被测逆变器设定的重连时间，被测逆变器应不并网运行。

d. 调节电网模拟装置在标称电压下输出频率恢复至 50.00Hz 并保持此频率到被测逆变器重新并网运行。

e. 记录被测逆变器的重连时间。

f. 重复检测一次。

4）欠频跳闸后重新并网检测。检测步骤如下：

a. 调节电网模拟装置与直流电源使逆变器运行在额定功率。

b. 调节电网模拟装置在标称电压下输出频率至 47.2Hz 并保持该电压直至被测逆变器跳闸。

c. 调节电网模拟装置在标称电压下输出频率至 47.15Hz 并至少保持两倍被测逆变器设定的重连时间，被测逆变器应不并网运行。

d. 调节电网模拟装置在标称电压下输出频率恢复至 50.00Hz 并保持此频率到被测逆变器重新并网运行。

e. 记录被测逆变器的重连时间。

f. 重复检测一次。

3.4.5.2　现场检测方法

光伏发电站/系统的装机容量范围从几十千瓦到百兆瓦不等。检测时，应选取典型的光伏发电单元/子系统进行检测，从而为评估整个光伏发电站/系统的并网性能提供数据支撑。光伏发电单元（PV unit）是指光伏发电站中，一定数量的光伏组件以串并联的方式连接，通过直流汇流箱和直流配电柜多级汇集，经光伏逆变器逆变与隔离升压变压器升压成符合电网频率和电压要求的电源。光伏发电子系统（PV sub - system）是指光伏发电系统中，具有相对独立电气结构且能够独立完成发电并网功能的系统。依据标准 NB/T 32013—2013，光伏发电单元/子系统的选取原则是检测时应覆盖所有类型的光伏发电单元/子系统。相同拓扑结构、配置相同型号逆变器和变压器的光伏发电单元/子系统属于同一类型，应至少选择一个进行检测，选取时随机抽取，不同类型的均应选取并检测。

1. 检测设备要求

（1）电网模拟装置。电网模拟装置应能模拟公用电网的电压与频率的扰动，并符合以下要求：

1）与光伏发电单元/子系统连接侧的电压谐波应小于 GB/T 14549—1993 中谐波允许值的 50%。

2）向电网注入的电流谐波应小于 GB/T 14549—1993 中谐波允许值的 50%。

3）正常运行时，电网模拟装置的输出电压偏差值应不超过 0.5%（0.2%）。

4）输出频率偏差值应小于 0.01Hz，可调步长应至少为 0.05Hz。

5）响应时间应小于0.02s。三相电压不平衡度应小于1%，相位偏差应小于1%。

需要注意的是，对光伏发电单元进行检测时，电网模拟装置的输出电压偏差值应不超过0.5%；对光伏发电系统进行检测时，电网模拟装置的电压偏差值应不超过0.2%。

（2）其他要求。测量设备包括电压互感器、电流互感器和数据采集装置等。测量设备准确度要求见表3-30，带宽应不小于10MHz。

表3-30　测量设备准确度要求

设备仪器	准确度等级要求
电压互感器	0.2级
电流互感器	0.5级
数据采集装置	0.2级

2. 光伏发电站检测

光伏发电站电压与频率响应的检测内容应包括电压适应性检测、过压适应性检测、频率适应性检测、过频适应性检测、欠频适应性检测。检测时，应按照图3-43光伏发电站检测示意图将电网模拟装置安装在并网点和光伏发电单元之间。

（1）电压适应性检测。调节电网模拟装置在标称频率下三相输出电压按照图3-44电压适应性曲线在（91%～109%）U_n之间连续阶跃5次，光伏发电单元应保持并网状态运行，通过数据采集装置记录并网点电压、电流波形。需要注意的是：①电压阶跃时间（即t_0与t_1、t_2与t_3的间隔时间）应不超过20ms；②电压维持时间（即t_1与t_2、t_3与t_4的间隔时间）应不小于60s。

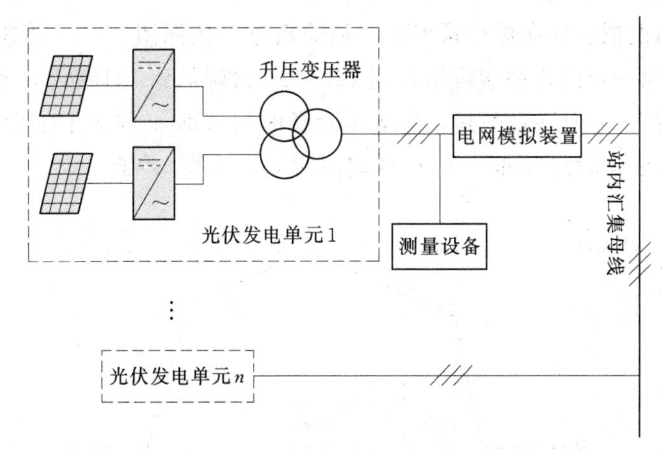

图3-43　光伏发电站检测示意图

（2）过压适应性检测。检测应按照下列步骤进行：

1）调节电网模拟装置在标称频率下三相输出电压从额定值阶跃至119%U_n并保持10s后恢复额定值，光伏发电单元应保持并网状态运行。

2）调节电网模拟装置在标称频率下三相输出电压按照图3-45的曲线从额定值阶跃到109%U_n后按照一定的速率缓慢增长到119%U_n再降低到111%U_n，光伏发电单元

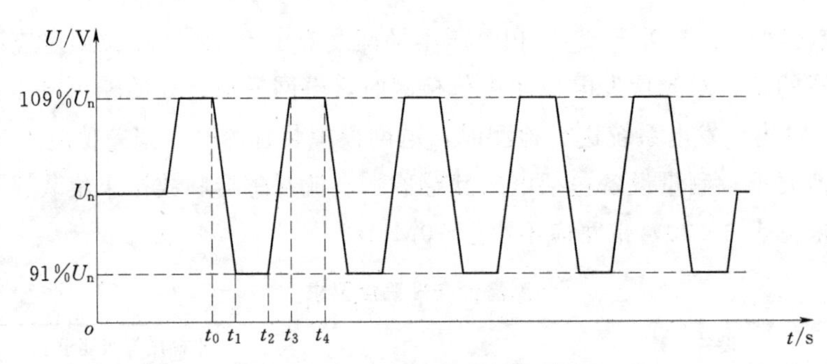

图3-44　电压适应性曲线

应保持并网状态运行。需要注意的是：①电压阶跃时间（即 t_0 与 t_1 的间隔时间）应不超过20ms；②电压变化时间（即 t_1 与 t_3 的间隔时间）应为10s。

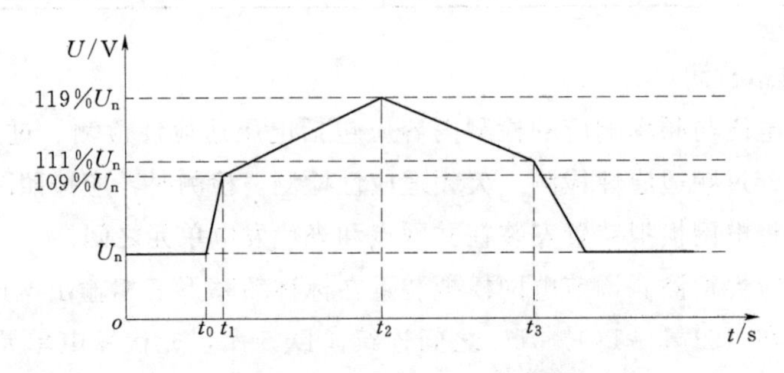

图3-45　过压一段适应性曲线

3）调节电网模拟装置在标称频率下三相输出电压从额定值阶跃至129%U_n 并保持0.5s后恢复额定值，光伏发电单元应保持并网状态运行。

4）调节电网模拟装置在标称频率下三相输出电压按照图3-46的曲线从额定阶跃到119%U_n 后按照一定的速率缓慢增长到129%U_n 再降低到121%U_n，光伏发电单元应保持并网状态运行。需要注意的是：①电压阶跃时间（即 t_0 与 t_1 的间隔时间）应不超过20ms；②电压变化时间（即 t_1 与 t_3 的间隔时间）应为0.5s。

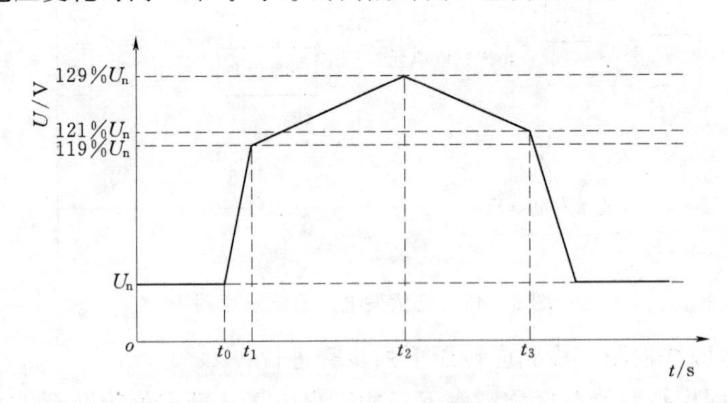

图3-46　过压二段适应性曲线

5）通过数据采集装置记录并网点电压、电流波形。

(3) 频率适应性检测。调节电网模拟装置频率在标称电压下输出频率按照图3-47的

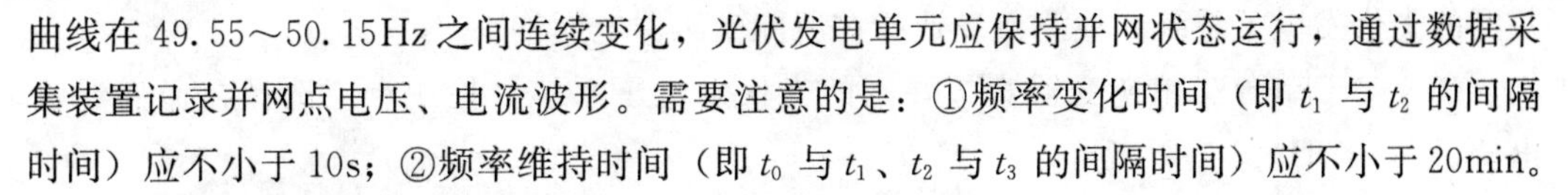

曲线在 49.55～50.15Hz 之间连续变化，光伏发电单元应保持并网状态运行，通过数据采集装置记录并网点电压、电流波形。需要注意的是：①频率变化时间（即 t_1 与 t_2 的间隔时间）应不小于 10s；②频率维持时间（即 t_0 与 t_1、t_2 与 t_3 的间隔时间）应不小于 20min。

（4）过频适应性检测。检测应按照下列步骤进行：

1）调节电网模拟装置在标称电压下输出频率从额定值阶跃至 50.45Hz 并保持 2min 后恢复额定值，光伏发电单元应保持并网状态运行。

2）调节电网模拟装置在标称电压下输出频率按照图 3－48 的曲线从额定值阶跃到 50.15Hz 后按照一定的速率缓慢增长到 50.45Hz 再降低到 50.25Hz，光伏发电单元应保持并网状态运行。需要注意的是：①频率阶跃时间（即 t_0 与 t_1 的间隔时间）应不超过 20ms；②频率变化时间（即 t_1 与 t_3 的间隔时间）应为 2min。

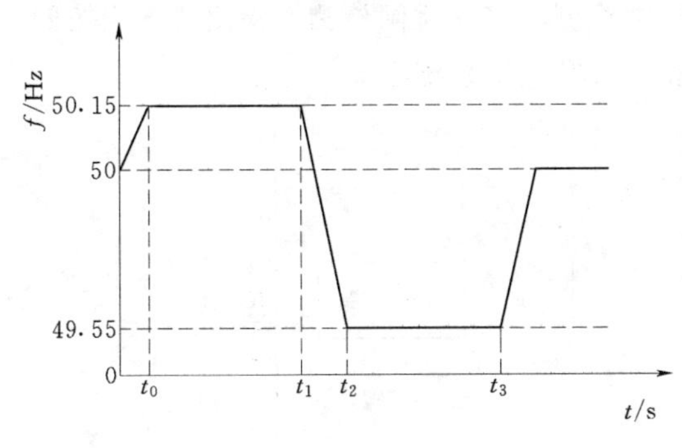

图 3－47　频率适应性曲线

图 3－48　过频适应性曲线

3）调节电网模拟装置在标称电压条件下使并网点频率从额定值阶跃至 50.55Hz，记录光伏发电单元的脱网跳闸时间。

4）通过数据采集装置记录并网点电压、电流波形。

（5）欠频适应性检测。检测应按照下列步骤进行：

1）调节电网模拟装置在标称电压下输出频率从额定值阶跃至 48.05Hz 并保持 10min 后恢复额定值，光伏发电单元应保持并网状态运行。

2）调节电网模拟装置在标称电压下输出频率按照图 3－49 欠频适应性曲线的曲线从 50Hz 阶跃到 49.55Hz 后按照一定的速率缓慢降低到 48.05Hz 再升高到 49.45Hz，光伏发电单元应保持并网状态运行。需要注意的是：①频率阶跃时间（即 t_0 与 t_1 的间隔时间）应不超过 20ms；②频率变化时间（即 t_1 与 t_3 的间隔时间）应为 10min。

3）通过数据采集装置记录并网点电压、电流波形。

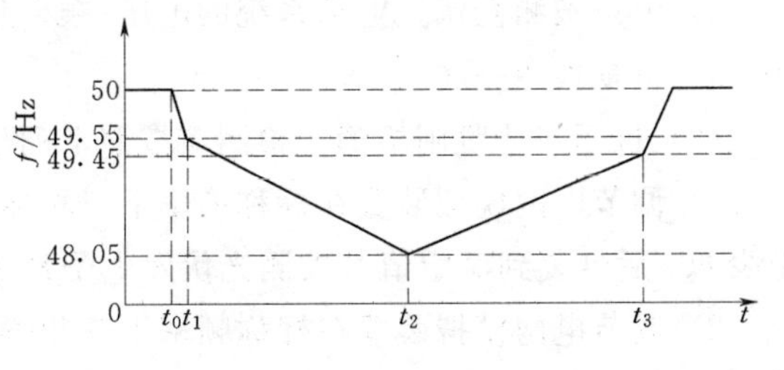

图 3－49　欠频适应性曲线

3. 光伏发电子系统检测

光伏发电子系统检测点的选取有以下原则：

（1）对于单台三相逆变器配变压器

并网的光伏发电子系统，检测点应选择在所配变压器电网侧。

（2）对于单台三相逆变器直接并网的光伏发电子系统，检测点应选择在逆变器输出侧。

（3）对于两台三相逆变器配一台专用三绕组变压器并网的光伏发电子系统，两套子系统应共同检测，检测点选择在变压器电网侧。

（4）对于三台单相逆变器配变压器并网的光伏发电子系统，三套子系统应共同检测，检测点应选择在变压器电网侧。

（5）对于单相逆变器直接并网的光伏发电子系统，选择三套子系统作为三相系统共同检测，检测点应选择在逆变器输出侧。

光伏发电系统保护性能检测内容应包括过压慢速跳闸检测、过压快速跳闸检测、欠压慢速跳闸检测、欠压快速跳闸检测、过频跳闸检测、欠频跳闸检测。检测时，应按照图3-50所示将电网模拟装置安装在并网点和光伏发电子系统之间。

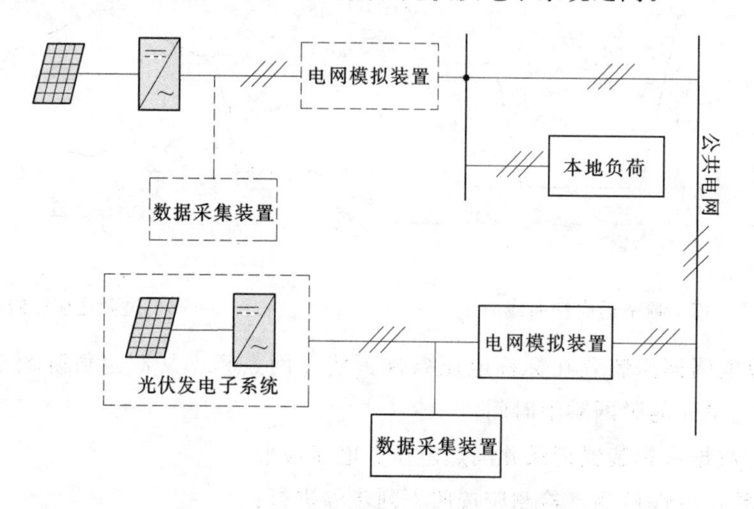

图3-50　光伏发电系统检测示意图

（1）过压慢速跳闸检测。检测应按照下列步骤进行：

1）调节电网模拟装置在标称频率下三相输出电压从额定值阶跃至109%U_n并保持至少60s后恢复到额定值，被测光伏发电子系统应保持输出稳定不跳闸。

2）调节电网模拟装置在标称频率下三相输出电压从额定值阶跃至111%U_n并保持该电压4s。

3）记录被测光伏发电子系统的电压/频率超限切除时间。

4）重复检测一次。

（2）过压快速跳闸检测。检测应按照下列步骤进行：

1）调节电网模拟装置在标称频率下三相输出电压从额定值阶跃至109%U_n并保持至少60s后恢复到额定值，被测光伏发电子系统应保持输出稳定不跳闸。

2）调节电网模拟装置在标称频率下三相输出电压从额定值阶跃至136%U_n并保持至少0.4s。

3）记录被测光伏发电子系统的电压/频率超限切除时间。

4）重复检测一次。

（3）欠压慢速跳闸检测。检测应按照下列步骤进行：

1）调节电网模拟装置在标称频率下三相输出电压从额定值阶跃至86%U_n并保持至少60s后恢复到额定值，被测光伏发电子系统应保持输出稳定不跳闸。

2）调节电网模拟装置在标称频率下三相输出电压从额定值阶跃至84%U_n并至少保持4s。

3）记录被测光伏发电子系统的电压/频率超限切除时间。

4）重复检测一次。

（4）欠压快速跳闸检测。检测应按照下列步骤进行：

1）调节电网模拟装置在标称频率下三相输出电压从额定值阶跃至86%U_n并保持至少60s后恢复到额定值，被测光伏发电子系统应保持输出稳定不跳闸。

2）调节电网模拟装置在标称频率下三相输出电压从额定值阶跃至49%U_n并至少保持0.4s。

3）记录被测光伏发电子系统的电压/频率超限切除时间。

4）重复检测一次。

（5）过频跳闸检测。检测应按照下列步骤进行：

1）调节电网模拟装置在标称电压下输出频率从额定值阶跃至50.15Hz并保持至少60s后恢复到额定值，被测光伏发电子系统保持输出稳定不跳闸。

2）调节电网模拟装置在标称电压下输出频率从额定值阶跃至50.25Hz并至少保持0.4s。

3）记录被测光伏发电子系统的电压/频率超限切除时间。

4）重复检测一次。

（6）欠频跳闸检测。检测应按照下列步骤进行：

1）调节电网模拟装置在标称电压下输出频率从额定值阶跃至47.55Hz并保持至少60s后恢复到额定值，被测光伏发电子系统保持输出稳定不跳闸。

2）调节电网模拟装置在标称电压下输出频率从额定值阶跃至47.45Hz并至少保持0.4s。

3）记录被测光伏发电子系统的电压/频率超限切除时间。

4）重复检测一次。

3.4.6 低电压穿越特性

国内外针对光伏发电站低电压穿越能力检测的方法基本类似，主要内容包括对检测装置的要求、检测准备、空载测试、负载测试及判定方法。我国当前主要以GB/T 19964—2012来指导测试。

1. 检测装置

光伏发电站低电压穿越能力检测要求选取被测光伏发电单元进行检测，检测设备宜使用无源电抗器模拟电网电压跌落，电压跌落发生装置示意图如图 3-51 所示。

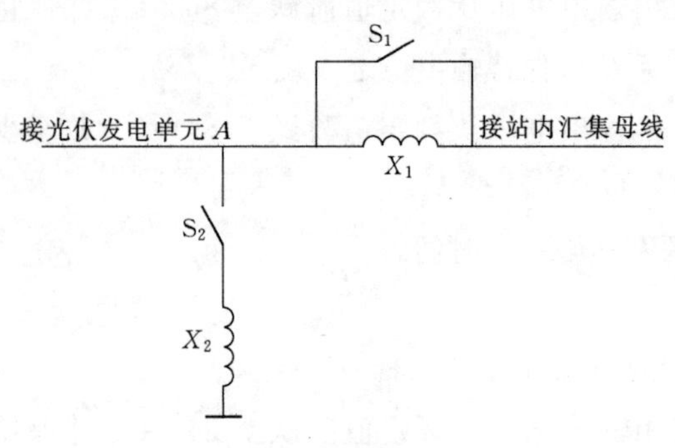

图 3-51　电压跌落发生装置示意图

检测装置应满足下述要求：

(1) 装置应能模拟三相对称电压跌落、相间电压跌落和单相电压跌落。

(2) 限流电抗器 X_1 和短路电抗器 X_2 均应可调，装置应能在 A 点产生不同深度的电压跌落。

(3) 电抗值与电阻值之比（X/R）应至少大于 10。

(4) 三相对称短路容量应为被测光伏发电单元所配逆变器总额定功率的 3 倍以上。

(5) 开关 S_1、S_2 应使用机械断路器或电力电子开关。

(6) 电压跌落时间与恢复时间均应小于 20ms。

2. 检测准备

检测前应做以下准备：

(1) 进行低电压穿越测试前，光伏发电单元的逆变器应工作在与实际投入运行时一致的控制模式下。按照图 3-52 低电压穿越能力检测示意图连接光伏发电单元、电压跌落发生装置以及其他相关设备。

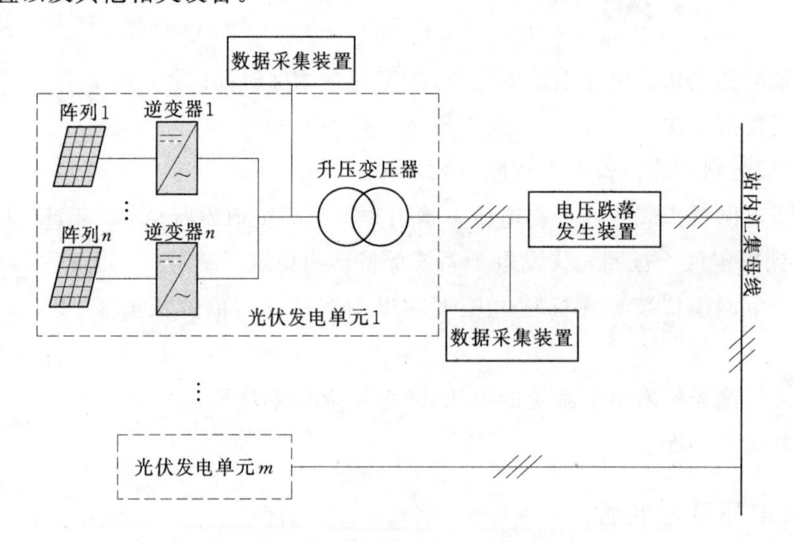

图 3-52　低电压穿越能力检测示意图

(2) 检测应至少选取 5 个跌落点，其中应包含 0%U_n 和 20%U_n 跌落点，其他各点应在（20%～50%）U_n、（50%～75%）U_n、（75%～90%）U_n 三个区间内均有分布，并

按照标准要求选取跌落时间。U_n 为光伏发电站内汇集母线标称电压。

3. 空载测试

光伏发电单元投入运行前应先进行空载测试，检测应按如下步骤进行：

(1) 确定被测光伏发电单元逆变器处于停运状态。

(2) 调节电压跌落发生装置，模拟线路三相对称故障和随机一种线路不对称故障，电压跌落容差曲线图如图 3-53 所示，使电压跌落幅值和跌落时间满足图3-53 的容差要求。线路三相对称故障指三相短路的工况，线路不对称故障包含 A 相接地短路、B 相接地短路、C 相接地短路、AB 相间短路、BC 相间短路、CA 相间短路、AB 接地短路、BC 接地短路、CA 接地短路 9 种工况。0%U_n 和 20%U_n 跌落点电压跌落幅值容差为+5%。

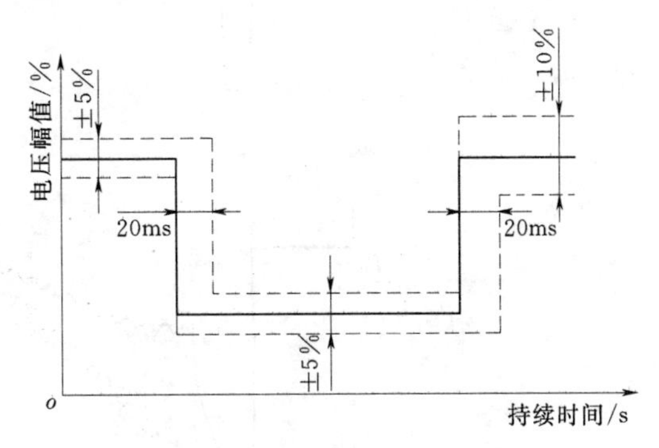

图 3-53 电压跌落容差曲线图

4. 负载测试

应在空载测试结果满足要求的情况下，进行低电压穿越负载测试。负载测试时的电抗器参数配置、不对称故障模拟工况的选择以及电压跌落时间设定均应与空载测试保持一致，测试步骤如下：

(1) 将光伏发电单元投入运行。

(2) 光伏发电单元应分别在 (0.1～0.3)P_n 和不小于 0.7P_n 两种工况下进行检测，P_n 为被测光伏发电单元所配逆变器总额定功率。

(3) 控制电压跌落发生装置进行三相对称电压跌落和不对称电压跌落。

(4) 在升压变压器高压侧或低压侧分别通过数据采集装置记录被测光伏发电单元电压和电流的波形，记录至少从电压跌落前 10s 到电压恢复正常后 6s 之间的数据。

(5) 所有测试点均应重复一次。

5. 测试结果判定方法

(1) 有功功率恢复的判定方法。故障恢复后光伏发电站有功功率恢复的判定方法示意图如图 3-54 所示。图中 P_0 为故障前光伏发电站输出有功功率的 90%；t_{a1} 为故障清除时刻；t_{a2} 为光伏发电站有功功率恢复至持续大于 P_0 的起始时刻；U_{dip} 为光伏发电站并网点跌落电压幅值与额定电压比值。

在 t_{a1}～t_{a2} 时间段内，若光伏发电站的有功功率曲线全部在“(30%P_n)/s 恢复曲线”之上，则故障后光伏发电站有功功率恢复速度满足要求，否则不满足要求。

(2) 无功电流注入的判定及计算方法。电压跌落期间光伏发电站无功电流注入的判定方法示意图如图 3-55 所示。图中 I_Q 为无功电流注入参考值；$I_q(t)$ 为电压跌落期间

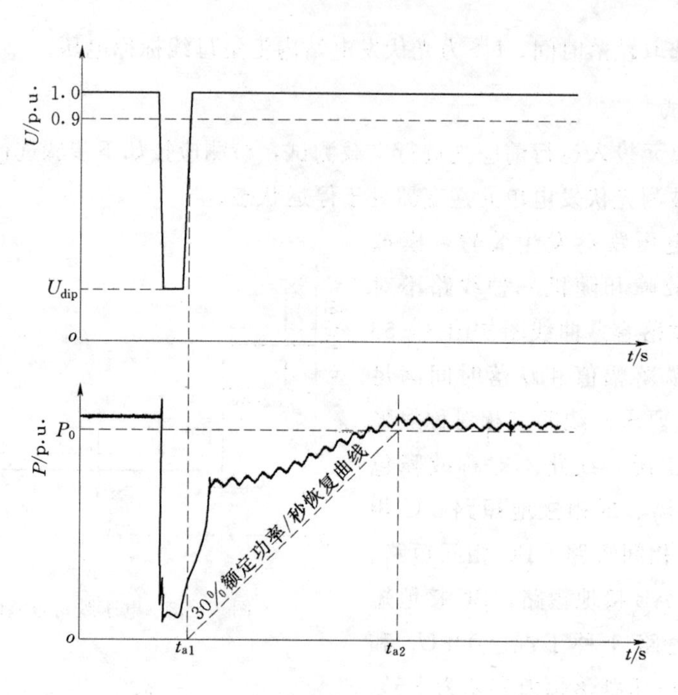

图 3-54　有功功率恢复的判定方法示意图

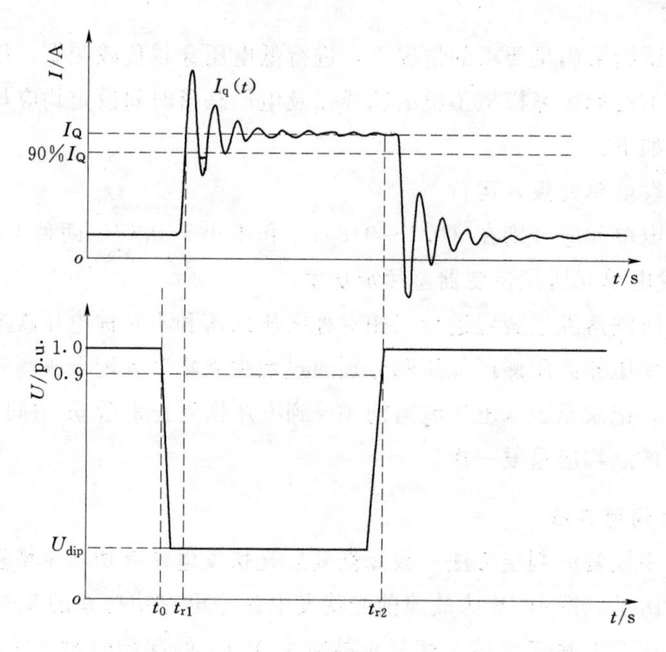

图 3-55　无功电流注入判定方法示意图

光伏发电站无功电流曲线；t_0 电压跌落开始时刻；t_{r1} 为电压跌落期间光伏发电站无功电流注入首次大于 $90\% I_Q$ 的起始时刻；t_{r2} 为光伏发电站并网点电压恢复到 90%额定值时刻；U_{dip} 光伏发电站并网点电压与额定电压比值。

参照图 3-55 可以得出电压跌落期间光伏发电站无功电流注入的相关特性参数

如下：

无功电流输出响应时间 t_{res} 为

$$t_{res}=t_{r1}-t_0 \tag{3-34}$$

无功电流注入持续时间 t_{tast} 为

$$t_{tast}=t_{r2}-t_{r1} \tag{3-35}$$

无功电流注入有效值 I_q 为

$$I_q=\frac{\int_{t_{r1}}^{t_{r2}} I_q(t)\mathrm{d}t}{t_{r2}-t_{r1}} \tag{3-36}$$

参 考 文 献

[1] 周志敏，纪爱华．太阳能光伏发电系统设计与应用实例［M］．北京：电子工业出版社，2010.

[2] 杨金焕，于化丛，葛亮．太阳能光伏发电应用技术［M］．北京：电子工业出版社，2009.

[3] 沈辉，曾祖勤．太阳能光伏发电技术［M］．北京：化学工业出版社，2005.

[4] Stevens J，Ginn J，Gonzalez S，et al. Development and testing of an approach to anti-islanding in utility-interconnected photovoltaic systems［R］．Albuquerque，NM，USA：Sandia National Laboratories，2000.

[5] Bower W，Ropp M. Evaluation of islanding detection methods for photovoltaic utility interactive power systems［R］．Switzerland：International Energy Agency Implementing Agreement on Photovoltaic Power Systems，2002.

[6] IEEE. IEEE Std. 929—2000. IEEE recommended practice for utility interface of photovoltaic（PV）systems［S］．New York，USA：IEEE，2000.

[7] IEEE. IEEE Std. 1547—2003. IEEE standard for interconnecting distributed resources with electric power systems［S］．New York，USA：IEEE，2003.

[8] Underwriters Laboratories. UL 1741 standard for safety for static converters and charge controllers for us in photovoltaic power systems［S］．Chicago，USA：Underwriters Laboratories，2001.

[9] International Electrotechnical Commission. IEC 62116：2008 test procedure of islanding prevention measures for utility-interconnected photovoltaic inverters［S］．Geneva，Switzerland：International Electrotechnical Commission，2008.

[10] European Committee for Electrotechnical Standardization. Test procedure of islanding prevention measures for utility interconnected photovoltaic inverters［S］．Brussels，Belgium：EN 62116：2011，European Committee for Electrotechnical Standardization，2011.

[11] 国家电网公司，中国电力科学研究院，国网电力科学研究院，等．GB/T 29319—2012 光伏发电系统接入配电网技术规定［S］．北京：中国标准出版社，2013.

[12] 中国电力科学研究院，中国科学院电工研究所，国网电力科学研究院．GB/T 19964—2012 光伏发电站接入电力系统技术规定［S］．北京：中国标准出版社，2013.

[13] 国网电力科学研究院，中国电力科学研究院．Q/GDW 617—2011 光伏发电站接入电网技术规定［S］．北京：国家电网公司，2011.

[14] 国网电力科学研究院．Q/GDW 618—2011 光伏发电站接入电网测试规程［S］．北京：国家电网公司，2011.

[15] BDEW—2008. Generating Plants Connected to the Medium - voltage Network (Guideline for generating plants' connection to and parallel operation with the medium - voltage network) [S]. 2008.

[16] VDE. Generators connected to the low - voltage distribution network - Technical requirements for the connection to and parallel operation with low - voltage distribution networks. VDE—AR—N 4105 [S]. Offenbach：VDE，2011.

[17] 中国电力科学研究院，国网电力科学研究院 . GB/T 31365—2015 光伏发电站接入电网检测规程 [S]. 北京：中国标准出版社，2015

第4章　光伏发电并网试验检测装备

光伏发电并网检测项目的开展必须依托光伏发电并网性能检测装备：对于在实验室开展光伏逆变器并网性能检测，检测装备应至少包括光伏阵列模拟装置、低电压穿越检测装置、电网扰动发生装置、防孤岛保护性能检测装置等；对于在现场开展光伏发电站并网性能检测，检测装备应至少包括移动式低电压穿越检测装置、移动式电网扰动发生装置、移动式防孤岛保护性能检测装置等，并根据不同的光伏发电站类型将以上关键装置进行集成优化以满足现场检测的需求。

本章将分别介绍光伏阵列模拟装置，低电压穿越检测装置，电网扰动发生装置，防孤岛保护性能检测装置的拓扑结构、工作原理及关键技术，最后针对不同类型光伏发电站，分别介绍分布式光伏发电系统移动检测平台和集中式光伏发电站移动检测平台的功能需求、设计方案以及设计实例。

4.1　光伏阵列模拟装置

光伏阵列是光伏发电系统中最基本的组成部分，在光伏逆变器实验室检测中，如果采用真实的太阳能光伏阵列作为光伏逆变器的输入，受光照强度和环境温度的影响，无法在短时间内模拟出各种环境因素下的光伏阵列输出特性，从而造成检测周期长、部分检测条件无法实现等问题。因此，需要通过光伏阵列模拟装置来模拟光伏阵列在各种天气条件下的功率电压输出特性，在实验室内高效开展各种试验检测。

4.1.1　基本要求

光伏阵列模拟装置是一种能够模拟光伏方阵的电压、电流输出特性的定制化电源，其依据现有光伏逆变器检测标准和检测规程开展检测时，一般需满足以下要求：

（1）装置能够模拟多种类型光伏阵列的输出特性，包括市场主流的单晶、多晶和薄膜等组件，即要求开路电压、短路电流、填充因数、最大功率点、组件类型可设置。

（2）装置能够模拟各种环境下的光伏阵列运行特性，包括不同温度、辐照度、阴影遮挡等。

（3）装置的输出可以在多条光伏阵列伏安特性曲线之间跳变，且装置的控制系统需要具有对不同曲线跳变顺序和时间的编程功能。

目前，光伏阵列模拟装置主要分为模拟式和数字式两种。

4.1.2　模拟式光伏阵列模拟装置

模拟式光伏阵列模拟装置出现较早，它是基于模拟电路来产生参考信号再通过线性或开关调节器将功率放大，实现对光伏阵列伏安特性的模拟。模拟式光伏阵列模拟装置主要包括基于样品光伏电池的模拟装置和基于二极管的模拟装置。

基于样品电池的光伏阵列模拟装置结构框图如图 4－1 所示，采用可控的仿日光灯模拟太阳光强的变化，样品电池的输出电压 U 和 I 经放大后驱动功率器件，使其输出跟随样品光伏电池的电压和电流，来模拟真实光伏阵列的输出特性。

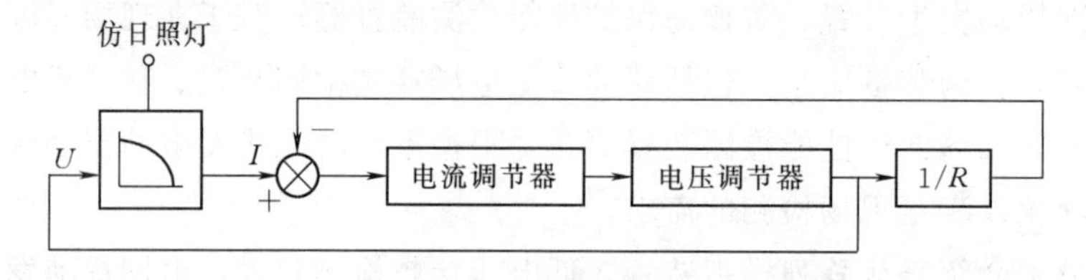

图 4－1　基于样品电池的光伏阵列模拟装置结构框图

基于二极管的光伏阵列模拟装置是随着光敏元件的发展而出现的，由于光伏电池在无光照时的工作特性与二极管的工作特性相似，用光敏二极管和发光二极管分别代替样品电池和白炽灯，然后利用放大电路对单个小的光电二极管输出电压和电流进行独立放大，通过控制发光二极管的光强来模拟太阳光的日照强度。

模拟式光伏阵列模拟装置的主要优点：主电路简单，能实现不同条件下的曲线模拟，较适用于中、小功率光伏发电系统的研究；当模拟光伏阵列部分被阴影遮挡的实验时，基于样品电池的模拟装置具有不可替代的地位。

模拟式光伏阵列模拟装置存在以下局限性：

（1）实验室采用的白炽灯光谱与实际太阳光光谱不匹配，容易产生误差。

（2）在强光照射环境下，样品电池或光敏元件的温度会随着时间的变化而变化，很难做到温度的稳定，这样就很难实现特定环境条件下的输出，若需增加温度控制箱来保证温度恒定，则会增加成本，同时体积较大，不方便控制和操作。

（3）模拟光伏电池的型号和功率等级不方便更改，如果需要模拟另一种太阳能电池组成的阵列，则需要更换样品太阳能电池，并需重新标定。

4.1.3　数字式光伏阵列模拟装置

数字式光伏阵列模拟装置结构框图如图 4－2 所示，它主要由主电路、电流电压采样电路、控制器以及 PWM 驱动电路组成。数字式光伏阵列模拟装置通过光伏电池数学模型 $I=f(U)$ 来产生参考信号，主电路由电力电子电路组成，采用单片机、DSP、FPGA 等构成控制器，采样电路实时检测模拟装置输出电流和电压，与参考信号进行比较，通过控制器调节主电路的工作状态，从而使模拟装置的输出特性与光伏电池的输出特性保持一致。

数字式模拟装置只需将光伏电池数学模型输入到控制器中，由控制器计算出光伏电池的参考工作点，真正实现了不受任何外界环境因素影响（如日照强度、环境温度等），从而提高了模拟精度。数字式光伏阵列模拟装置可以通过选择特定的开关电源将模拟器做到几千瓦甚至几十千瓦，再通过模拟器的串并联，可自由选择模拟装置的输出功率。

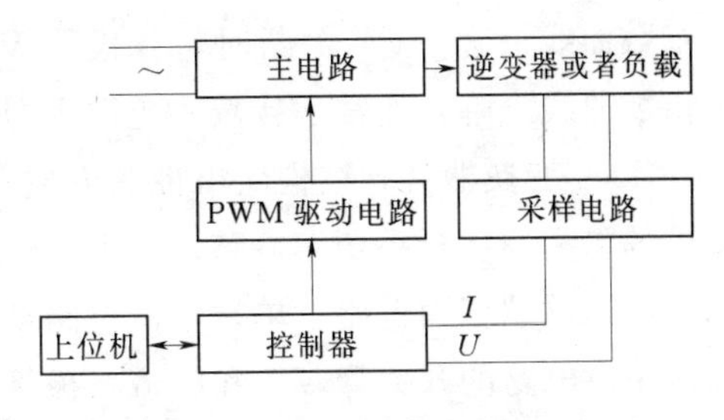

图 4-2 数字式光伏阵列模拟装置结构框图

目前，国内外光伏阵列模拟装置的研究主要是数字式光伏阵列模拟电源，从发展情况来看，关键技术主要集中在主电路拓扑结构、控制策略和特性曲线的定制方面。

4.1.3.1 主电路结构

数字式光伏阵列模拟装置主电路由整流电路和功率变换电路组成。整流电路将交流输入转化为直流输出（AC/DC），功率变换电路实际上是一种 DC/DC 电路，基本原理就是通过控制 PWM 信号，改变开关管的占空比，从而调整模拟器的输出电压和输出电流。

1. 整流电路

在整流电路中，一般选择 220V 或 380V 交流电作为输入，按照功率等级和所需直流电压，可以选择合适的不控整流电路或可控整流电路来实现 AC/DC 变换。不控整流电路中的电力电子器件采用整流二极管，因此这类电路也称为二极管整流电路，不控整流电路可采用全桥整流电路、全波整流电路或者倍流整流电路，不控整流电路结构选定之后其直流整流电压和交流电源电压值的比是固定不变的。在可控整流电路中，所采用的整流元件为可控的电力电子器件（如 SCR、GTR、GTO 等），其输出直流电压的平均值及极性可以通过控制元件的导通状况而得到调节，在这种电路中，功率既可以由电源向负载传送，也可以由负载反馈给电源，即所谓的有源逆变。在光伏阵列模拟装置中，对整流输出要求并不高，以及出于节省成本的考虑，一般采用不控整流，但也有部分情况采用可控整流，如检测储能变流器时，可以在四象限运行，模拟各类型储能电池的负载特性。

2. 功率变换电路

光伏阵列模拟装置的功率电路为 DC/DC 变换电路，按照与前级整流电路关系分为隔离型功率电路和非隔离型功率电路，其中非隔离型功率电路有降压型、二象限斩波型、四象限斩波型等电路，隔离型功率电路有正激型、半桥型、全桥型等电路。下面将介绍常用变换器的工作原理及特点：

（1）降压斩波电路。降压斩波电路结构图如图 4-3 所示，是一种单管非隔离的 DC/DC 变换器，使用一个全控型器件 VT，图中为 IGBT，若采用晶闸管，需设置使晶闸管关断的辅助电路。VT 导通时，电源 E 向负载供电，负载电压 $u_o=E$，负载电流 i_o

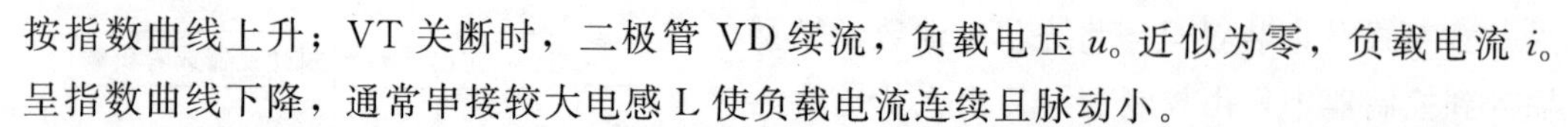

按指数曲线上升；VT关断时，二极管VD续流，负载电压u_o近似为零，负载电流i_o呈指数曲线下降，通常串接较大电感L使负载电流连续且脉动小。

Buck变换器具有结构简单控制方便等优点，但是电路没有采用变压器实现输入与输出的隔离，适合小功率电路。

（2）单端正激电路。单端正激电路结构图如图4-4所示，正激电路可以看成是在降压斩波电路的开关管VT和续流二极管VD之间加入一个高频变压器，实现了电路的输入与输出的电气隔离。开关S开通后，变压器绕组W_1两端的电压为上正下负，与其耦合的W_2绕组两端的电压也是上正下负，因此VD_1处于通态，VD_2为断态，电感L的电流逐渐增长。S关断后，电感L通过VD_2续流，VD_1关断。变压器的励磁电流经W_3绕组和VD_3流回电源。

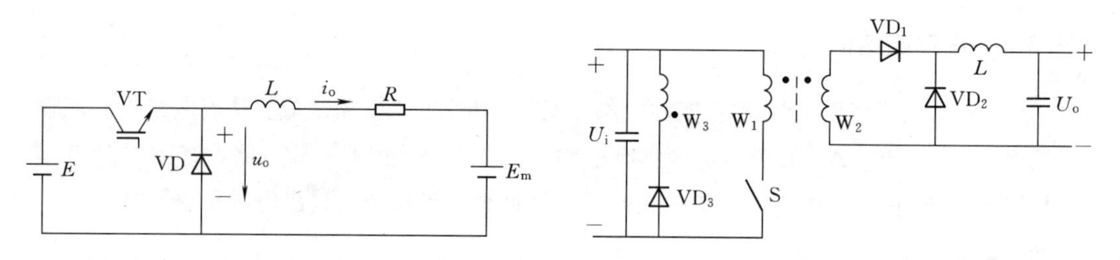

图4-3　降压斩波电路结构图

图4-4　单端正激电路结构图

正激电路采用变压器实现输入与输出的隔离，适合大功率电路，但是正激电路的变压器必须设计有可靠变压器磁复位电路，不仅增加了电路的设计难度，而且会降低电路的可靠性。

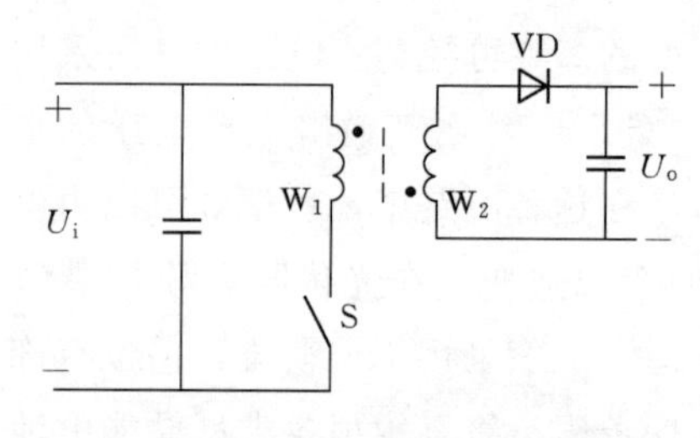

图4-5　单端反激电路结构图

（3）单端反激电路。单端反激电路结构图如图4-5所示，其工作具有反极性变换器的特性。在S开通后，VD处于断态，W_1绕组的电流线性增长，电感储能增加，将输入电源的能量储存于变压器中；当S关断后，W_1绕组的电流被切断，变压器中的磁场能量通过W_2绕组和VD向输出端释放，变压器将储存的能量传输到二次侧负载。所以反激变换器中的变压器起着输入输出隔离和储存能量的作用。

反激变换器的优点是电路结构简单，开关管驱动电路设计简单，电路可靠性高，成本非常低，特别适用于多路输出电源。但是由于变换器所输出的能量都是在开关管导通期间由变压器储能的，因此单端反激电路的输出功率会受到变压器储能的限制，适用于小功率应用。

（4）半桥电路。半桥电路结构图如图4-6所示，半桥变换器电路由两个参数完全相同的电容C_1、C_2组成一个桥臂，每个电容承受$1/2U_i$，另一桥臂由两个功率开关管S_1、S_2组成。S_1与S_2交替导通，使变压器一次侧形成幅值为$U_i/2$的交流电压，改变开关的占空比，就可以改变二次侧整流电压u_d的平均值，也就改变了输出电压U_o。S_1

导通时，二极管 VD_1 处于通态，S_2 导通时，二极管 VD_2 处于通态，当两个开关都关断时，变压器绕组 N_1 中的电流为零，VD_1 和 VD_2 都处于通态，各分担一半的电流；S_1 或 S_2 导通时电感 L 的电流逐渐上升，两个开关都关断时，电感 L 的电流逐渐下降，S_1 和 S_2 断态时承受的峰值电压均为 U_i。

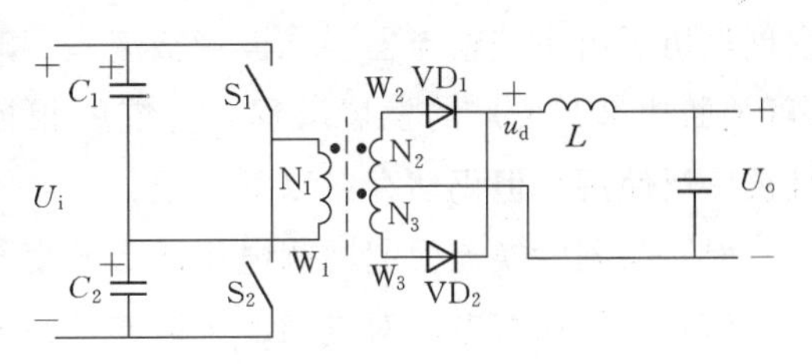

图 4-6 半桥电路结构图

从电路原理分析可以看到半桥电路的高频变压器为双向励磁工作，所以磁心利用的更加充分。但是电路中可能由于驱动电路的不对称、开关器件特性的不对称等原因，也会在变压器中产生直流分量，引起偏磁并可能因积累而使变压器磁饱和，因此在半桥电路中往往会加入隔直电容，阻断变压器中的直流分量。

（5）全桥电路。全桥电路结构图如图 4-7 所示，全桥变换器使用四个开关管形成 H 型拓扑结构，互为对角的两个开关同时导通，同一侧半桥上下两开关交替导通，使变压器一次侧形成幅值为 U_i 的交流电压，改变占空比就可以改变输出电压。当 S_1 与 S_4 开通后，VD_1 和 VD_4 处于通态，电感 L 的电流逐渐上升。当 S_2 与 S_3 开通后，VD_2 和 VD_3 处于通态，电感 L 的电流也上升；当 4 个开关都关断时，4 个二极管都处于通态，各分担一半的电感电流，电感 L 的电流逐渐下降，S_1 和 S_2 断态时承受的峰值电压均为 U_i。如果 S_1、S_4 与 S_2、S_3 的导通时间不对称，则交流电压 u_T 中将含有直流分量，会在变压器一次侧产生很大的直流分量，造成磁路饱和。因此全桥电路应注意避免电压直流分量的产生，也可在一次侧回路串联一个电容，以阻断直流电流。

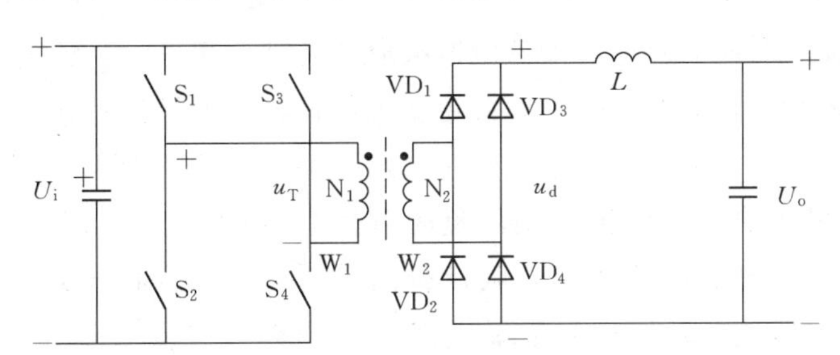

图 4-7 全桥电路结构图

全桥电路输出电压范围宽，变压器双向励磁，利用率高，不存在变压器的偏磁问题，变压器的铁芯和绕组得到了最佳的利用。但是全桥电路具有元件较多，成本高；控制相对比较复杂等问题。

4.1.3.2 工作原理及控制策略

1. PWM 整流器控制原理

从电力电子技术发展来看，整流器是较早应用的一种 AC/DC 变换装置。整流器的发展经历了由不控整流器（二极管整流）、相控整流器（晶闸管整流）到 PWM 整流器（可关断功率开关）的发展历程。传统的相控整流器虽应用时间较长，技术也较成熟，且被广泛使用，但仍然存在以下问题：

（1）晶闸管换流引起网侧电压波形畸变。

（2）网侧谐波电流对电网产生谐波“污染”。

（3）深控时网侧功率因数降低。

（4）闭环控制时动态响应相对较慢。

虽然二极管整流器改善了整流器网侧功率因数，但仍会产生网侧谐波电流“污染”电网；另外二极管整流器的不足还在于其直流电压的不可控性。针对上述不足，PWM 整流器对传统的相控及二极管整流器进行了全面改进。其关键性的改进在于用全控型功率开关取代了半控型功率开关或二极管，以 PWM 斩控整流取代了相控整流或不控整流。因此，PWM 整流器可以取得以下优良性能：

（1）网侧电流为正弦波。

（2）网侧功率因数控制（如单位功率因数控制）。

（3）电能双向传输。

（4）较快的动态控制响应。

根据能量是否可双向流动，派生出两类不同拓扑结构的 PWM 整流器，即可逆 PWM 整流器和不可逆 PWM 整流器。双向直流源是能量可双向流动的可逆 PWM 整流器。能量可双向流动的整流器不仅呈现出 AC/DC 整流特性，还呈现出 DC/AC 逆变特性，因而确切地说，这类 PWM 整流器实际上是一种新型的可逆 PWM 变流器，以下均简称为变流器。

由于电能的双向传输，当变流器从电网吸取电能时，其运行于整流工作状态；而当变流器向电网传输电能时，其运行于有源逆变工作状态。所谓单位功率因数是指当变流器运行于整流状态时，网侧电压、电流同相（正阻特性）；当 PWM 整流器运行于有源逆变状态时，其网侧电压、电流反相（负阻特性）。综上可见，双向 AC/DC 变流器实际上是一个交、直流侧可控的四象限运行的变流装置。为便于理解，以下首先从模型电路阐述变流器四象限运行的基本原理。AC/DC 变流器单相等值电路模型如图 4－8 所示，可见变流器模型电路由交流回路、功率开关桥路以及直流回路组成。其中交流回路包括交流电动势 E 和网侧电感 L；功率开关桥路可由电压型或电流型桥路组成。

当不计功率桥路损耗时，由交、直流侧功率平衡关系得

$$iu=i_{dc}u_{dc} \tag{4-1}$$

式中　u、i——模型电路交流侧电压、电流；

u_{dc}、i_{dc}——模型电路直流侧电压、电流。

由式（4－1）可知，通过模型电路交流侧的控制，就可以控制其直流侧，反之亦

然。以下着重从模型电路交流侧入手，分析变流器的运行状态和控制原理。

稳态条件下，变流器交流侧向量关系如图 4-9 所示。

图 4-9 中，$\dot{E}$ 为交流电网电动势向量；$\dot{U}$ 为交流侧电压向量；$\dot{U}_L$ 为交流侧电感电压向量；$\dot{I}$ 为交流侧电流向量。

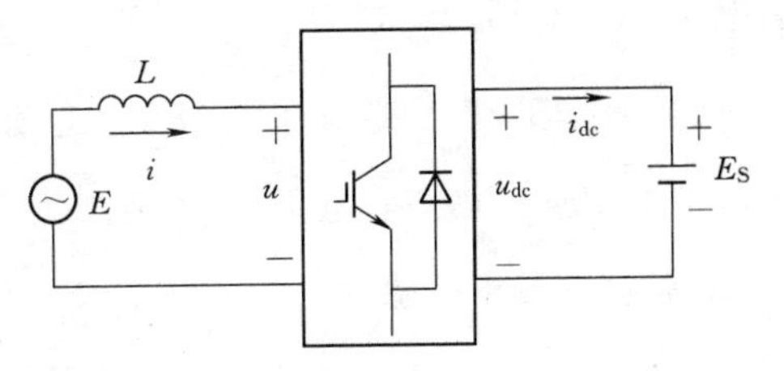

图 4-8 AC/DC 变流器单相等值电路模型

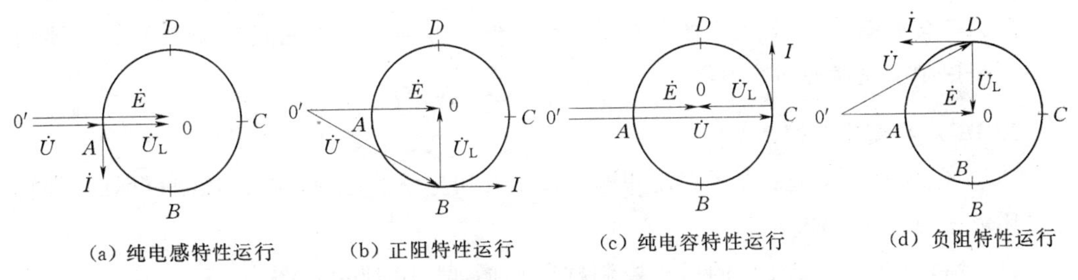

图 4-9 变流器交流侧稳态向量关系

为简化分析，只考虑基波分量，由图 4-9 可知，当以 $\dot{E}$ 为参考时，通过控制 U 即可实现 PWM 整流器四象限运行。如果 $|\dot{I}|=I_m$ 不变，那么 $|\dot{U}_L|=wL|\dot{I}|$ 也不变，此时 $\dot{U}$ 的端点轨迹就组成了以 $|\dot{U}_L|$ 为半径的圆。根据电压向量 $\dot{U}$ 的端点轨迹的变化，可归纳 PWM 整流器运行规律为：

(1) 电压向量 $\dot{U}$ 端点在弧 AB 上运动时，电网发出有功和感性无功功率，PWM 整流器工作在整流状态，电能由电网传输至直流负载。电压向量 $\dot{U}$ 端点由 A 至 B 的过程中，PWM 整流器吸收的感性无功逐渐减小，有功功率逐渐增大，到 B 点时，有功功率达到最大值，无功功率为 0，此时 PWM 整流器运行于单位功率因数整流状态，网侧呈正电阻特性，正阻特性运行如图 4-9（b）所示。

(2) 电压向量 $\dot{U}$ 端点在弧 BC 上运动时，电网发出有功和容性无功功率，PWM 整流器工作在整流状态，电能由电网传输至直流负载。电压向量 $\dot{U}$ 端点由 B 至 C 的过程中，PWM 整流器吸收的容性无功逐渐增大，有功功率逐渐减小，到 C 点时，电流向量 $\dot{I}$ 超前电网电压向量 $\dot{E}$ 90°，容性无功功率达到最大值，有功功率为 0，PWM 整流器网侧呈纯电容特性，纯电容特性运行如图 4-9（c）所示。

(3) 电压向量 $\dot{U}$ 端点在弧 CD 上运动时，电网吸收有功和容性无功功率，PWM 整流器工作在逆变状态，电能由直流侧负载向电网传输。电压向量 $\dot{U}$ 端点由 C 至 D 的过程中，PWM 整流器发出的容性无功逐渐减小，有功功率逐渐增大，到 D 点时，电流向量 $\dot{I}$ 与电网电压向量 $\dot{E}$ 平行且反向，有功功率达到最大值，无功功率为 0，此时 PWM 整流器运行于单位功率因数逆变状态，PWM 整流器网侧呈负电阻特性，负阻特性运行

如图 4-9（d）所示。

（4）电压向量 $\dot{U}$ 端点在弧 DA 上运动时，电网吸收有功和感性无功功率，PWM 整流器工作在逆变状态，电能由直流侧负载向电网传输。电压向量 $\dot{U}$ 端点由 D 至 A，PWM 整流器发出的感性无功逐渐增大，有功功率逐渐减小，到 A 点时，电流向量 $\dot{I}$ 滞后电网电压向量 $\dot{E}$ 90°，感性无功功率达到最大值，有功功率为 0，PWM 整流器网侧呈纯电感特性，纯电感特性运行如图 4-9（a）所示。

显然，要实现变流器的四象限运行，关键在于网侧电流的控制。一方面，可以通过控制变流器交流电压，间接控制其网侧电流；另一方面，也可通过网侧电流的闭环控制，直接控制变流器的网侧电流。

2. DC/DC 变换器控制

DC/DC 变换器控制是实现直流侧输入输出有功功率的控制，根据控制目标的不同，可采用恒压控制或恒流控制。

（1）恒压控制。DC/DC 的恒压控制框图如图 4-10 所示。图中，U_{ref}、U_{dc} 分别为直流母线电压参考值和实测值；I_{ref}、I_{dc} 分别为直流储能装置侧充放电电流的参考值和实测值。

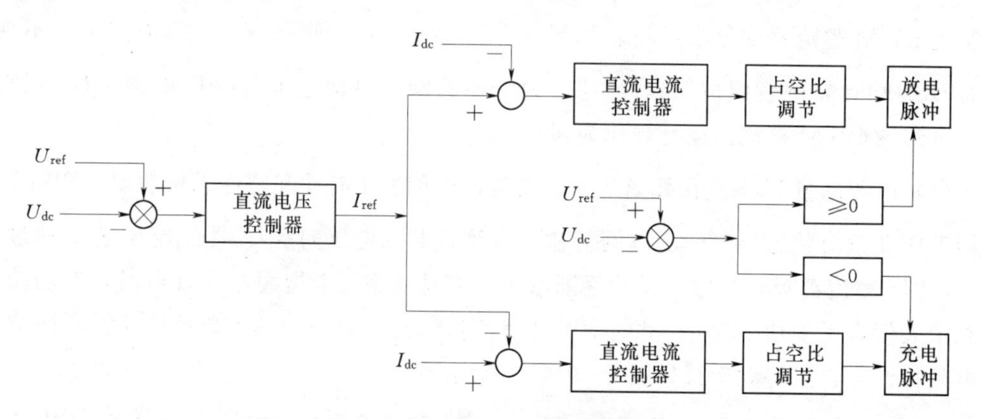

图 4-10　DC/DC 的恒压控制框图

图 4-10 的控制原理如下：直流母线电压参考值 U_{ref} 与实际测量值 U_{dc} 之间的差值在 PI 调节器作用下，为储能侧充放电电流提供参考值 I_{ref}。其中：当 $U_{ref} \geqslant U_{dc}$ 时，储能装置放电，使母线电压升高；当 $U_{ref} < U_{dc}$ 时，储能装置充电，使母线电压下降。直流充放电电流参考值 I_{ref} 和实际值 I_{dc} 的差值在 PI 调节器作用下，输出调制度，和三角载波相比较进行占空比调节，输出控制脉冲。为使充放电切换过程较平滑，一般采用两个控制器并行，根据电压差值控制充放电脉冲的切换，对 DC/DC 变换器进行控制。

（2）恒流控制。DC/DC 变换器的恒流控制框图如图 4-11 所示。图中，I_{ref}、I_{dc} 分别为直流储能装置侧充放电电流的参考值和实测值。

图 4－11 的控制原理如下：直流储能侧充放电电流参考值 I_{ref} 与实际测量值 I_{dc} 之间的差值在 PI 调节器作用下，输出调制度，和三角载波相比较进行占空比调节，输出控制脉冲。其中：当电流参考值 $I_{ref} \geqslant 0$ 时，储能系统放电；当电流参考值 $I_{ref} < 0$ 时，储能系统充电。为使充放电切换过程较平滑，一般采用两个控制器并行，根据电流参考值的符号控制充放电脉冲的切换，对 DC/DC 变换器进行控制。

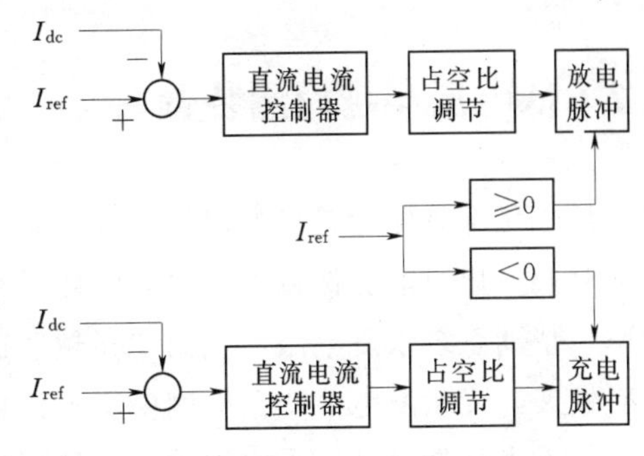

图 4－11　DC/DC 变换器的恒流控制框图

4.1.3.3　光伏阵列输出曲线定制方法

通常光伏阵列输出曲线的生成主要有以下方法：

（1）查表法，是一种相对准确的方法。该方法需要事先输入大量的数据，工作比较繁琐，故一般用于模拟生成单条较精确的特性曲线，而模拟多条光伏电池特性曲线时，参数很难获得，工作量大，使得这种方法不易实现。

（2）计算法。用计算法得到曲线，可实时改变温度和光照强度等实现对特性曲线的改变，但由于光伏曲线计算公式中含有指数函数，若在线计算将占用大量的程序计算时间，一般的芯片程序执行时间很难满足要求。同时采用何种太阳能光伏特性曲线的数学函数模型决定了此种方法模拟太阳电池阵列外部特性曲线的精确度和结果误差。

（3）拟合法，是采用多段直线（折线）拟合的方法计算。该方法虽然使计算得到简化，但却使曲线形状失真，不易确定曲线的功率点等。因此只适用于对曲线要求并非十分严格的场合。

以上三种方法各有利弊，可以根据不同的场合选择应用，也可以综合其中两种方法联合控制来实现对曲线的模拟。如将计算法和查表法相结合，在上位机中输入开路电压、短路电流、最大功率电流、最大功率电压以及步长等数据。通过光伏特性计算公式，在 MATLAB 中利用 M 函数编程，计算出一定步长的曲线数据，再存储到控制器中，实现对光伏曲线的模拟。再如数字式模拟装置的参考信号 I_{ref} 由光伏电池工程用数学模型 $I=f(U)$ 计算得到，除了实时在线计算方法，还可以通过查表法实现。无论是通过查表的方式还是通过实时计算的方式来得到模拟装置的参考信号，都有其各自的优点和局限性，具体如下：

（1）与计算法相比较，查表法的实时性能较快，但是查表法由于其存储数据有限，每次只能模拟特定工作环境下的曲线，若环境改变就需要重新计算数据，离散化后将其存储在芯片中，操作相对麻烦。

（2）计算法对数字芯片的实时计算性能要求更高，对于查表法而言，一般采用单片机就可以满足其要求，而计算法则大多采用实时性能更好的 DSP 实现。

4.2　低电压穿越检测装置

低电压穿越能力最早是对风力发电系统提出的要求，指在风力发电机并网点电压跌落的时候，风机能够保持不脱离电网而继续维持运行，甚至还可为系统提供一定的无功功率，帮助系统恢复电压，从而“穿越”这个低电压时间区域。随着新能源并网发电的不断发展，光伏发电系统在电网中所占比重越来越大，光伏发电系统与风力发电系统一样，如果光伏发电站还采取被动保护解列方式，不具备低电压穿越能力，不仅会导致有功出力突然大量减少，增加整个系统的恢复难度，还可能加剧故障，导致大规模停电。因此光伏发电系统的低电压穿越能力显得尤为重要，而光伏发电系统主要由光伏并网逆变器并网，因此光伏并网逆变器具有低电压穿越的能力就成为其被允许接入电网的重要条件。

由于电网故障的不可操作性，为验证并网发电系统在电网电压跌落时的穿越能力，需要使用专门的设备用于模拟电网的各种电压跌落特性，这种设备称为电压跌落发生器（Voltage Sag Generator，VSG），也被称为低电压穿越检测装置。

4.2.1　基本要求

理想的电网电压应该是标准的正弦波，具有额定的幅值和频率，并且三相对称。然而，从发电到用电环节中存在各种非理想因素的影响，造成电网电压其中一相或几相的幅值、频率、波形可能会偏离额定值或正常状态。当电压的幅值、频率和相位偏离额定值，电力用户和电网的运行就会受到一定程度的影响，则可以认为电网出现故障。电网故障有多种类型，如电压跌落、电压短时中断、电压变动、频率偏差、电压三相不平衡等，而电压跌落是最为常见的电网故障。电压跌落是指电网电压在某一点幅值突然下降并在短暂的持续期后恢复正常的一种故障情况。其故障类型可分为三相短路、单相接地短路、两相接地短路及相间短路。电力系统各种短路故障中，单相短路占大多数，约为总短路故障数的70%；三相短路只占5%；两相对地故障15%；相间故障占10%。

因此，VSG必须能够模拟产生以上各种故障。对电压跌落深度的要求一般是跌至50%以下甚至到零，持续时间为0.5到数百个电网电压周期，而典型的低电压穿越曲线中，电压需跌落至15%以下，持续时间为300ms。实际检测中对VSG的要求不断增加，例如：逆变器的输出电压从120～540V，这就要求低电压穿越检测装置能够适应各种电压等级的逆变器且在电压跌落的情况下不降低自身容量。

目前用于低电压穿越检测的电压跌落发生器方案主要为3类，即阻抗分压型、变压器型和电力电子型。

基于变压器切换形式实现电压跌落的检测装置可以分为2类，即以升压变压器和降压变压器组合形式实现电压跌落的检测装置和以单个变压器抽头形式实现电压跌落的检测装置。

变压器型电压跌落发生器拓扑图如图 4-12 所示。检测装置由两台变压器串联到电网与光伏并网发电单元之间。正常运行时，开关 S_1 断开、开关 S_2 闭合，电网经两级变压器先降压后升压连接光伏并网发电单元。断开开关 S_1，闭合开关 S_2，光伏并网发电单元出口电压跌至降压变压器的低电压侧电压；当断开开关 S_1 同时闭合开关 S_1，负载电压恢复正常。单个抽头变压器形式实现的低电压穿越检测装置与变压器组合形式类似，主要区别就是该类型装置以切换变压器某侧抽头的方式实现电压跌落。低电压穿越能力检测要求变压器型检测装置具备较强的抗电流冲击能力，能够实现多种类型、多种深度的电压跌落，因此会造成检测装置所配的变压器体积和重量庞大，不便移动。

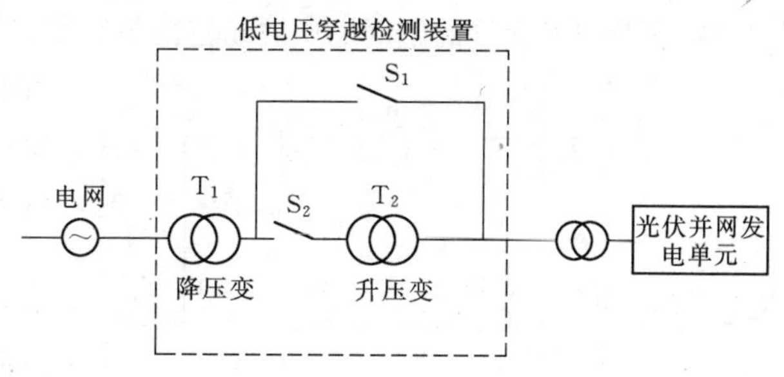

图 4-12　变压器型电压跌落发生器拓扑图

4.2.2　阻抗分压型

1. 拓扑结构

阻抗分压型检测装置采用电抗器分压的方式实现电网电压的跌落，通过调整电抗器分压的比例来控制并网点 A 点电压跌落深度，能逼真模拟电网故障现象，在实际工程中容易实施，可靠性高。阻抗分压型电压跌落发生器拓扑图如图 4-13 所示。阻抗分压型低电压穿越检测装置串接在光伏并网发电单元和电网之间，由接地电抗器 X_1、限流电抗器 X_2、断路器 S_1、S_2 组成。并网点 A 点电压的跌落由该检测装置内部的限流电抗 X_2、接地电抗 X_1 和电网的等效电抗分压产生，不同电压跌落等级与电网短路容量情况下，限流电抗器 X_2 与接地电抗器 X_1 的值不同，使用步骤如下。

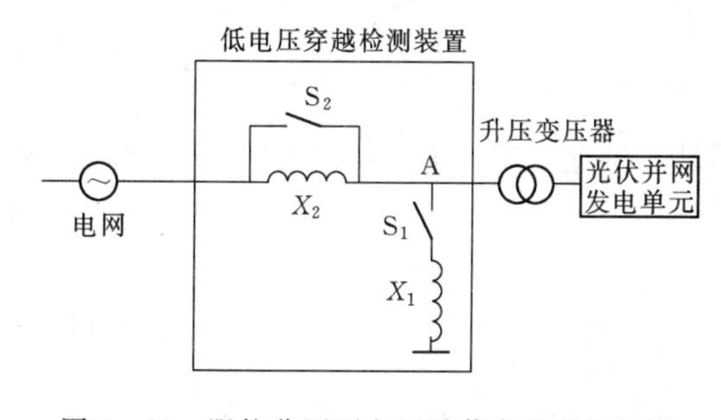

图 4-13　阻抗分压型电压跌落发生器拓扑图

（1）根据预定的跌落深度计算出对应的电抗器 X_1 与 X_2 的值，设定电抗器参数。

（2）闭合限流开关 S_2，断开接地开关 S_1，光伏并网发电单元正常并网运行。

（3）当进行低电压穿越检测时，首先限流开关 S_2 打开，将限流电抗器 X_2 接入，然后闭合接地开关 S_1，并网点 A 点电压开始跌落。

（4）经过低电压穿越边界曲线规定的跌落持续时间后，接地开关 S_1 重新打开，然后限流开关 S_2 再次闭合，并网点 A 点电压开始恢复。

2. 容量设计

阻抗分压型检测装置的容量设计需要综合考虑电网容量、被测光伏逆变器容量、并网点短路容量以及允许的电网电压波动范围等影响因素。

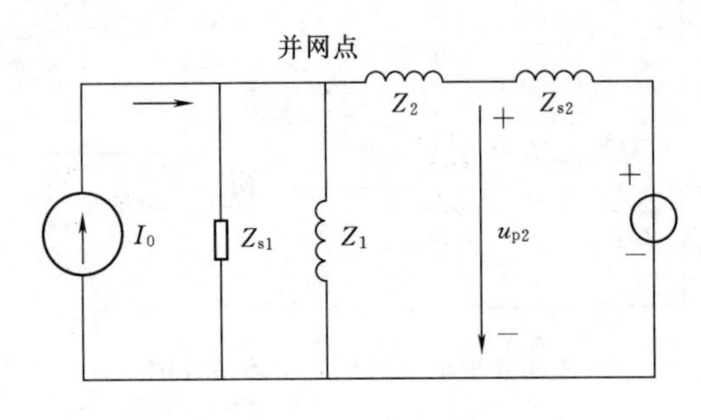

图 4-14　光伏逆变器低电压穿越检测平台的等效电路

当限流开关 S_2 闭合，接地开关 S_1 打开，即低电压穿越检测装置未投入运行时，由于被测光伏逆变器一般以电流源的方式接入电网，因此将光伏逆变器等效为一个内部并联阻抗 Z_{s1} 的电流源。当光伏逆变器以额定功率运行时，可认为此等效电流源的输出电流为光伏逆变器额定输出电流 I_0；电网可等效为图 4-14 中内部串联阻抗为 Z_{s2} 的电压源，电压源电压大小为电网电压有效值 e_s。

根据基尔霍夫电压定律可得，此运行工况下电网电压 u_{p1} 为

$$u_{p1}=I_0\frac{Z_{s1}Z_{s2}}{Z_{s1}+Z_{s2}}+e_s\frac{Z_{s1}}{Z_{s1}+Z_{s2}} \tag{4-2}$$

若光伏并网发电单元的额定容量为 S_0，则有

$$I_0=\frac{S_0}{\sqrt{3}e_s} \tag{4-3}$$

假定电网短路容量为 S_2，则有

$$Z_{s2}=\frac{e_s^2}{S_2} \tag{4-4}$$

工程上，与 Z_{s1} 相比 Z_{s2} 数值上可忽略不计，即 $Z_{s2}/Z_{s1}=0$，因此由式（4-2）～式（4-4）可得

$$u_{p1}=e_s\left(1+\frac{\sqrt{3}}{3}\cdot\frac{S_0}{S_2}\right) \tag{4-5}$$

当限流开关 S_2 打开，接地开关 S_1 闭合，即低电压穿越检测装置投入运行，低电压穿越检测装置中等效接地电抗和限流电抗大小分别为 Z_1 和 Z_2，光伏逆变器低电压穿越检测平台的等效电路如图 4-14 所示。

根据基尔霍夫电压定律可得，此跌落工况下并网点电压 u_p 为

$$u_p=I_0\frac{\dfrac{Z_{s1}Z_1}{Z_{s1}+Z_1}(Z_{s2}+Z_2)}{Z_{s2}+Z_2+\dfrac{Z_{s1}Z_1}{Z_{s1}+Z_1}}+e_s\frac{\dfrac{Z_{s1}Z_1}{Z_{s1}+Z_1}}{Z_{s2}+Z_2+\dfrac{Z_{s1}Z_1}{Z_{s1}+Z_1}} \tag{4-6}$$

考虑到工程上，与 Z_{s1} 相比，Z_1 数值上可忽略不计，即 $Z_1/Z_{s1}=0$，因此式可简化为

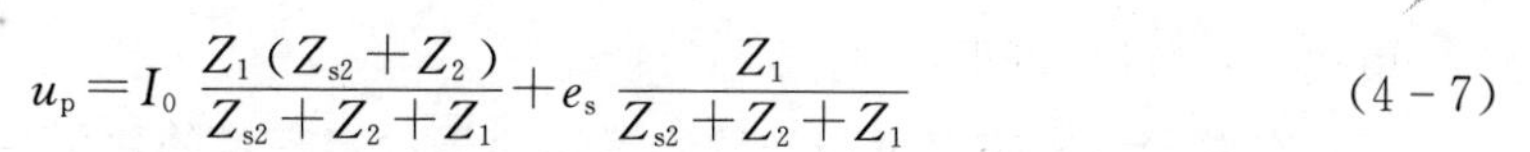

$$u_{\mathrm{p}}=I_0\frac{Z_1(Z_{\mathrm{s}2}+Z_2)}{Z_{\mathrm{s}2}+Z_2+Z_1}+e_{\mathrm{s}}\frac{Z_1}{Z_{\mathrm{s}2}+Z_2+Z_1} \tag{4-7}$$

假定并网点短路容量为 S_1，则有

$$Z_{\mathrm{s}2}+Z_2=\frac{e_{\mathrm{s}}^2}{S_1} \tag{4-8}$$

由式（4-4）和式（4-8）可得

$$Z_2=\left(\frac{1}{S_1}-\frac{1}{S_2}\right)e_{\mathrm{s}}^2 \tag{4-9}$$

设并网点电压跌落深度为 $k(0<k<1)$，则有

$$u_{\mathrm{p}}=ke_{\mathrm{s}} \tag{4-10}$$

由式（4-3）、式（4-7）、式（4-9）和式（4-10）可得

$$Z_1=\frac{k}{\frac{1}{\sqrt{3}k_0}+1-k}\frac{e_{\mathrm{s}}^2}{S_1} \tag{4-11}$$

$$k_0=\frac{S_1}{S_0} \tag{4-12}$$

式中 k_0——并网点短路容量与光伏并网发电单元额定容量的比例系数。

考虑到工程上，与 $Z_{\mathrm{s}1}$ 相比 Z_1 数值上可忽略不计，即 $Z_1/Z_{\mathrm{s}1}=0$，因此由基尔霍夫定律可得图 4-14 中低电压穿越测试工况下电网电压为

$$u_{\mathrm{p}2}=I_0\frac{Z_1(Z_{\mathrm{s}2}+Z_2)}{Z_{\mathrm{s}2}+Z_2+Z_1}\frac{Z_{\mathrm{s}2}}{Z_{\mathrm{s}2}+Z_2}+e_{\mathrm{s}}\frac{Z_1+Z_2}{Z_{\mathrm{s}2}+Z_2+Z_1} \tag{4-13}$$

由式（4-3）、式（4-9）、式（4-11）和式（4-12）可得

$$u_{\mathrm{p}2}=e_{\mathrm{s}}\left[\frac{1-\sqrt{3}}{\sqrt{3}(k_1+1)}\frac{S_1}{S_2}+1\right] \tag{4-14}$$

式(4-14)中系数 k_1 为

$$k_1=\frac{k}{\frac{1}{\sqrt{3}k_0}+1-k} \tag{4-15}$$

电网电压跌落前后，电网电压波动百分比 ξ 为

$$\xi=\frac{u_{\mathrm{p}2}-u_{\mathrm{p}1}}{u_{\mathrm{p}1}} \tag{4-16}$$

由式（4-5）、式（4-12）和式（4-14）～式（4-16）可得

$$\xi=-\sqrt{3}\frac{1}{1+\sqrt{3}\frac{S_2}{S_0}}\left[\frac{(3-\sqrt{3})k_0^2}{\sqrt{3}+3k_0}(1-k)+\frac{(2\sqrt{3}-1)k_0+1}{\sqrt{3}+3k_0}\right] \tag{4-17}$$

由式（4-17）可得：

（1）在并网点短路容量与被测光伏逆变器额定容量的比值一定的情况下，电网电压波动百分比仅与电网短路容量、被测光伏逆变器额定容量和电压跌落深度有关。

（2）当电网短路容量与被测光伏并网发电单元容量比值越大，即 S_2/S_0 越大，则电网电压波动百分比 ξ 越小。因此，为保证电网电压跌落精度、减小并网点电压跌落时的电网电压波动，选取的电网短路容量比被测逆变器容量越大越好。

（3）当并网点电压跌落越深，即数值上 k 越小时，低电压穿越检测装置模拟电网跌落时对电网电压的波动百分比 ξ 影响越大。

（4）按照低电压穿越检测装置模拟电网跌落时对电网电压的波动百分比影响小于5%来计算，工程设计上一般选取并网点短路容量为被测光伏逆变器额定容量的3～5倍，即 $3\leqslant k_0\leqslant 5$，这样检测装置对光伏逆变器并网电流的输出以及对电网电压波动的影响均较小。

4.2.3　电力电子型

电力电子型低电压穿越检测装置，主要通过电力电子变换方式实现，包括使用交流电力控制电路、交-交变换器以及交-直-交变换器等。目前使用较为广泛的为交-直-交变换器，由变压器和变流器构成，可以实现多种故障模拟，包括电压跌落、过电压、欠电压等，并可以方便地控制电压跌落深度、持续时间、相位和跌落故障类型，电力电子型低电压穿越检测装置结构图如图4-15所示。

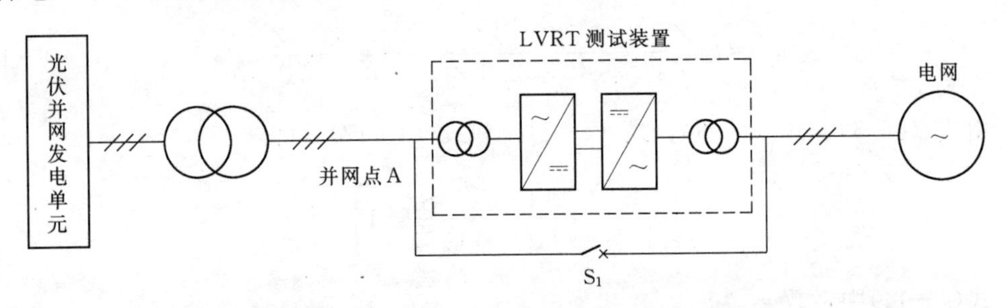

图4-15　电力电子型低电压穿越检测装置结构图

图4-15中LVRT检测装置中的电网侧变压器用来转换电网电压作为变换器的输入电压，同时附带具有滤波的作用，避免变流器对电网注入谐波污染；检测装置中的光伏逆变器侧变压器可避免光伏并网发电系统的滤波器与变流器输出端滤波器可能产生的谐振现象，同时增加检测装置的内阻。

电网侧变流器主要实现整流功能，保证两台变流器之间的直流电压为恒定值。常见的形式主要有两种：一种为二极管不控整流或相控整流；另一种为三相PWM整流。前者为传统整流方式，动态响应慢，功率因数低，对电网产生较大的谐波；后者为高功率因数整流方式，通常采用电压电流双闭环控制，可以有效地控制电网侧能量流动的功率因数，使其为1，电网侧电流有较好的正弦度，当负荷状态突变时，保证直流侧电压为

恒定值。

逆变器侧变流器可看做可控电压源。开展低电压穿越检测时，该装置不仅能够有效控制输出电压的幅值和相位，还能够模拟各种对称和不对称电压跌落故障。当发生三相对称故障时，各相电压减小至额定电压的 $k(0<k<1)$ 倍，各相相角不变。当三相发生不对称故障时，各相电压幅值和相角都可能会受到影响。根据各种电压跌落故障下三相电压向量关系图，可以计算出三相电压状态，通过坐标变换、电压控制器与 SVPWM 调制，实现闭环电压控制，有效控制故障发生侧的各种电压跌落故障，故障生成侧变流器控制框图如图 4-16 所示。

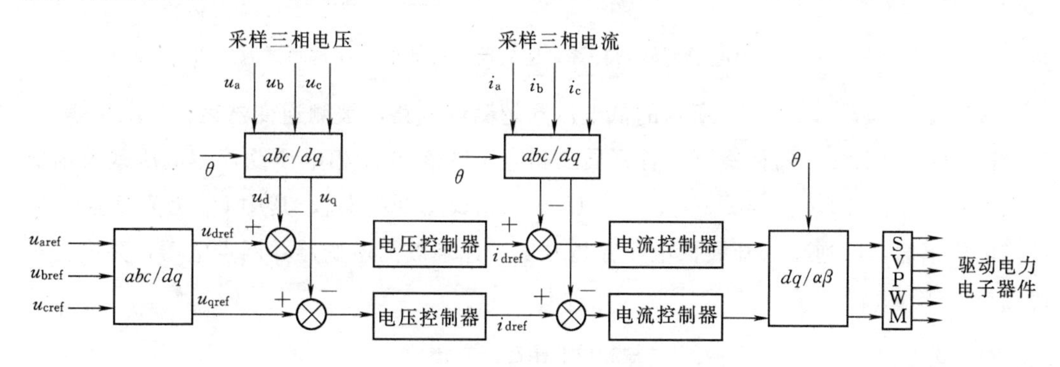

图 4-16　故障生成侧变流器控制框图

4.2.4　试验对比分析

本节分别采用阻抗分压型和电力电子型两种低电压穿越检测装置，依据 GB/T 19964—2012 对运行于不同工况的某 500kW 光伏逆变器开展测试，记录并网点电压波形，对比研究两种检测装置性能。

采用阻抗分压型检测装置对逆变器进行低电压穿越测试原理如图 4-17 所示，由限流电抗器 X_1、接地电抗器 X_2、断路器 S_1、S_2 组成，电压跌落等级为 10kV，装置容量为 2MW，能够模拟单相接地、两相短路、两相短路接地和三相电路故障，以阻抗分压法计算电抗器参数，并通过调整电抗器不同抽头模拟电压跌落至（0～90%）额定电压。

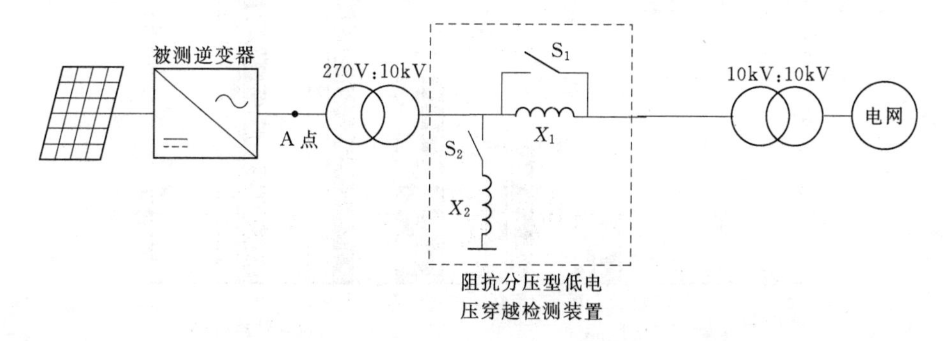

图 4-17　阻抗分压型检测装置对逆变器进行低电压穿越测试原理图

采用电力电子型检测装置对逆变器开展低电压穿越测试原理如图 4－18 所示，图中电力电子型检测装置容量为 1MW，由降压变压器 T_1、低压变频电源和升压变压器 T_2 组成。并网点 B 三相电压的有效值、频率和相位可以独立调节，模拟各种故障类型跌落。

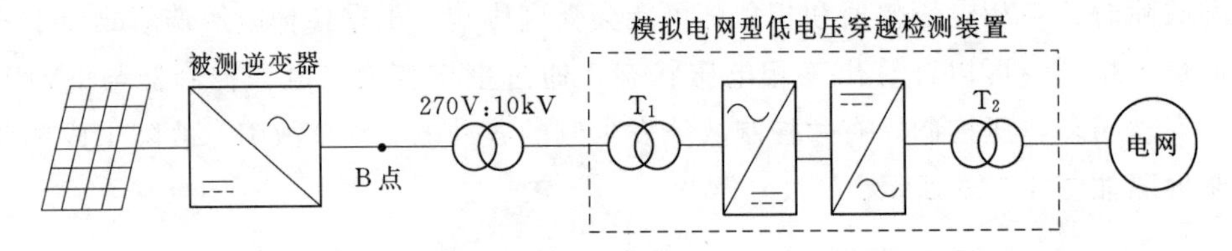

图 4－18　电力电子型检测装置对逆变器开展低电压穿越测试原理图

按照图 4－17、图 4－18 所示的低电压穿越测试电路，被测逆变器运行工况见表 4－1，各工况下分别设置两种检测装置开展三相电压跌落和 A 相电压跌落，电压跌落幅值分别为 0%U_n、20%U_n、40%U_n、60%U_n、80%U_n、90%U_n，其中 U_n 为光伏逆变器额定电压幅值，对逆变器开展低电压穿越测试，记录被测逆变器并网点电压，并进行对比分析。

表 4－1　　被测逆变器运行工况

工况一	被测逆变器停机，低电压穿越装置空载跌落
工况二	被测逆变器轻载运行，低电压穿越过程中按照 GB/T 19964—2012 要求发出动态无功电流
工况三	被测逆变器重载运行，低电压穿越过程中按照 GB/T 19964—2012 要求发出动态无功电流

1. 两种检测装置空载跌落精度

图 4－19 和图 4－20 分别为三相电压跌落和 A 相电压跌落，检测装置空载跌落值对比，可以看出，除零电压跌落点外，电力电子型检测装置各点跌落精度均高于阻抗分压型装置。这主要是由于电力电子型装置通常采用数字控制，能够精确地控制跌落点电

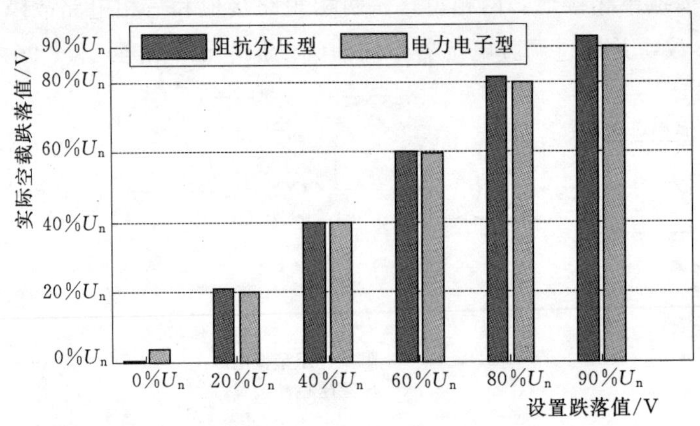

图 4－19　三相电压跌落，检测装置空载跌落精度对比

压，电压实际值与设定值的最大误差为0.26%，而阻抗分压型装置中，电网阻抗不能精确地测量接地阻抗和限流阻抗的标称值与实际值之间存在的误差以及电抗器在实际使用过程中存在的损耗，这都会导致跌落的电压精度比电力电子型装置低。

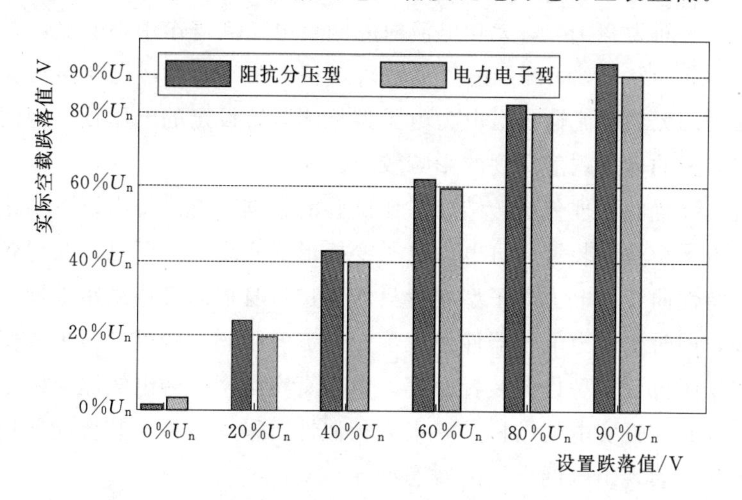

图4-20 A相电压跌落，检测装置空载跌落精度对比

2. 光伏逆变器无功电流支撑对检测装置跌落精度的影响

图4-21为逆变器运行于表4-1中工况三时，采用两种检测装置开展三相电网电压跌落至40%U_n时低电压穿越试验波形图。

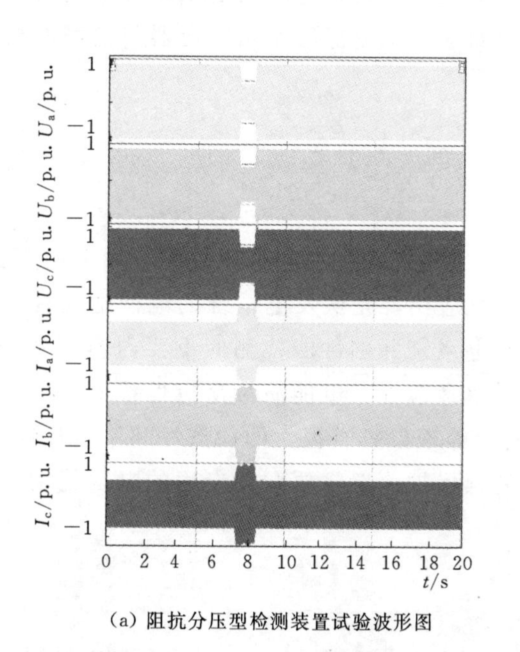

(a) 阻抗分压型检测装置试验波形图

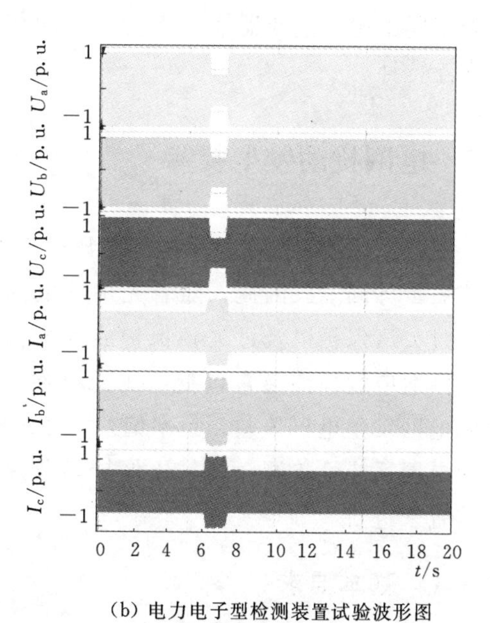

(b) 电力电子型检测装置试验波形图

图4-21 三相电网电压跌落至40%U_n时低电压穿越试验波形图

由图4-21可见，采用阻抗分压型检测装置进行低电压穿越测试，低电压穿越过程

中逆变器根据跌落深度实时计算发出无功电流支撑电网，无功电流大小为0.83p.u.，无功电流持续注入时间为995ms，导致测试过程中并网点电压高于设定值，为47.95%U_n。采用电力电子型检测装置进行测试，穿越过程中逆变器无功电流大小为0.91p.u.，无功电流持续注入时间为984ms，无功电流对并网点电压支撑作用不明显，并网点电压跌落稳态值为42.09%U_n。对工况三的其他跌落点和工况二而言，也同样发现低电压穿越过程中逆变器动态无功电流输出对电力电子型检测装置设定的电压跌落深度影响比对阻抗分压型检测装置的电压跌落深度的影响较小。

通过对检测装置的原理分析，结合对比试验的数据，可以得出以下结论：

(1) 电力电子型检测装置通过电力电子变换形式实现，由于难以获得各种工况下的真实电网暂态特性曲线，电力电子型装置只能通过自身控制策略来跟踪预先设定的电网暂态特性曲线，同时受电力电子器件最大承受电流的限制，较难模拟出真实电网的故障暂态特性；对于阻抗分压型检测装置而言，由于真实电网中输电线路与发电机表现出电感与电阻特性，其与真实电网结构具有很大相似性，采用该检测装置能够更好地模拟电网各种类型故障，表现出电网电压的暂态特性。

(2) 电力电子型检测装置由于一般采用电压闭环控制，在模拟电网电压稳态跌落精度方面优于阻抗分压型低电压穿越检测装置。

(3) 电力电子型检测装置多采用闭环控制，且电网侧功率因数由于内部控制系统作用被改变，难以像真实电网一样根据光伏逆变器不同的动态无功电流支撑能力做出相应的反应；而阻抗分压型检测装置弥补了这一不足，并网点电压跌落深度自然随着不同工况下逆变器输出无功电流的变化而变化，更能反映出逆变器与电网的暂态交互特性。

4.3　电网扰动发生装置

电力系统中，除了发生电网电压跌落故障之外，还会有高电压故障、频率偏差、电能质量等问题。因此，随着光伏发电的广泛应用，光伏发电系统的电网适应性检测、过欠压保护以及过欠频保护成为光伏发电系统并网性能检测的重要内容。完整的电网适应性检测通常包括电压适应性、频率适应性、电能质量适应性检测。由于实际电网发生电压偏差、频率偏差、谐波畸变等现象具有很大的偶然性和不可控性，因此电网适应性检测、过欠压保护以及过欠频保护一般需要配置专用的电网扰动发生装置来进行。

4.3.1　基本要求

电网扰动发生装置和低电压穿越检测装置同属于电网模拟装置，低电压穿越检测装置要求能够模拟电网电压跌落特性，而电网扰动发生装置除了能够模拟电压跌落，还要求能够实现对其他各种电网故障的模拟，如高电压、频率偏差、谐波等。实际检测标准

中对电网扰动发生装置有更加明确的要求，如国标 GB/T 31365—2015 中规定：

（1）光伏发电站连接侧的电压谐波应小于 GB/T 14549—1993 中谐波允许值的 50%。

（2）具备电能双向流动的能力，不应对电网的安全性造成影响，向电网注入的电流谐波应小于 GB/T 14549—1993 中谐波允许值的 50%。

（3）正常运行时，电网模拟装置的输出电压基波偏差值应小于 0.5%。

（4）正常运行时，电网模拟装置的输出频率偏差值应小于 0.01Hz，可调节步长至少为 0.05Hz。

（5）电网模拟装置的响应时间应小于 0.02s。正常运行时，三相电压不平衡度应小于 1%，相位偏差应小于 1%。

（6）装置能向并网点输出三相不平衡电压、叠加电压谐波和电压间谐波。

另外，电压谐波至少能叠加 3 次、5 次、7 次、9 次谐波，谐波应满足 GB/T 14549—1993 要求的限值。

4.3.2 拓扑结构及工作原理

电网扰动发生装置用于模拟电网系统的各种运行状况，进而对发电设备进行各类电网适应性检测、过欠压保护以及过欠频保护。某型号大容量电网扰动发生装置结构图如图 4-22 所示。

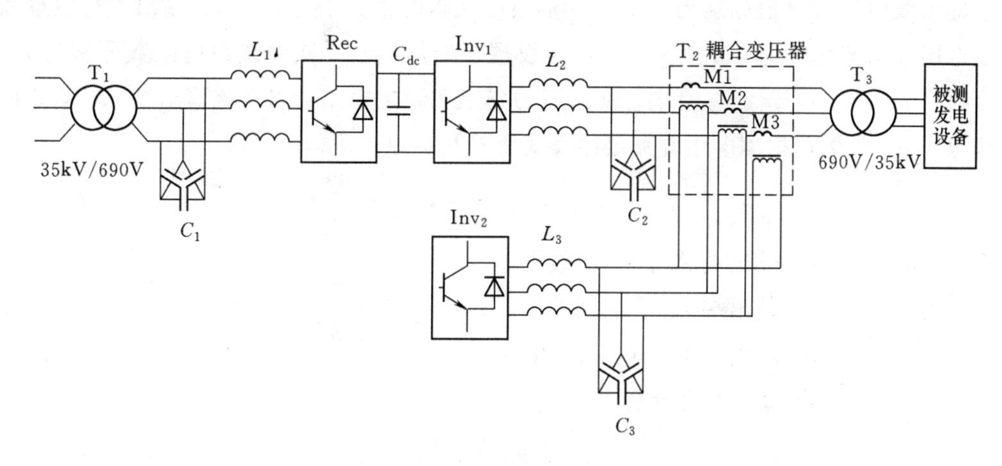

图 4-22 某型号大容量电网扰动发生装置结构图

系统包括网侧降压变压器（T_1），网侧滤波器（L_1，C_1），可控整流器（Rec），母线电容（C），逆变器 1（Inv_1）和逆变器 2（Inv_2），输出滤波器 1（L_2，C_2），输出滤波器 2（L_3，C_3），耦合变压器（T_2）和升压变压器（T_3）。逆变器 1（Inv_1）为基波及低次谐波逆变器，负责输出基波电压和低次谐波电压（2～7 次）。逆变器 2（Inv_2）为高次谐波逆变器，负责输出高次谐波电压（8～25 次）。通过变压器 T_2，装置将基波电压和各次谐波电压耦合得到包含最终的输出电压。

可控整流器采用三相整流桥，配合输入电感和滤波电容，输出端口设置直流电容，整流器基本电路图如图 4－23（a）所示，可实现单位功率因数控制和双向功率流动，从而既可用于用电设备的检测，又可用于发电设备的检测。逆变器采用三相逆变桥，配合由输出滤波电感和电容组成的输出滤波器，输入端口也可置直流电容，逆变器基本电路图如图 4－23（b）所示。

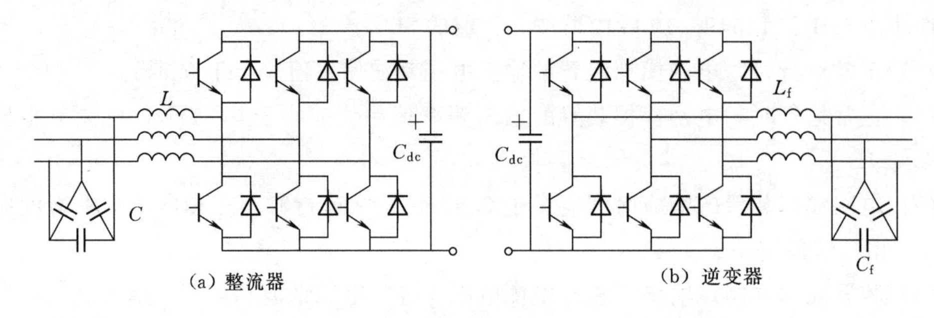

图 4－23　整流器和逆变器基本电路图

耦合变压器包括 3 个耦合线圈组 M1、M2、M3。初级各绕组两端跨接至逆变器 2（Inv_2）两输出端，其次级各绕组的一端连接逆变器 1（Inv_1），另一端作为输出，连接待测设备。Inv_1 为基波发生模块，Inv_2 为谐波发生模块。为节省系统成本，系统可由同一个可控整流器给 Inv_1 和 Inv_2 提供直流输入电压。

耦合变压器将 Inv_1 和 Inv_2 的输出电压相耦合，实现了两者的叠加。假设 Inv_1 和 Inv_2 输出线电压瞬时值分别为 u_1、u_2，输出电流瞬时值分别为 i_1、i_2，输出至待测设备的线电压和电流瞬时值分别为 u_o、i_o。假设耦合变压器初、次级绕组的匝数分别为 n_2、n_1，则其变比 $k=n_2/n_1$。忽略耦合变压器的漏感和激磁电流，以系统输出端 A、B 之间的线电压 u_{AB} 为例，根据电压叠加定律及变压器基本原理可得

$$u_{AB}=u_{A1B1}+(u_{A2B2}-u_{B2C2})/k \tag{4-18}$$

式中　u_{A1B1}——Inv_1 输出端 A_1、B_1 间线电压；

u_{A2B2}——Inv_2 输出端 A_2、B_2 间线电压；

u_{B2C2}——Inv_2 输出端 B_2、C_2 间线电压。

Inv_1、Inv_2 所提供的电流分别为

$$i_1=i_o,\ i_2=i_o/k \tag{4-19}$$

式中　i_o——系统输出电流；

i_1——Inv_1 输出电流；

i_2——Inv_2 输出电流。

根据式（4－18）可知，系统的输出电压为 Inv_1 和 Inv_2 的输出电压按一定规则的叠加。由于 Inv_1 和 Inv_2 完全可控，故系统可实现完整的变频、变压及各种组合扰动功能，如不平衡、闪变、跌落等。若 Inv_1 主要输出基波电压成分，Inv_2 主要输出谐波电压成分，则该电网扰动发生装置将具备谐波输出能力。

4.3.3 控制策略

1. 可控整流器控制策略

可控整流器的主要功能是为逆变器提供稳定的直流输入电压，同时支持能量的双向流动。同时，其功率因数校正（Power Factor Correction，PFC）功能可削弱装置本身对现场电网的影响。可控整流器电路模型如图 4-24 所示。

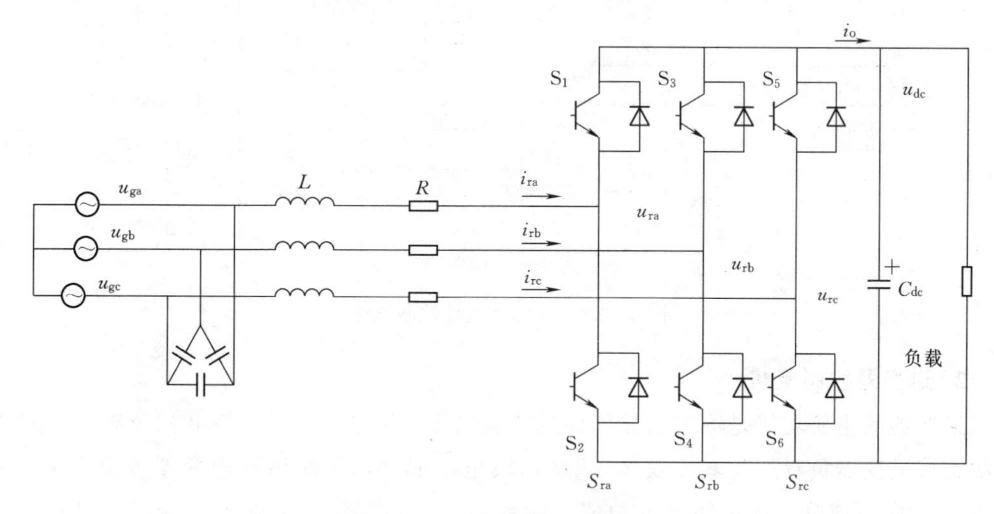

图 4-24 可控整流器电路模型

图 4-24 中，L、R 和 C 分别为输入滤波器中电感、电阻和电容的等效值；C_{dc} 为直流母线电容；u_{ga}、u_{gb} 和 u_{gc} 为各相输入电压；u_{ra}、u_{rb} 和 u_{rc} 为各相桥臂交流侧输出电压；i_{ra}、i_{rb} 和 i_{rc} 为各相桥臂电流；S_{ra}、S_{rb} 和 S_{rc} 为各桥臂开关函数；u_{dc} 为直流母线电压；i_o 为直流侧等效的负载电流。装置中，负载就是图 4-24 中右侧的逆变器。根据可控整流器的电气模型和旋转坐标变换原理，可获得基于电网电压定向的同步旋转坐标系（dq 系）下的数学模型，即

$$\begin{cases} u_{gd} = Ri_{gd} + L\dfrac{di_{rd}}{dr} - \omega Li_{rq} + u_{rd} \\ u_{gq} = Ri_{bq} + L\dfrac{di_{rq}}{dt} - \omega Li_{rd} + u_{rq} \\ C_{dc}\dfrac{du_{dc}}{dt} = \dfrac{3}{2}(S_{rd}i_{rd} + S_{rq}i_{rq}) - i_o \end{cases} \tag{4-20}$$

式中 u_{gd}、u_{gq}——电网电压；

i_{rd}、i_{rq}——桥臂电流；

u_{rd}、u_{rq}——桥臂交流侧输出电压；

S_{rd}、S_{rq}——桥臂开关函数；

ω——同步旋转坐标系的旋转角速度。

可控整流器可采用电压、电流双闭环控制策略，其中旋转坐标系基于电网电压定向，实现 d 轴、q 轴解耦控制，并通过电网电压前馈的措施加快响应速度，产生脉冲波

形环节采用 SVPWM 方式，其控制框图如图 4-25 所示。

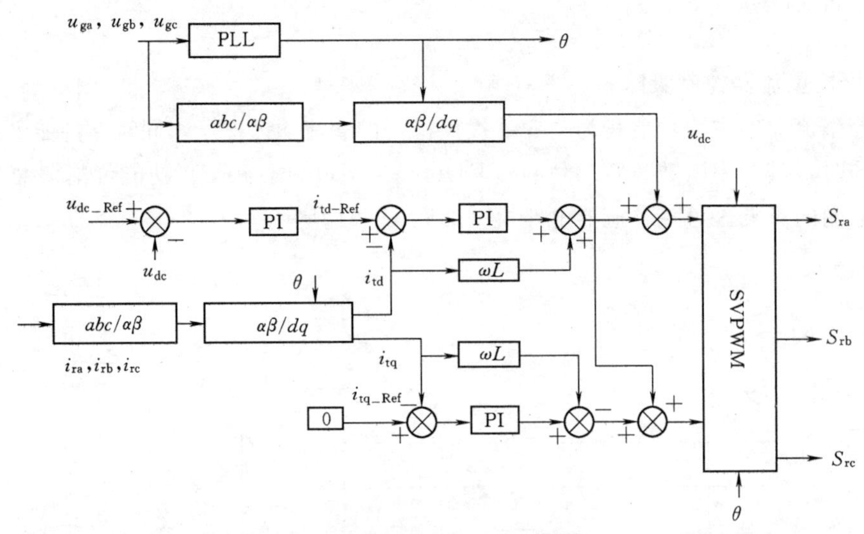

图 4-25　可控整流器控制框图

2. 逆变器控制策略

逆变器的主要功能是输出三相可变的交流电压，包含电压、频率和相位等。基波及低次谐波逆变器负责产生基波及 2～7 次谐波电压成分，高次谐波逆变器负责产生 8～25 次谐波电压成分。由这些基本功能可发展出电压偏差、频率偏差、谐波、闪变、不平衡及电压跌落等各种扰动功能。基波及低次谐波逆变器和高次谐波逆变器的电路结构、控制器结构基本一致，以下仅针对基波及低次谐波逆变器的设计进行说明，其主电路模型如图 4-26 所示。

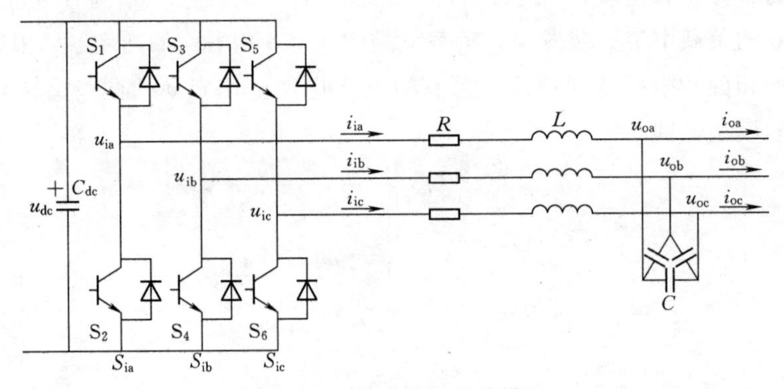

图 4-26　逆变器的电路模型

图 4-26 中，L、R 和 C 分别为输出滤波器中的电感、电阻和电容值；u_{oa}、u_{ob} 和 u_{oc} 为各相输出电压；i_{oa}、i_{ob} 和 i_{oc} 为各相输出电流；u_{ia}、u_{ib} 和 u_{ic} 为各相桥臂交流侧输出电压；i_{ia}、i_{ib} 和 i_{ic} 为各相桥臂输出电流；S_{ia}、S_{ib} 和 S_{ic} 为各桥臂开关函数。

根据逆变器的电气模型和旋转坐标变换原理，可获得基于输出基波电压定向的同步旋转坐标系（dq 系）下的数学模型，即

$$
\begin{cases}
u_{od}=u_{id}-Ri_{id}-L\dfrac{di_{id}}{dt}+\omega Li_{iq} \\
u_{oq}=u_{iq}-Ri_{iq}-L\dfrac{di_{iq}}{dt}-\omega Li_{id} \\
i_{id}=i_{od}+3C\dfrac{du_{od}}{dt}-3\omega Cu_{oq} \\
i_{iq}=i_{oq}+3C\dfrac{du_{oq}}{dt}-3\omega Cu_{od}
\end{cases}
\tag{4-21}
$$

式中 u_{od}、u_{oq}——输出电压；

i_{id}、i_{iq}——桥臂电流；

u_{id}、u_{iq}——桥臂交流侧输出电压；

ω——同步旋转坐标系的旋转角速度。

逆变器可采用电压、电流双闭环控制策略，其中旋转坐标系基于输出基波电压定向，实现 d 轴、q 轴解耦控制，并通过给定电压前馈、负载电流前馈等措施加快响应速度，发波环节采用 SVPWM 方式，其基本控制框图如图 4-27 所示。其中扰动指令发生器，用于根据用户期望的各种扰动功能设置和相关的参数输入，产生三相输出电压的瞬时给定值。

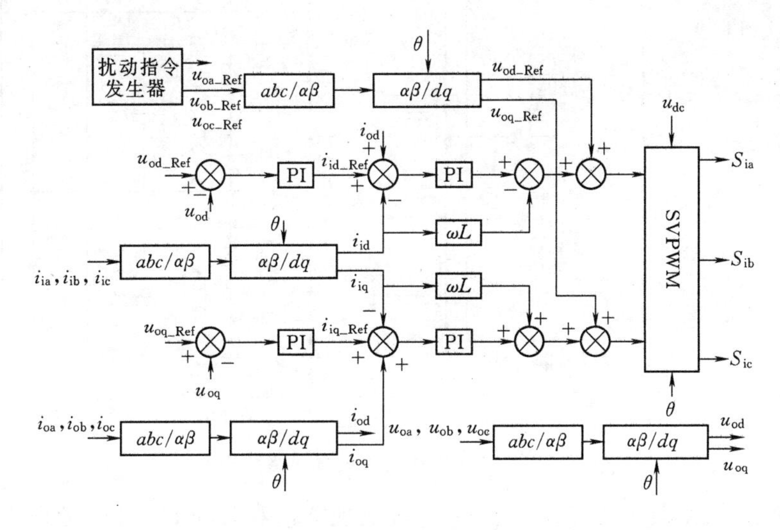

图 4-27 逆变器控制框图

4.3.4 应用举例

针对电网扰动发生装置，以某实验中心电网适应性检测装置为例进行阐述。电网扰动发生装置可以为光伏并网逆变器提供交流电源，开展过/欠压和过/欠频保护检测时模拟电网电压幅值和频率的改变，同时可模拟电网中其他可能发生的工况，例如电压幅值和频率的周期波动、谐波和间谐波注入。电网扰动发生装置可以实现三相电路之间的解耦控制，在模拟电网电压不平衡工况时性能优于传统的三相逆变电路，同时可任意实现单相或两相电压的幅值和相角变化。

1. 主电路拓扑

电网扰动发生装置回路结构图如图 4 - 28 所示。

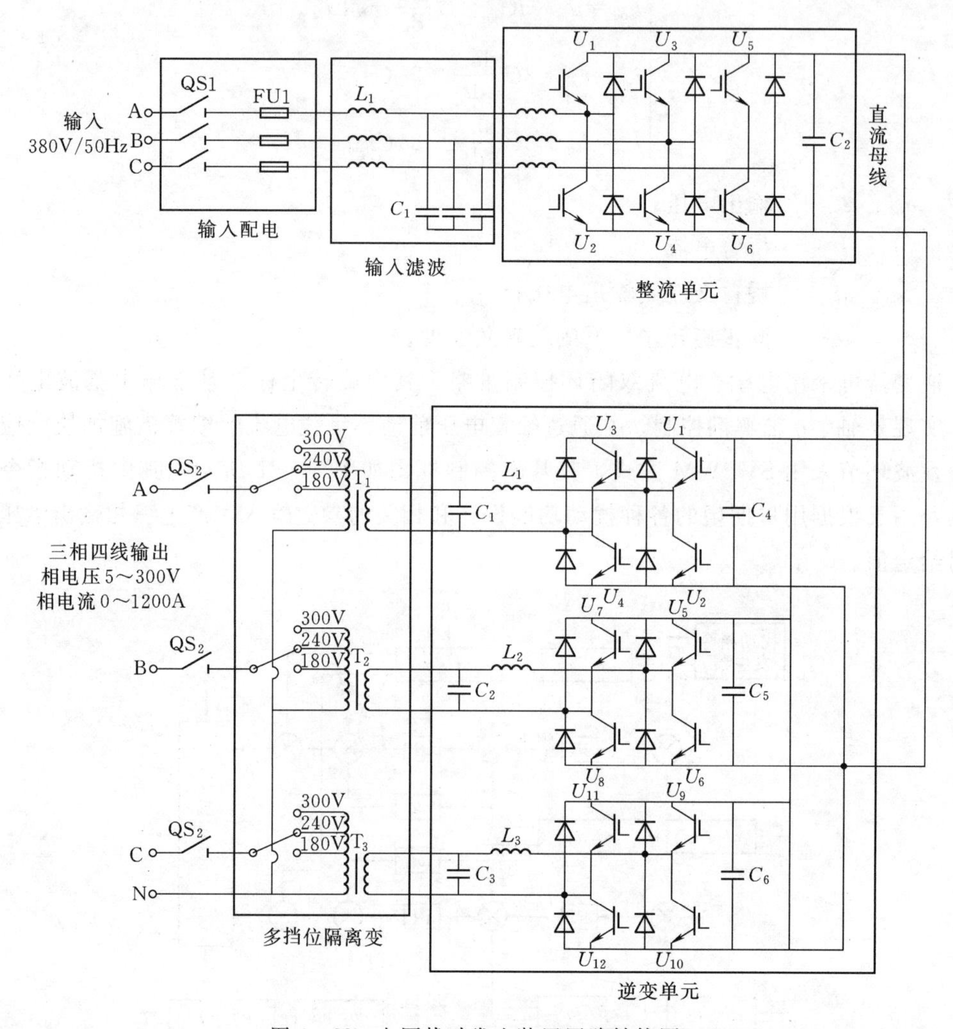

图 4 - 28　电网扰动发生装置回路结构图

该电网扰动发生装置的容量为 1MW，可实现能量双向流动，为四象限电源。装置输入为三相三线制，回路可按功能划分为以下部分：

(1) 第一级电路为输入配电，包括三相断路器和熔断器，主要起输入保护作用。

(2) 第二级电路为输入滤波，采用 *LC* 滤波结构，可将装置产生输入电流谐波滤除，避免对网侧产生谐波污染。

(3) 第三级电路为整流单元，使用三相全控整流拓扑，可将 380V 交流电转变为 800V 直流母线电压，同时提高装置的功率因数。

(4) 第四级电路为逆变单元，使用三个独立的单相逆变结构，可将直流母线电压逆变为所需频率和幅值的交流电压，每个单相逆变电路可独立工作，实现三相电路之间的解耦，在模拟电网电压不平衡工况时性能比传统的三相逆变电路效果好，可任意实现单

相或两相电压的幅值和相角变化。

(5) 第五级电路为三个多挡位单相变压器，通过改变变压器的挡位分接开关，可使装置在更宽的输出电压范围内保持额定容量，三个相电压挡位为300V、240V和180V。

(6) 第六级电路为输出配电，包括一个三相断路器，主要起输出保护和回路切除作用。

2. 主要功能

该电网扰动发生装置主要功能如下：

(1) 电网模拟。电网扰动发生装置（以下简称“装置”）可通过更改输出电压的幅值、频率和相位等手段来模拟实际电网的各种工况，可细分为电网静态性能模拟和电网动态性能模拟。

1) 电网静态性能模拟：

a. 模拟电网频率静态波动（45～65Hz）。

b. 模拟电网电压静态波动（5～300V）。

c. 模拟电网电压的不平衡工况（幅值和相位）。

d. 模拟电网电压谐波/间谐波注入工况。

2) 电网动态性能模拟：

a. 模拟电网电压幅值/相位和频率异常工况。

b. 模拟低电压穿越工况。

c. 模拟电网电压动态波动。

(2) 编程控制。装置可单独调节输出电压的幅值和频率，其中电压幅值可单相/两相/三相调节。

装置可以斜坡函数方式调节输出电压的幅值和频率。其中，动作时间（指接收指令后到开始动作）、斜坡的斜率、初始值和目标值可通过上位机进行设定。

(3) 现地操作。装置配备工业电脑、键盘鼠标和可触控制屏、急停按钮等，可现地查看装置运行状态和操作装置，在装置发生故障时可现场紧急停机。

(4) 通信。电网扰动发生装置可与试验平台监控系统通信。检测人员可在监控室经由上位机远程控制电网扰动发生装置，可实时检测电网扰动发生装置运行参数并发出调节指令和调节参数改变装置的输出电压幅值和频率，远程控制功能和权限与现地操作一致。

(5) 保护。电网扰动装置具备欠压、过压、过流、过载、过温、短路、瞬间断电等自我保护功能。具有故障自分析和提示功能，上位机软件可显示具体的故障信息，并发出报警信号，可人工设定保护阈值。

电网扰动装置在关机时可由软件设定对直流母线残存电压进行能量泄放，防止操作人员检修时被直流母线残存电压电击。

装置配有相应的故障录波仪实时监控内部关键电气信号，所用传感器精度优于0.2S，录波仪采样率可达200kS/s，并配有足够的数据存储空间，当装置发生故障时可调阅故障前波形数据。

3. 关键实验波形

该电网扰动发生装置的部分关键实验波形如下：

(1) 装置在模拟低电压穿越工况时可在半个工频周波内调整输出电压至设定值，在单相调整电压时另外两相电压几乎不受影响，低电压穿越模拟波形图如图 4-29 所示。

(2) 装置可注入谐波，3 个典型谐波注入波形图如图 4-30 所示，分别为 3 次、7

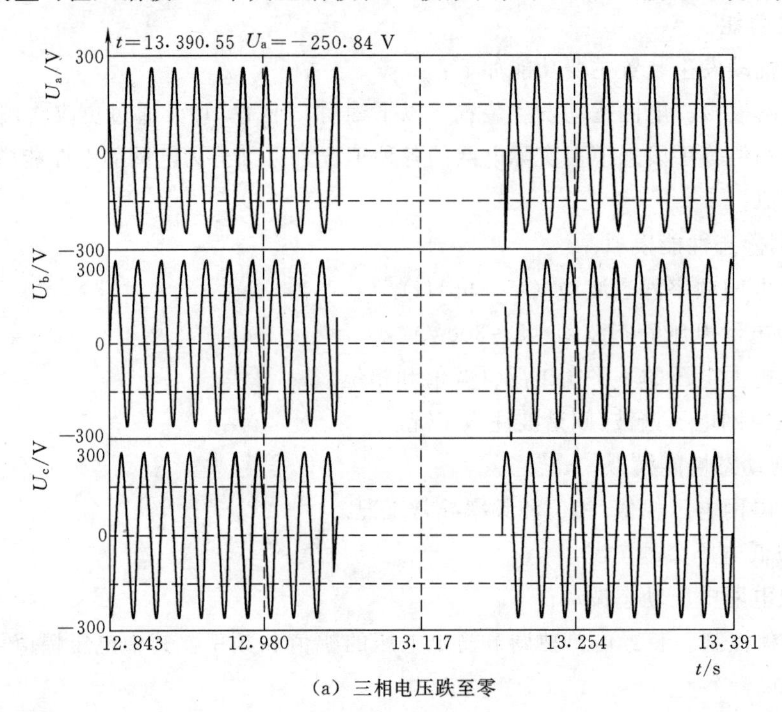

(a) 三相电压跌至零

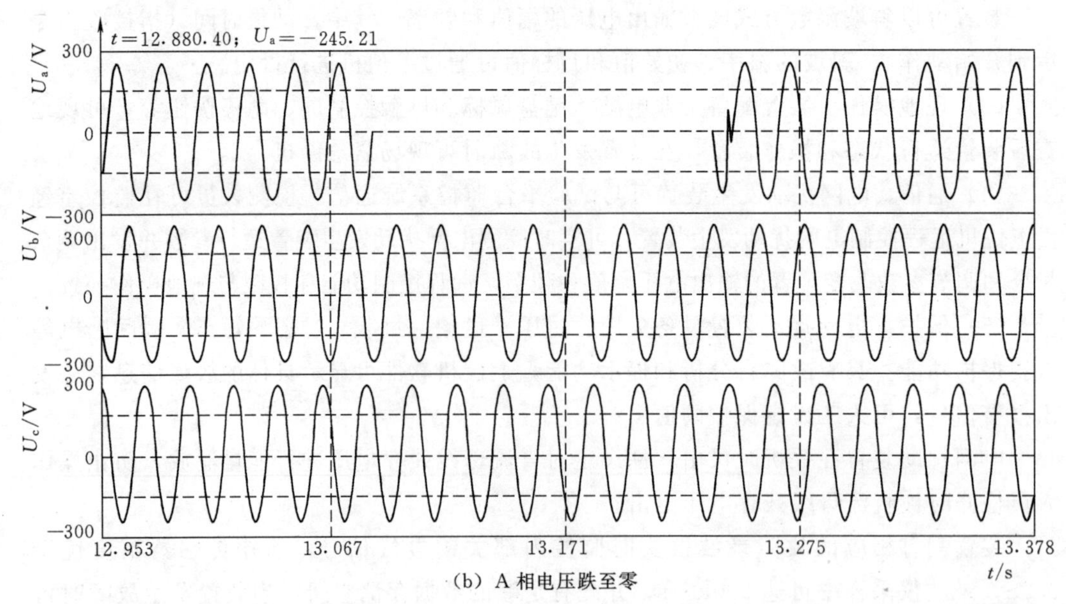

(b) A 相电压跌至零

图 4-29　低电压穿越模拟波形图

次、25 次谐波注入 8%。

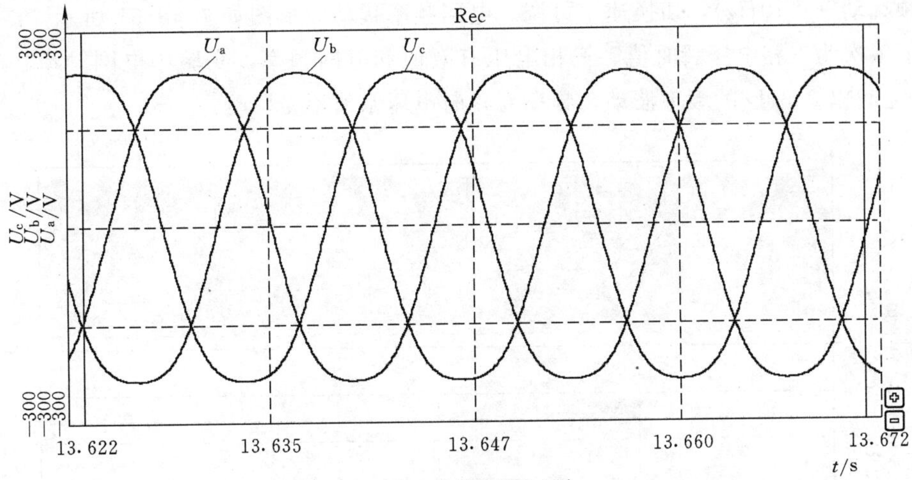

(a) 3 次谐波注入 8%

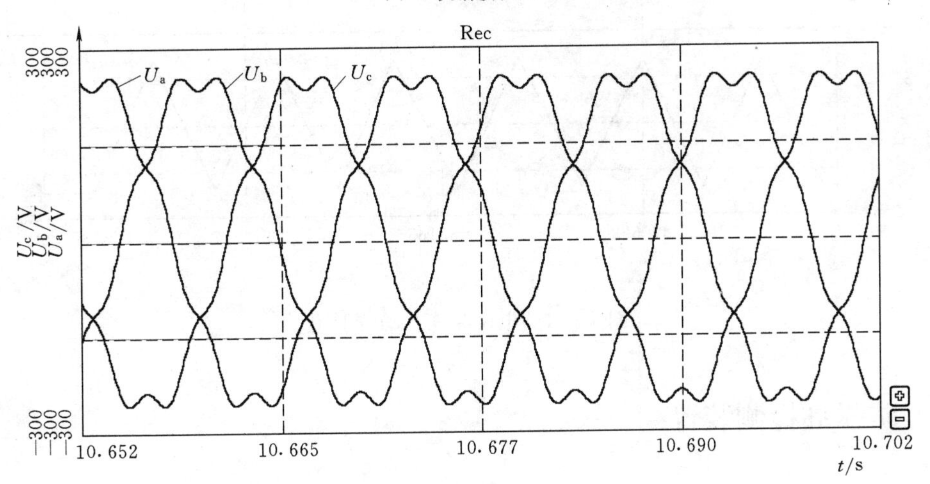

(b) 7 次谐波注入 8%

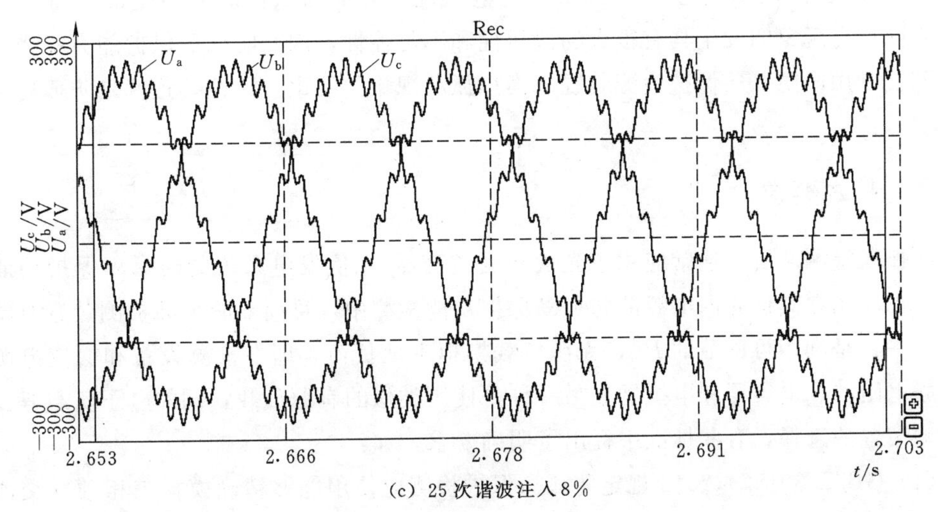

(c) 25 次谐波注入 8%

图 4-30 典型谐波注入波形图

(3) 输出频率扰动。输出频率在45～55Hz和55～65Hz之间跳变，模拟电网频率的低频扰动（＜10Hz），切换速率可调。电网频率扰动波形图如图4-31所示，波形从上至下依次为三相电压瞬时值、三相电压有效值和电网频率，实验中电网频率在50～55Hz之间以0.5Hz的频率波动，频率变化时电压幅值不受影响。

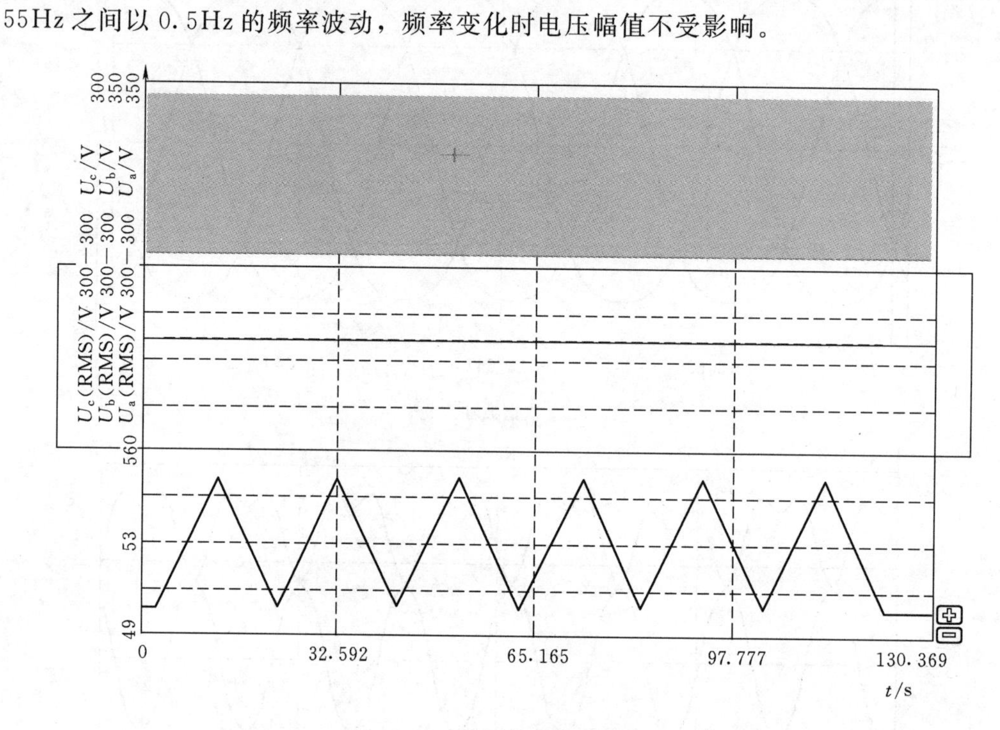

图4-31　电网频率扰动波形图

4.4　防孤岛检测装置

为保证人员和电网安全，对分布式发电系统的防孤岛保护能力的验证显得十分紧迫。实际孤岛现象的发生具有很大的偶然性和不可控性，因此防孤岛保护能力检测一般需要配置专用的防孤岛保护检测装置来模拟孤岛现象的发生，这种装置就是防孤岛检测装置。

4.4.1　基本要求

防孤岛检测装置，通常应用于光伏并网逆变器/光伏发电系统的防孤岛保护功能的检测，也应用在其他并网电源的防孤岛保护功能检测中。目前，防孤岛检测装置有两种形式：一种是利用可调节的*RLC*无源负载模拟本地负荷，即在被测设备和交流电源之间并联电阻器、电容器和电抗器。另一种是使用类似的有源负载，例如电子负载等。对于检测装置的选择，有些标准中提出了明确要求，如：

(1) GB/T 30152—2013规定防孤岛保护检测应使用能够精确模拟三相独立交流用

电设备谐振发生的 *RLC* 负载，且满足三相负载不平衡时的检测要求。*RLC* 谐振电路的品质因数（Quality Factor，Q_f）为 1±0.2。

(2) Q/GDW 618—2011 中要求防孤岛能力测试装置能够精确模拟三相独立交流用电设备谐振发生，满足三相电压不平衡时的测试要求，防孤岛能力测试装置对电网的安全性不应造成影响。要求 *RLC* 谐振电路的品质因数 $Q_f=1\pm0.1$。

(3) IEC 62116：2014、NB/T 32010—2013 规定：应在被测设备和交流电源之间并联可以调整的电阻器、电容器和电抗器。也可以使用类似的负载源，例如电子负载，但应能确保结果的一致性。所用的交流负载必须满足所有检测条件规定的额定等级，并可以通过调节以满足所有测试条件要求。为确保 Q_f 值的精确性，在检测电路中应使用无感电阻、低耗电感和具有低串联有效内阻和低串联有效电感的电容器。如果使用铁心电抗器，在标称电压条件下工作时，电感电流的 *THD* 不得超过 2%。

(4) NB/T 32014—2013 规定交流负载应由并联可调的电阻、电感和电容构成，负载应满足测试要求。如果使用铁芯电感，在标称电压条件下工作时，电感电流的 *THD* 不得超过 2%。

(5) GB/T 30152—2013 规定防孤岛保护检测应使用能够精确模拟三相独立交流用电设备谐振发生的 *RLC* 负载，且满足三相负载不平衡时的检测要求。

4.4.2 *RLC* 负载设计

防孤岛检测 *RLC* 负载主要核心设备是精密 *RLC* 元件，内置有纯阻性负载、感性负载、容性负载；三相负载功率独立控制；功率输入采用分段式组合控制，可以任意组合模拟各种功率负荷，满足并网逆变器和分布式光伏发电系统负载检测需要，可以有效检测光伏发电系统防孤岛保护功能。选型时应注意如下事项：

1. 满足谐振频率

为了模拟孤岛运行环境，需要 *RLC* 负载能够精确模拟交流谐振发生，并联 *LC* 回路的交流谐振频率 $f=\dfrac{1}{2\pi\sqrt{LC}}$必须稳定工作在基波频率点（50Hz 或 60Hz）。

2. 自动补偿逆变器输出无功功率

开展防孤岛保护能力检测时，*RLC* 负载能够自动补偿逆变器输出的无功功率，避免在检测过程过欠频触发保护，导致测量结果错误。

3. 元器件寄生参数的影响

防孤岛检测装置元器件寄生参数示意图如图 4-32 所示，*RLC* 负载的元器件寄生参数过大，会导致谐振频率偏差，*L* 与 *C* 数值每偏差 3%，会导致谐振频率偏差 0.8Hz。在逆变器防孤岛自动保护检测时，一定要避免谐振频率的过频或欠频触发保护，导致防孤岛保护试验测量数据及测量结果错误的现象。

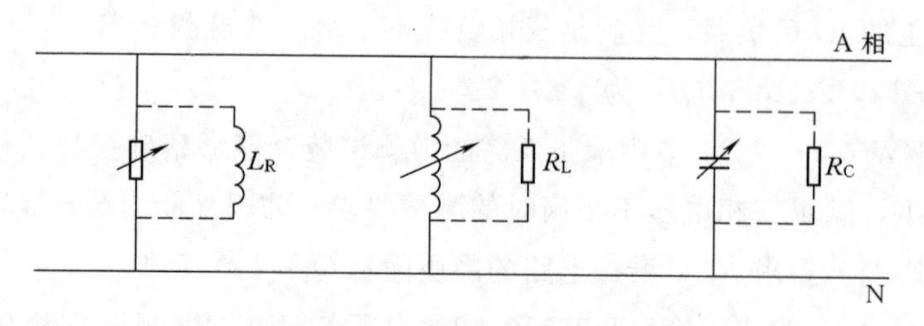

图4-32　防孤岛检测装置元器件寄生参数示意图

4. 负载工作稳定性

长时间检测时，电阻R发热可能引起阻值热漂移，从而引发的阻抗变动，影响检测结果。

4.4.3　品质因数选取

品质因数Q_f是孤岛检测负载谐振程度的一种表示，孤岛检测的性能并非受负载R、L、C的单独影响，而更多则是受负载品质因数的影响。因此，用品质因数作为盲区平面的一个坐标轴更能揭示内在规律。

一般认为谐振频率为工频的并联RLC负荷，可代表孤岛负荷最坏的情形，其中在选择RLC参数时牵涉到电路品质因数值的选取问题。IEEE Std. 929—2000中负载品质因数的定义为负载品质因数Q_f等于谐振时每周期最大储能与所消耗能量比值的2π倍。这里只考虑与电网频率接近的谐振频率，因为如果负载电路的谐振频率不同于电网频率，就有驱动孤岛系统的频率偏离频率正常工作范围的趋势。从定义中可以看出，负载品质因数越大，负载谐振能力越强，太小或太大的Q_f值都是不实际和不可取的。

如果谐振负载包含具体数值的并联电感L、电容C和有效电阻R，那么Q_f为

$$Q_f=R\sqrt{\frac{C}{L}} \tag{4-22}$$

式中　Q_f——品质因数；

R——有功负载阻抗；

C——无功负载电容量（包括并联电容器）；

L——无功负载电感。

当将C和L调谐到电源系统基频时，若以P表示谐振电路的有功功率；Q_L表示感抗负载中的无功功率；Q_C表示容抗负载中的无功功率，则Q_f为

$$Q_f=\frac{1}{P}\sqrt{|Q_L||Q_C|} \tag{4-23}$$

式中　P——有功功率，W；

Q_L——感性负载无功功率，var；

Q_C——容性负载无功功率，var。

如果被测设备输出侧有储能元件，在计算Q_f值时，应将该储能元件参数考虑进去。

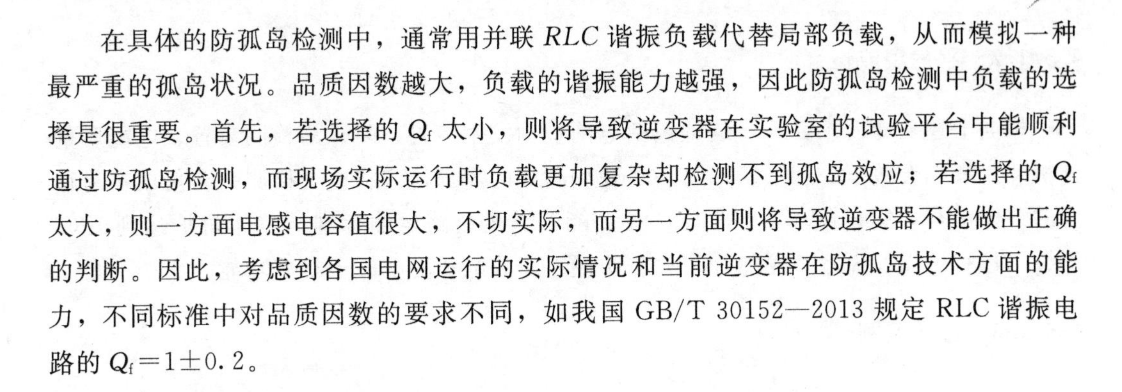

在具体的防孤岛检测中，通常用并联 *RLC* 谐振负载代替局部负载，从而模拟一种最严重的孤岛状况。品质因数越大，负载的谐振能力越强，因此防孤岛检测中负载的选择是很重要。首先，若选择的 Q_f 太小，则将导致逆变器在实验室的试验平台中能顺利通过防孤岛检测，而现场实际运行时负载更加复杂却检测不到孤岛效应；若选择的 Q_f 太大，则一方面电感电容值很大，不切实际，而另一方面则将导致逆变器不能做出正确的判断。因此，考虑到各国电网运行的实际情况和当前逆变器在防孤岛技术方面的能力，不同标准中对品质因数的要求不同，如我国 GB/T 30152—2013 规定 RLC 谐振电路的 $Q_f=1\pm0.2$。

4.5　光伏发电站移动检测平台

针对分布式光伏发电系统和大中型光伏发电站的不同发电特性，对应相关标准要求的并网性能技术指标也不同，因此建设不同的检测平台开展现场检测。本章将重点介绍分布式光伏发电系统移动检测平台和大中型光伏发电站移动检测平台。

4.5.1　分布式光伏发电系统移动检测平台

4.5.1.1　功能设计

根据相关标准的要求，同时结合配电网的特点和光伏发电系统接入配电网对电网的影响分析，平台功能包括以下方面：

1. 电能质量检测

电能质量检测主要包括谐波、电压和频率偏差、电压波动和闪变、三相电压不平衡度、直流分量等检测。主要检测发电系统稳态下的系统性能。与大规模光伏发电站电能质量相比，分布式光伏发电系统中逆变器不通过变压器与电网直接连接，直流分量可直接注入电网，所以增加直流分量作为发电系统电能质量指标之一。

2. 功率特性检测

功率特性检测主要包括辐照度、温度、光伏发电系统输出功率等测试，检测发电系统功率转换性能和输出功率特性等。主要考量光伏发电系统输出功率随辐照度和温度变化特性。

3. 电压/频率异常响应检测

电压/频率异常响应检测主要包括欠压/频、过压/频分闸时间检测。主要检测发电系统暂态下的系统性能。

4. 防孤岛保护性能检测

防孤岛保护性能检测主要检测出现孤岛时，发电系统的保护时间。

4.5.1.2　平台集成设计

根据上述功能需求，平台装置包括电网扰动发生装置、防孤岛检测装置、电能质量分析装置和综合数据处理系统。为满足现场测试的需求，应将整个检测平台集成在易移动的载体中，如集装箱、货柜车等，并且能够满足公路运输标准，整体防护达到 IP65 等级，具有抗震、隔音、隔热、防火、防撞、防静电和防电磁干扰等功能。

4.5.1.3　设计实例

2010 年 1 月，国家能源太阳能发电研发（实验）中心建成世界首套分布式光伏发电系统移动检测平台。该平台能够依据现有国内外标准，对接入电压 380V、容量为 200kW 及以下的分布式光伏发电系统或单元开展并网性能检测，包括电能质量检测、防孤岛保护能力检测、功率特性和电压/频率响应特性检测等。检测装置主要有电网扰动发生装置、防孤岛保护检测装置、电能质量分析仪、功率分析仪、气象参数监测装置等。检测平台检测原理图如图 4-33 所示。检测时，将平台串接在光伏发电系统并网点至电网之间，通过开关 S_1、S_2、S_3、S_4 之间的切换，实现各项目的检测。

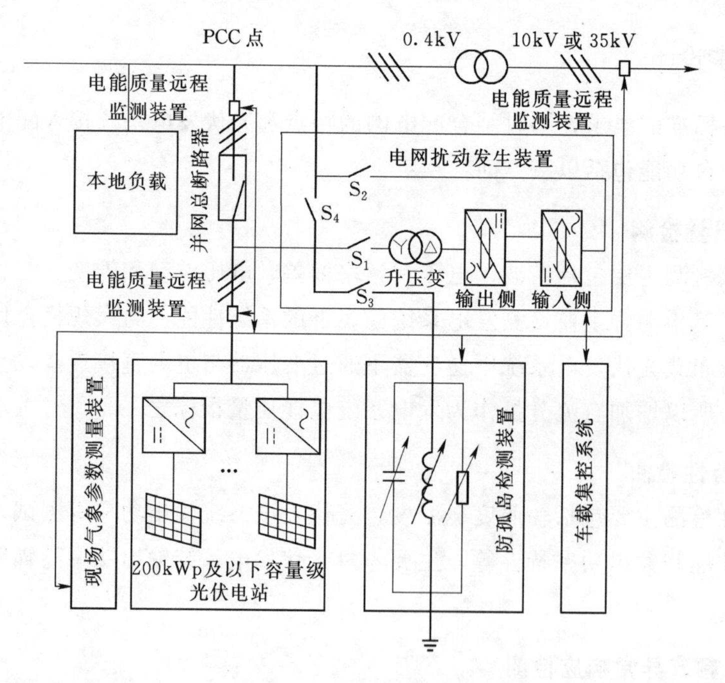

图 4-33　检测平台检测原理图

整个检测平台搭建在 12.192m 标准集装箱内，满足公路运输标准，现场配置灵活。整个集装箱分为主设备室和集控室两部分。

该检测平台关键设备主要技术参数如下：

1. 300kVA 电网扰动发生装置的参数

（1）变频/变压功能：装置具备输出电压的幅值和频率单独调节能力。

（2）外部设定功能：电网扰动发生装置根据中心集控系统的调节指令和调节参数对装置输出电压的幅值和频率进行设定。

（3）输出电压可编程：电网扰动发生装置输出电压的幅值和频率调节方式为斜波函数。其中，动作时间（指接收指令后到开始动作）、斜坡的斜率、初始值和目标值可通过中心集控系统进行设定。

（4）输出容量：300kVA。

（5）输出电压调节范围：0.1～0.65kV。

（6）装置输出频率变化范围：45～65Hz。

2. 200kW 防孤岛检测装置的参数

（1）负荷模拟功能：根据车载集控系统下发的指令，进行 R、L、C 自动设置，可任意组合模拟本地负载的各种工况，就地和远方均可操作。

（2）分挡控制阻性负载、感性负载和容性负载。

3. 气象参数监测装置的参数

（1）具备在光伏电站现场实时采集实时气象数据，并通过无线传输装置将数据上传至车载集控系统的能力。

（2）具备数据存储功能，数据存储深度为连续记录 1 个月以上。

（3）装置体积小，重量轻，组合式结构，方便布置与屋顶光伏阵列旁进行数据采集。

（4）自身配置供电系统（同时配置市电交流接口），阴天可持续工作天数为 7 天以上。

（5）测量内容包括总辐射、直接辐射、反射辐射、散射辐射、紫外辐射、日照时间、环境温度、组件温度、环境湿度、风速、风向、气压十二项指标。

4. 车载集控系统的参数

（1）集控装置由主控制器、分布式 I/O、人机交互平台（Human Machine Interface，HMI）、监控软件、电量采集系统、人员操作台、不间断（Uninterruptible Power Supply，UPS）电源等组成。

（2）满足现场检测时的现场监视、现场控制、实验保护、数据采集、数据分析、曲线绘制、报表输出等综合功能。

（3）操作台结构紧凑，满足车载空间要求，明显位置安装急停按钮开关。装置配备主控工作站和操作员工作站，主控工作站负责对现场检测系统模/数量的采集、状态监视、运行控制、报警显示、曲线绘制、报表输出等功能的实现。

（4）操作员工作站负责对现场检测系统的启停控制、采集量显示、状态显示、异常提醒、后台数据处理等功能的实现。

4.5.2　集中式光伏发电站移动检测平台

4.5.2.1　功能设计

集中式光伏发电站移动检测平台主要针对接入电网输电端的集中式光伏发电站开展现场检测，根据相关标准的要求，同时结合电网的特点和光伏发电站接入电网对电网的影响分析，平台包括以下功能：

1. 电能质量检测

大规模光伏发电站的电能质量检测包括电压偏差、电压波动和闪变、谐波/间谐波、三相电压不平衡度等检测。主要检测发电系统稳态下的系统性能，和分布式光伏发电系统相比，光伏发电站没有直流分量的检测。

2. 功率特性检测

大规模光伏发电站的功率特性检测主要包括有功功率输出特性、有功功率变化、有功功率控制能力、无功功率输出特性、无功功率控制能力。有功功率变化是指一定时间间隔内，光伏发电站有功功率最大值与最小值之差。因此，主要的测量参数应至少包括辐照度、温度、光伏发电站输出功率等。

3. 运行适应性检测

大规模光伏发电站的运行适应性检测主要包括电压适应性、频率适应性和电能质量适应性。

4. 低电压穿越能力检测

大规模光伏发电站的低电压穿越能力检测除了考量光伏发电站是否脱网运行，还应该考虑故障期间光伏发电站的动态无功支撑能力和故障恢复后的有功功率恢复能力。

5. 防孤岛保护能力检测

大规模光伏发电站的防孤岛保护能力检测主要检测出现孤岛时，光伏发电站防孤岛保护装置的动作时间。

4.5.2.2　平台集成设计

根据上述功能需求，检测平台包括电网扰动发生装置、低电压穿越检测装置、防孤岛保护性能检测装置、电能质量分析装置和综合数据处理系统。

我国集中式光伏发电站的容量从几兆瓦至几百兆瓦，并网点电压等级有 10kV、35kV 等，从装置大小、装置成本方面考虑，研制一台适用于不同发电站容量、不同电网电压等级的并网性能检测平台难以实现。我国典型的大规模光伏发电站由若干个光伏并网发电单元组成，光伏并网发电单元容量通常不大于 1MW，因此选择光伏并网发电单元作为低电压穿越和运行适应性的被测对象，光伏发电单元低电压穿越及运行适应性

检测示意图如图 4-34 所示，检测装置接入光伏发电单元并网点，通过多抽头电抗器或多抽头变压器即可满足不同电压等级并网单元的需求。

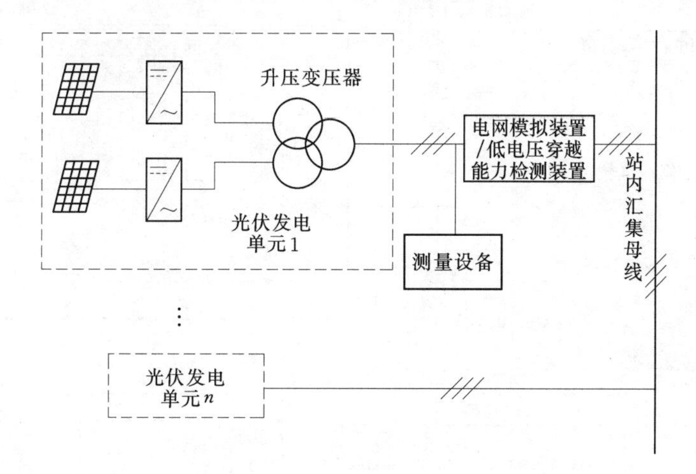

图 4-34　光伏发电单元低电压穿越及运行适应性检测示意图

4.5.2.3　设计实例

2011 年 7 月，国家能源太阳能发电研发（实验）中心建成世界首套大中型光伏电站移动检测平台。该平台将集控系统、兆瓦级低电压穿越检测装置、兆瓦级电网扰动发生装置、兆瓦级防孤岛保护性能检测装置、气象参数测量装置、功率检测装置和电能质量监测装置高度集成，集中式大中型光伏发电站并网检测平台电气原理图如图 4-35 所示。

平台充分考虑现场检测的要求，整个检测平台搭建在 8 台 6.096m 标准集装箱体和一辆厢式车中。由于兆瓦级电网扰动装置体积较大，装置由 4 台 6.096m 标准集装箱搭载，分别包括降压变压器集装箱、升压变压器集装箱、功率单元集装箱和断路器集装箱。兆瓦级防孤岛保护检测装置由 2 台 6.096m 标准集装箱搭载，包括防孤岛检测装置集装箱和变压器集装箱。兆瓦级阻抗分压式低电压穿越检测装置由 2 台 6.096m 标准集装箱搭载。集控系统安装在 1 台 6.096m 厢式车内，气象参数测量装置、功率检测装置和电能质量监测装置均放置在集控系统货柜车内，使用时可将其取出并安装在监测点进行检测。

1. 车载集控系统设计

集中式大中型光伏发电站并网检测平台车载集控系统以一辆特种厢式车为载体，包括主控制柜、琴式操作台、配电隔离变压器、配电柜、手动电缆卷筒、电量采集系统、工具仪表柜等。外部电源通过隔离变压器连接至主控制柜来给整个平台供电。电量采集系统、车载通信组件和 UPS 电源安装在主控制柜内，主控制柜负责整个平台的通信以及提供稳定可靠的电源。

车载集控装置对整个检测系统进行统一操控、数据采集以及分析处理。总体功能为

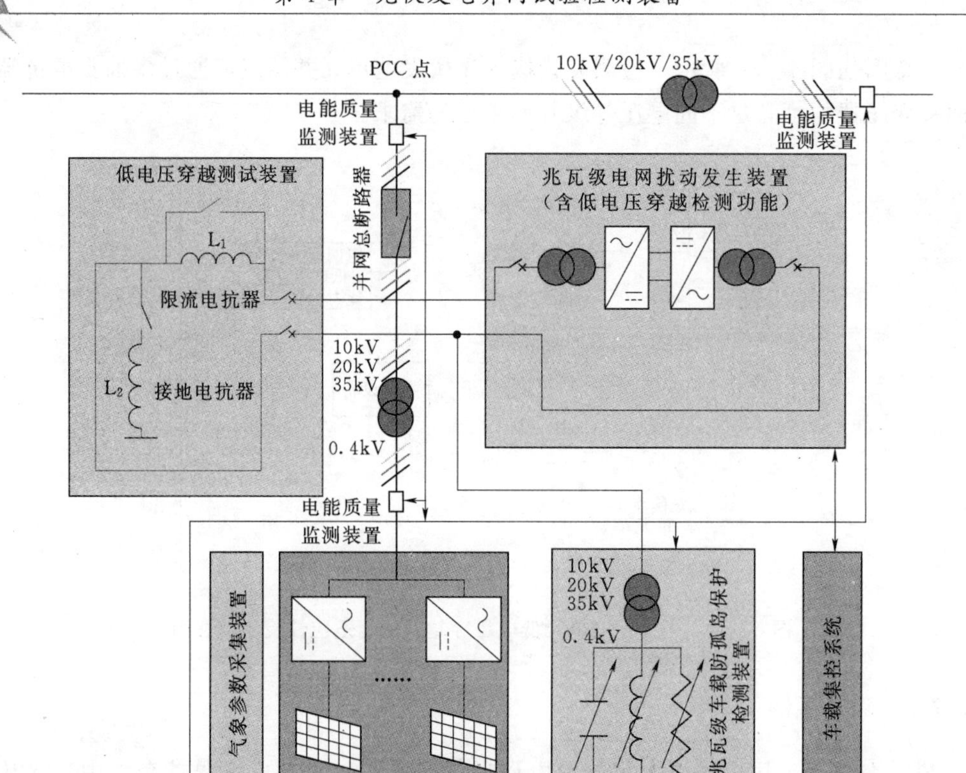

图4-35 集中式大中型光伏发电站并网检测平台电气原理图

具有大中型光伏发电站现场检测时的现场监视、现场控制、实验保护、数据采集、数据分析、曲线绘制、报表输出等综合功能。操作台结构紧凑，满足车载空间要求，系统集成后满足现行EMC标准，明显位置安装急停按钮开关。

车载集控系统硬件配置由主控工作站、操作员工作站、GPS时钟子系统、网络交换设备、输入输出设备（打印机、显示器、键盘、鼠标）、配电屏等构成。主控工作站负责对现场检测系统模/数量的采集、状态监视、运行控制、报警显示、曲线绘制、报表输出等功能；操作员工作站负责对现场检测系统的启停控制、采集量显示、状态显示、异常提醒、后台数据处理等功能。装置具有优良的可靠性和功能扩展性，预留相应软硬件资源扩展接口。

应用软件系统满足模块化结构，具有良好的实时响应速度和可扩充性。具有出错检测能力，当某个应用软件出错时，除有错误信息提示外，不影响其他软件的正常运行。应用程序和数据在结构上互相独立。车载集控系统可通过快速接插头和矩形接插件与低电压穿越检测车、防孤岛检测车进行连接，与各检测装置进行通信并提供二次回路电源。

2. 兆瓦级电网扰动发生装置设计

移动式兆瓦级电网扰动发生装置安装在4台集装箱内，如图4-36所示，分别为断路器集装箱、升压变压器集装箱、降压变压器集装箱和低电压穿越功率单元集装箱。

图 4-36 移动式兆瓦级电网扰动发生装置

兆瓦级电网扰动发生装置一次回路接线图如图 4-37 所示，被测光伏发电站并网点通过进路断路器连接设备，并通过 35kV 电缆与 1 号变压器集装箱相连。经过降压变降压后通过 3kV 电缆进入功率单元箱。功率单元箱出口与 2 号变压器相连接，经过升压变后再通过 35kV 电缆与出线断路器对接，出线断路器通过 35kV 电缆与被测光伏发电站相连。检测装置 4 个集装箱的地线两两相连，并通过功率单元车连接到集控车。

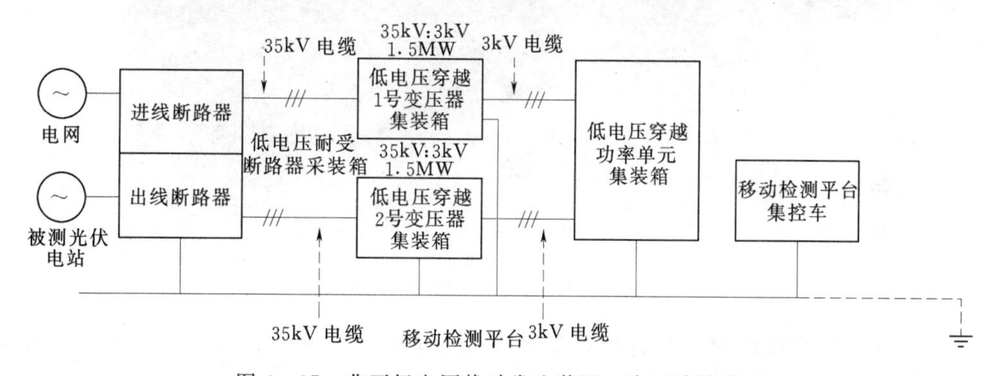

图 4-37 兆瓦级电网扰动发生装置一次回路接线图

兆瓦级电网扰动发生装置的二次回路接线图如图 4-38 所示。集控系统车从光伏发

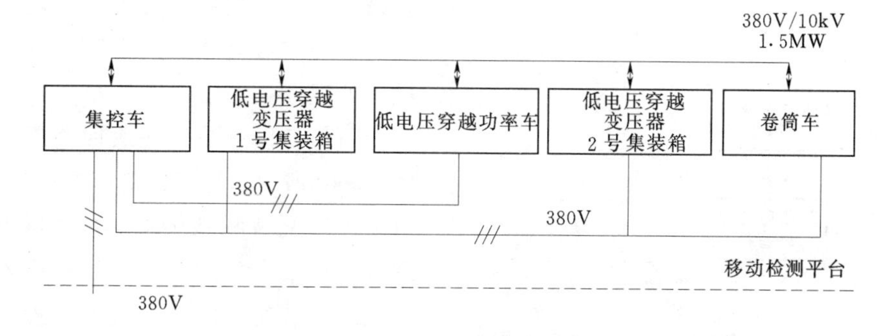

图 4-38 兆瓦级电网扰动发生装置二次回路接线图

电站现场或者应急电源车取 380V 用电，配给兆瓦级电网扰动发生装置的 4 台集装箱二次用电。集控车与兆瓦级电网扰动发生装置功率单元箱相连，再由功率单元箱配给其他各集装箱。

整套兆瓦级电网扰动发生装置的 4 台集装箱通信信号由功率单元箱与集控车相连，箱与箱之间信号线通过矩形接插件直接相连。

3. 兆瓦级防孤岛保护性能检测装置设计方案

1MW 防孤岛检测装置具有检测大中型光伏发电站防孤岛能力的功能，整个防孤岛检测平台安装在 2 台 6.096m 集装箱中，其中防孤岛 *RLC* 负载单独安装在 1 台 6.096m 标准集装箱中，为其配套的变压器和电缆卷筒安装在另一个 6.096m 标准集装箱中。1MW 移动式防孤岛检测装置如图 4-39 所示。

图 4-39　1MW 移动式防孤岛检测装置

1MW 移动式防孤岛检测装置体积和散热满足集装箱空间设计要求，集装箱内部主要设备包括 *RLC* 三相负载、二次控制回路、散热装置、显示屏和断路器等。集装箱内部布局按照各装置实际尺寸和重量，合理布置，重心点合理，具有通风散热处理等。

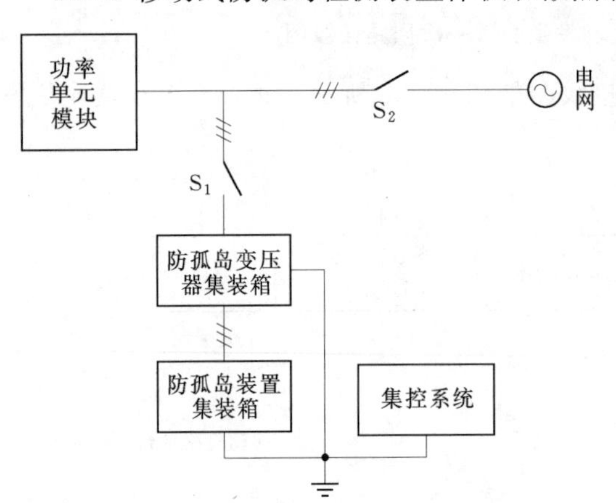

图 4-40　防孤岛检测装置一次回路原理图

防孤岛检测装置一次回路原理图如图 4-40 所示，防孤岛变压器通过 35kV 电缆连接至被测光伏发电站并网点，从现场光伏发电站取电，降压后进入防孤岛负载集装箱。防孤岛检测装置 2 台集装箱和集控车的地线互相连接，S_1 为负

载分离开关，S_2 为网侧开关。

防孤岛穿越检测装置二次回路接线图如图 4－41 所示。集控系统车从光伏发电站现场或者应急电源车取 380V 用电，配给防孤岛检测装置的 2 台集装箱二次用电。通信信号由信号线与集控车相连，箱与箱之间信号线通过矩形接插件直接相连。

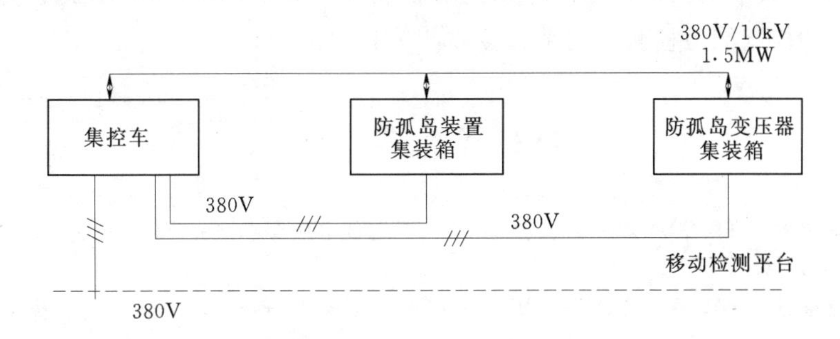

图 4－41　防孤岛穿越检测装置二次回路接线图

4. 兆瓦级低电压穿越能力检测装置

兆瓦级低电压穿越能力检测装置具有检测大中型光伏发电站并网单元低电压穿越能力的功能，整个平台安装在 2 台 6.096m 集装箱中，其中限流电抗器和接地电抗器安装在一个 6.096m 标准集装箱中，为其配套的变压器和开关柜安装在另一个 6.096m 标准集装箱中。

为满足跌落幅度覆盖（0～90%）U_n 范围，每间隔 5%U_n 内分布有跌落点，电抗器采用多抽头设置，通过连接电抗器的不同抽头来实现短路阻抗和限流阻抗的组合，本低电压穿越检测装置限流电抗器设置 4 抽头，短路电抗器设置 5 抽头，多抽头电抗器结构图如图 4－42 所示。

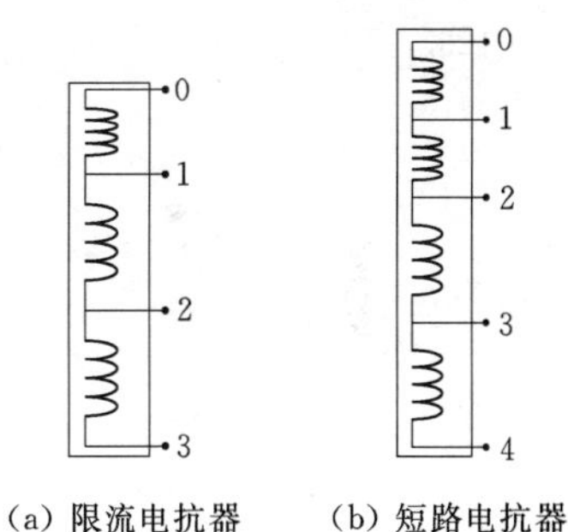

(a) 限流电抗器　　(b) 短路电抗器

图 4－42　多抽头电抗器结构图

5. 电能质量监测装置

电能质量监测装置搭载在大中型光伏发电站检测平台集控车内，用来记录被测光伏发电站并网点和公共连接点的各项电能质量参数，包括平均输出电压、平均输出电流、输出功率、功率因数、电压偏差、频率偏差、电压/电流谐波含量与畸变率、三相电压不平衡度、直流分量和电压波动与闪变等。

6. 气象参数测量装置

气象参数测量装置搭载在大中型光伏发电站检测平台集控车内，使用时安装于被测光伏发电站典型气象条件区域，用来记录被测光伏发电站气象数据，作为功率特性检测的依据。测量的数据主要包括总辐射、直接辐射、反射辐射、散射辐射、紫外辐射、日照时间、组件温度、环境温度、环境湿度、风速、风向、气压。气象参数测量装置采用蓄电池加太阳能电池板或市电浮充方式，可保证连续 7 天无日照或市电连续停电 7 天正常工作。

7. 功率检测装置

功率检测装置能对光伏发电站输出的有功功率、无功功率、功率因数等进行测量，完成有功/无功控制能力检测、功率因数检测等相关试验。

参　考　文　献

[1] 梁亮，李建林，许洪华．双馈感应式风力发电系统低电压穿越研究 [J]. 电力电子技术，2008，42 (3)：19 - 21.

[2] 武健，信家男，徐殿国．可编程电压质量扰动发生装置研究 [J]. 电力电子技术，2009，43 (10)：37 - 38.

[3] 赵剑锋，王浔，潘诗锋．大功率电能质量信号发生装置设计及实验研究 [J]. 电力系统自动化，2005，29 (20)．

[4] 李红涛，张军军，包斯嘉，等．小型并网光伏电站移动检测平台设计与开发 [J]. 电力系统自动化，2011，35 (19)：39 - 42.

[5] 胡书举，李建林，梁亮，等．风力发电用电压跌落发生器研究综述 [J]. 电力自动化设备，2008，28 (2)：101 - 103.

[6] 王宾，潘贞存，徐丙垠．配电系统电压跌落问题的分析 [J]. 电网技术，2004，28 (2)：56 - 59.

[7] 林小进，吴蓓蓓，李红涛，等．光伏电站测控系统设计 [J]. 电测与仪表，2013，50 (9)：119 - 123.

第5章 光伏发电并网试验检测案例

5.1 基于GB/T 19964—2012的逆变器试验检测案例

本节以国内某公司生产的500kW逆变器送检样品的低电压穿越试验和电能质量试验为例，介绍GB/T 19964—2012中低电压穿越和电能质量试验的实验室检测方法，并对测试结果进行分析。

5.1.1 被测逆变器概况

逆变器是光伏系统中将直流电转换成符合电网要求的交流电的关键设备，其性能的好坏直接会影响到光伏系统以及其接入系统的安全稳定运行，本案例所测逆变器主要技术参数见表5-1，被测逆变器电路拓扑图如图5-1所示。

表5-1 被测逆变器电气参数

直流侧参数		交流侧参数	
直流母线启动电压/V	500	额定输出功率/kW	500
最低直流母线电压/V	500	最大输出功率/kW	550
最高直流母线电压/V	1000	额定网侧电压/V	320
满载MPPT电压范围/V	500～850	允许网侧电压范围/V	272～368
最佳MPPT工作点电压/V	600	额定电网频率/Hz	50
最大输入电流/A	1100	交流额定输出电流/A	902

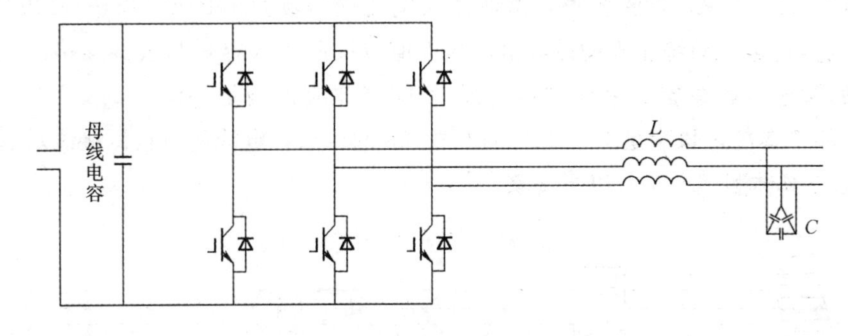

图5-1 被测逆变器电路拓扑图

5.1.2 试验检测方案

本案例中逆变器测试依据标准为GB/T 19964—2012，测试设备包括功率分析仪、示波器、电能质量分析仪，各项检测具体方案如下。

1. 低电压穿越

并网光伏逆变器低电压穿越性能测试使用阻抗分压原理的电压跌落发生装置模拟电网电压跌落，电压跌落发生装置原理图如图 5－2 所示。根据标准要求，光伏逆变器的低电压穿越测试应至少选取 5 个跌落点，其中应包含 $0\%U_n$ 和 $20\%U_n$ 跌落点，其他各点应分布在（$20\%\sim50\%$）U_n、（$50\%\sim75\%$）U_n、（$75\%\sim90\%$）U_n 3 个区间内。本次测试选取 $0\%U_n$、$20\%U_n$、$40\%U_n$、$60\%U_n$、$80\%U_n$ 及 $90\%U_n$ 共 6 个跌落电压点，并按照标准中曲线要求选取跌落时间，每个跌落电压点分别包含重载、轻载三相对称跌落和重载、轻载各单相不对称跌落。低电压穿越检测接线示意图如图 5－3 所示，在高压侧实现电压跌落，逐次进行测试，在高压侧实现分别记录逆变器交流侧输出电压和电流。

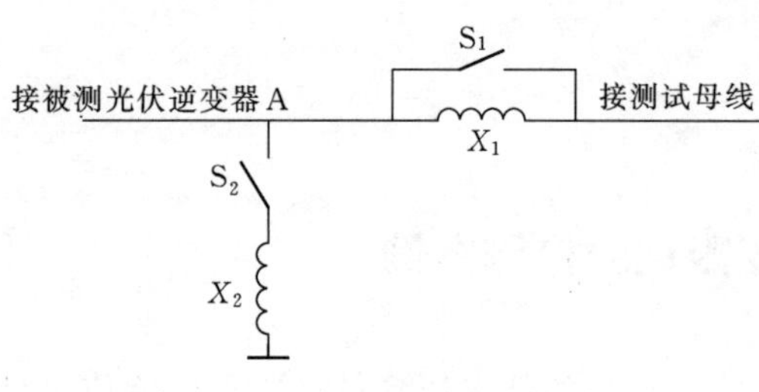

图 5－2　电压跌落发生装置原理图

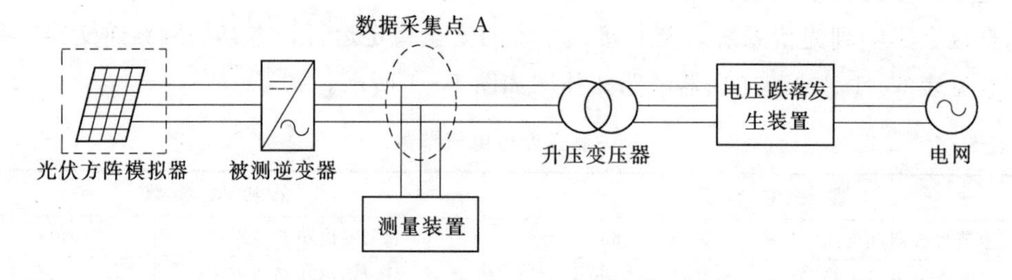

图 5－3　低电压穿越检测接线示意图

2. 电能质量

根据标准规定，要求逆变器接入系统后，其接入公共连接点的电压波动和闪变值应满足 GB/T 12326—2008 的要求，谐波注入电流应该满足 GB/T 14549—1993 的要求（其中并网点向电力系统注入的谐波电流允许值应按照接入容量与公共连接点上具有谐波源的发/供电设备总容量之比进行分配），间谐波应该满足 GB/T 24337—2009 的要求，电压不平衡度应该满足 GB/T 15543—2008 的要求，电能质量检测接线示意图如图 5－4 所示，具体测试方案有以下步骤：

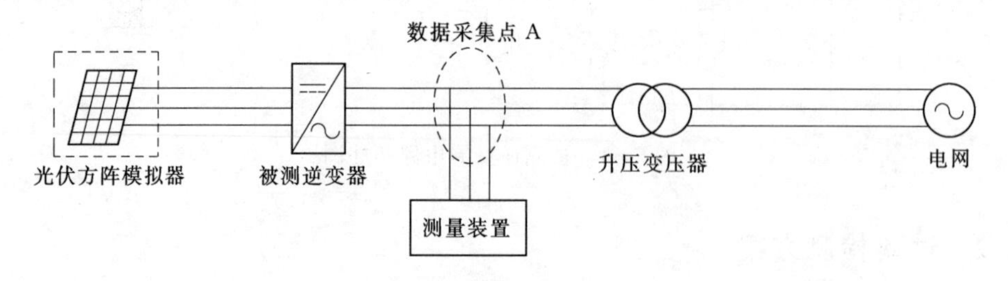

图 5－4　电能质量检测接线示意图

(1) 不平衡度。电压与电流不平衡度测试时控制无功功率输出 Q 趋近于零，从光伏逆变器持续正常运行的最小功率开始，每递增 10%的光伏逆变器额定功率为一个区间，每个区间内连续测量 10min 时段内的 200 个负序电压不平衡度，记录其负序电压不平衡度测量值的 95%概率大值以及所有测量值中的最大值。

(2) 谐波与间谐波。电流谐波与间谐波测试时控制光伏逆变器无功功率输出 Q 趋近于零，从光伏逆变器持续正常运行的最小功率开始，每递增 10%的光伏逆变器额定功率为一个区间，每个区间均进行检测，测量时间为 10min。

(3) 闪变。闪变测试时控制光伏逆变器无功功率输出 Q 趋近于零，从光伏逆变器持续正常运行的最小功率开始，每递增 10%的光伏逆变器额定功率为一个区间，在每个功率区间内，每 10min 记录一组电压闪变强度数据，每个功率区间测量 2 次。

5.1.3 试验检测结果与分析

5.1.3.1 低电压穿越试验检测结果与分析

由于篇幅限制，此处给出典型的跌落点：重载 0%U_n 三相对称跌落、重载 40%U_n 三相对称跌落及重载 60%U_n 的 A 相不对称跌落各一次的测试结果。

1. 重载 0%U_n 三相对称跌落测试

测试时，环境温度为 19℃，相对湿度为 45%。测得故障发生时和故障恢复时的线电压瞬时值、相电流瞬时值变化曲线如图 5-5～图 5-8 所示。可以看出跌落持续时间达到了标准所要求的在 0%U_n 跌落时的 150ms。

计算得到测试过程中逆变器出口侧线电压、无功电流有效值变化曲线图如图 5-9 所示；故障期间，电流正序、负序、零序分量有效值变化曲线图如图 5-10 所示；故障

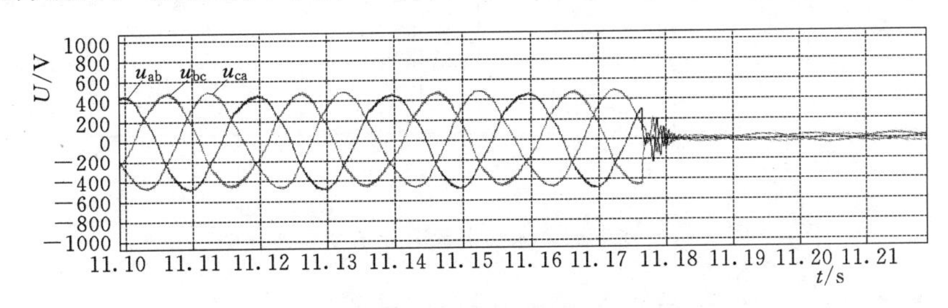

图 5-5　故障发生时线电压瞬时值变化曲线图

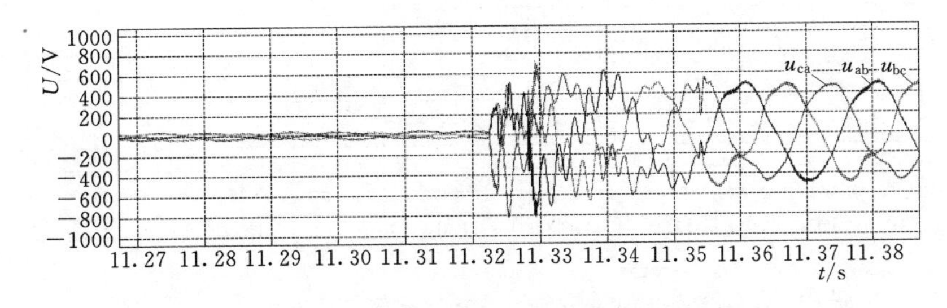

图 5-6　故障恢复时线电压瞬时值变化曲线图

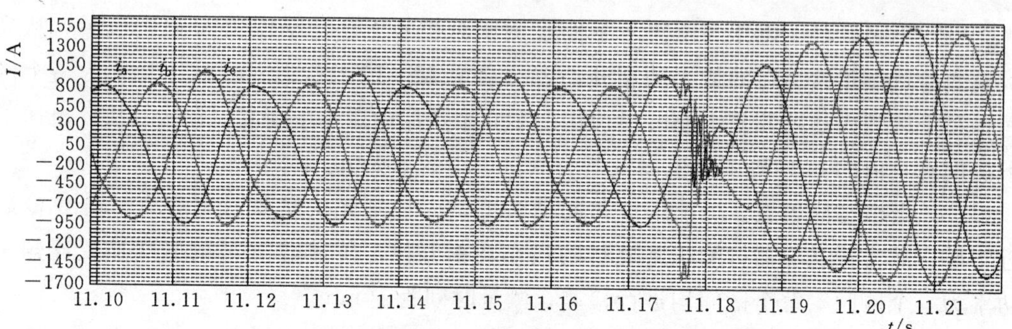

图5-7　故障发生时相电流瞬时值变化曲线图

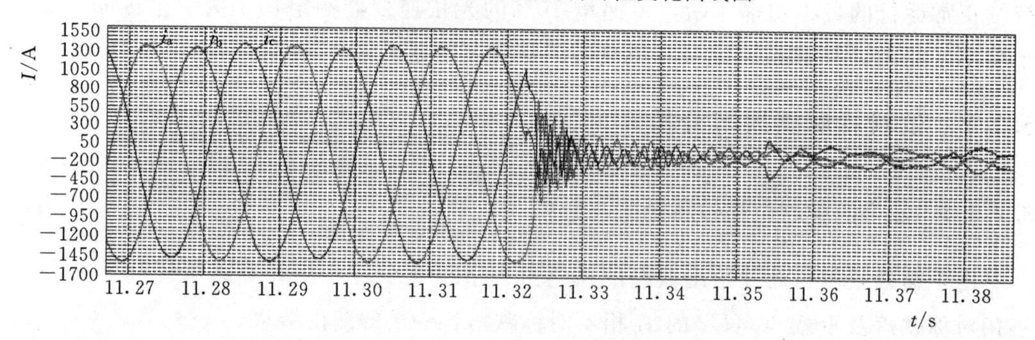

图5-8　故障恢复时相电流瞬时值变化曲线图

期间，无功电流动态响应变化曲线图如图5-11所示；有功功率、无功功率平均值变化曲线图如图5-12所示；重载0%U_n三相对称跌落测试参数指标见表5-2。

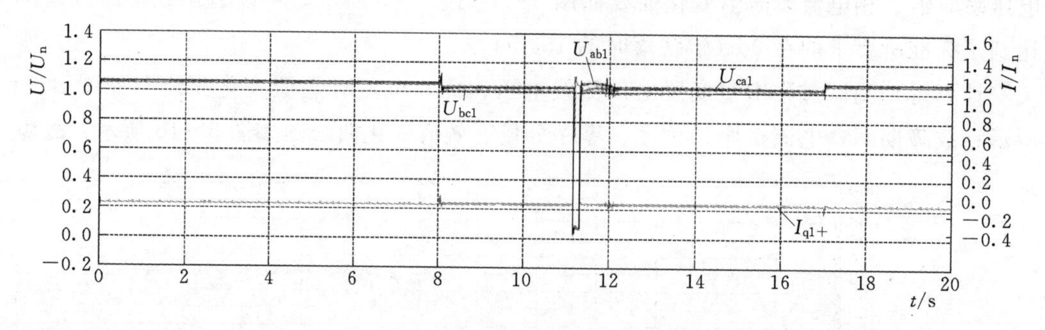

图5-9　线电压、无功电流有效值变化曲线图

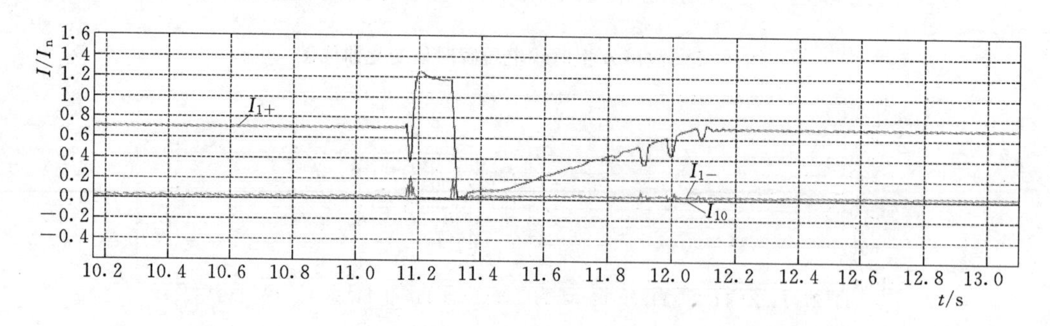

图5-10　故障期间电流正序、负序、零序分量有效值变化曲线图

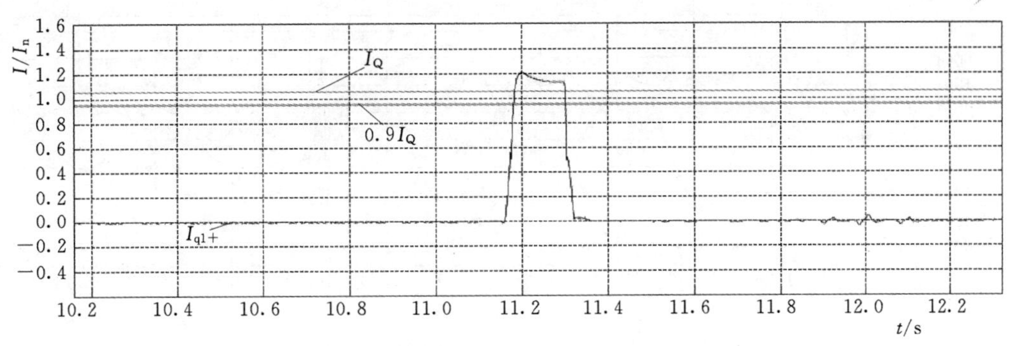

图 5-11 故障期间无功电流动态响应变化曲线图

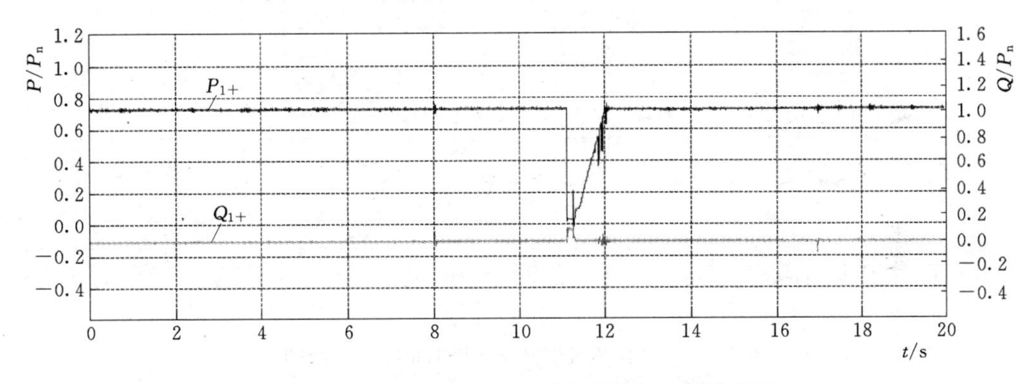

图 5-12 有功功率、无功功率平均值变化曲线图

表 5-2 重载 0%U_n 三相对称跌落测试参数指标

测试指标	实测计算值	标准参考值
暂态跌落深度/%	2	[0, 5]（空载）
稳态跌落深度/%	6	—
跌落开始时刻/s	11.16	—
跌落结束时刻/s	11.33	—
跌落持续时间 t_f/ms	167	≥150
功率恢复时间 t_r/s	0.78	—
平均功率恢复速率/(%P_n·s^{-1})	90	≥30
无功电流响应时间 t_{res}/ms	24	≤30
无功电流注入持续时间 t_{last}/ms	143	—
无功电流注入有效值/A	976	≥947
最大无功注入电流/A	1082	—

2. 重载 40%U_n 三相对称跌落测试

测试时，环境温度为 19℃，相对湿度为 45%。测得故障发生时和故障恢复时的线电压瞬时值、相电流的瞬时值变化曲线如图 5-13～图 5-16 所示，可以看出跌落持续时间达到了标准所要求的在 20%U_n 跌落时的 1018ms。

计算得到测试过程中逆变器出口侧线电压、无功电流有效值变化曲线图如图 5-17 所示，故障期间，电流正序、负序、零序分量有效值变化曲线图如图 5-18 所示，故障

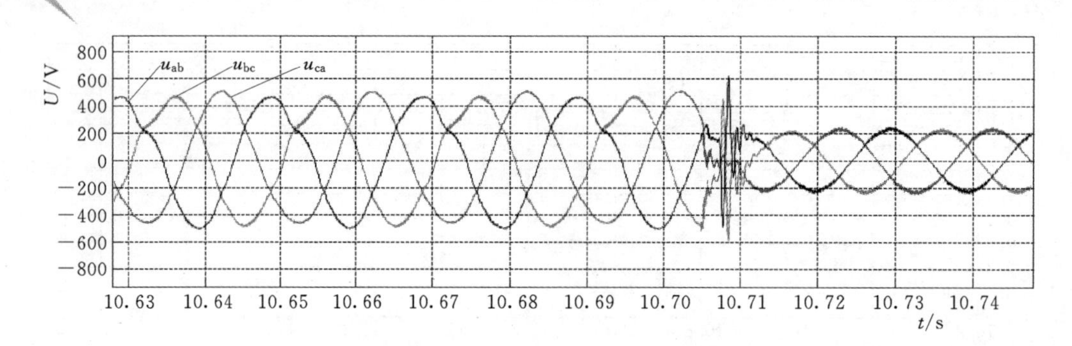

图5-13　故障发生时线电压瞬时值变化曲线图

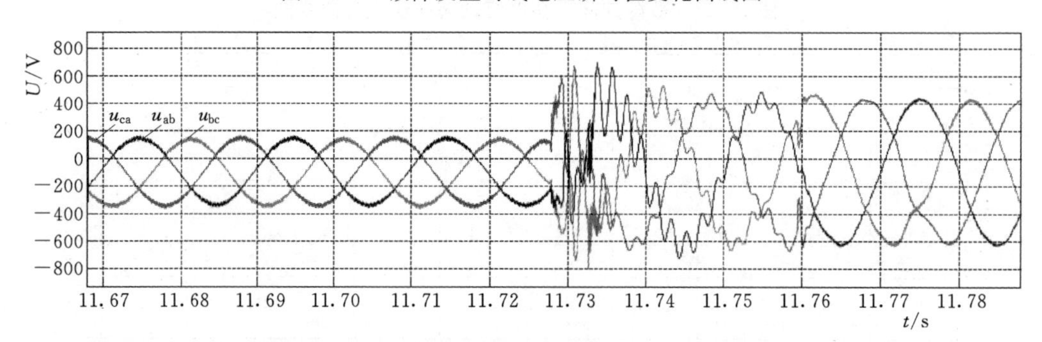

图5-14　故障恢复时线电压瞬时值变化曲线图

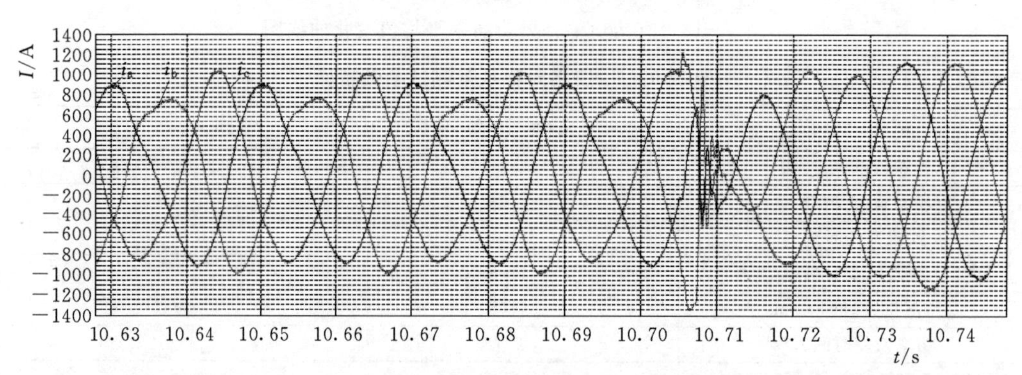

图5-15　故障发生时相电流瞬时值变化曲线图

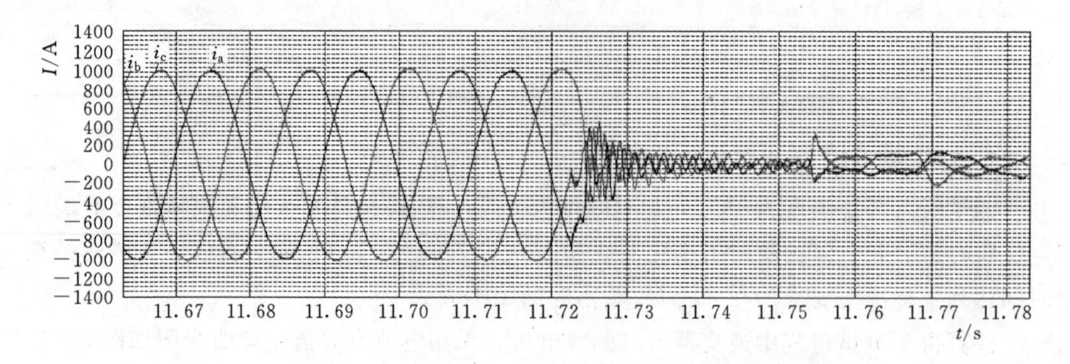

图5-16　故障恢复时相电流瞬时值变化曲线图

期间，无功电流动态响应变化曲线图如图 5－19 所示，有功功率、无功功率平均值变化曲线图如图 5－20 所示，重载 40%U_n 三相对称跌落测试参数指标见表 5－3。

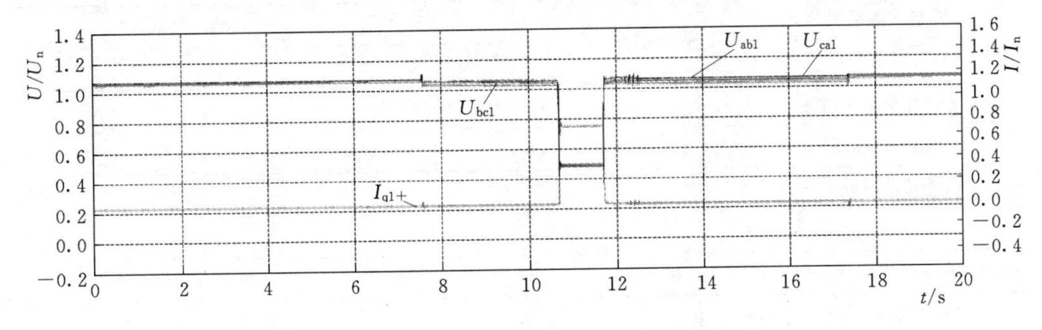

图 5－17　线电压、无功电流有效值变化曲线图

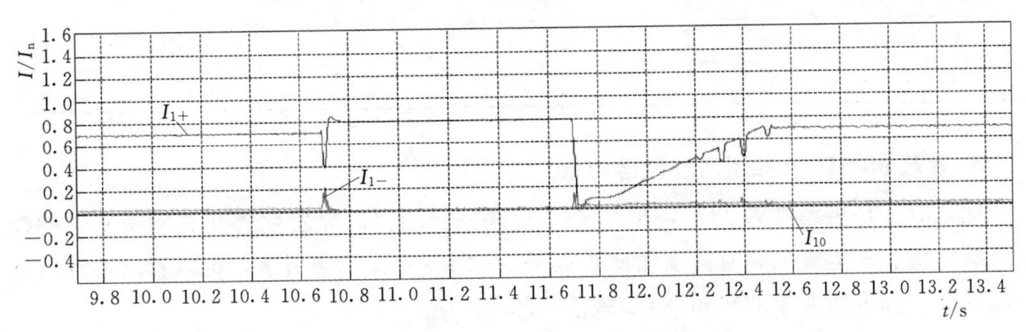

图 5－18　故障期间电流正序、负序、零序分量有效值变化曲线图

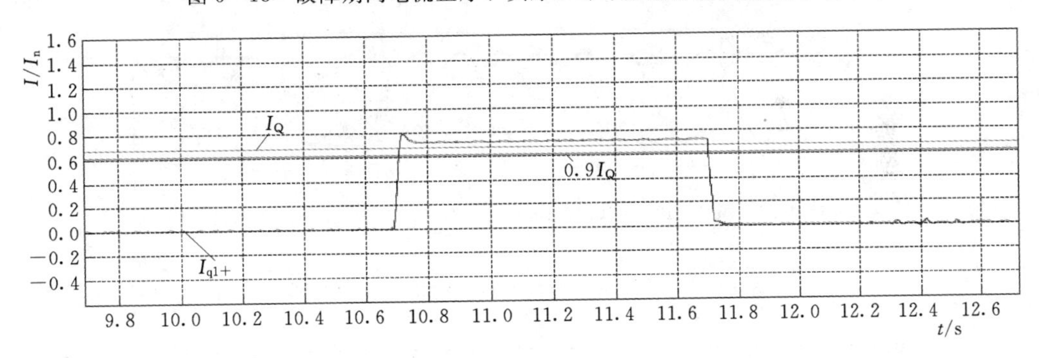

图 5－19　故障期间无功电流动态响应变化曲线图

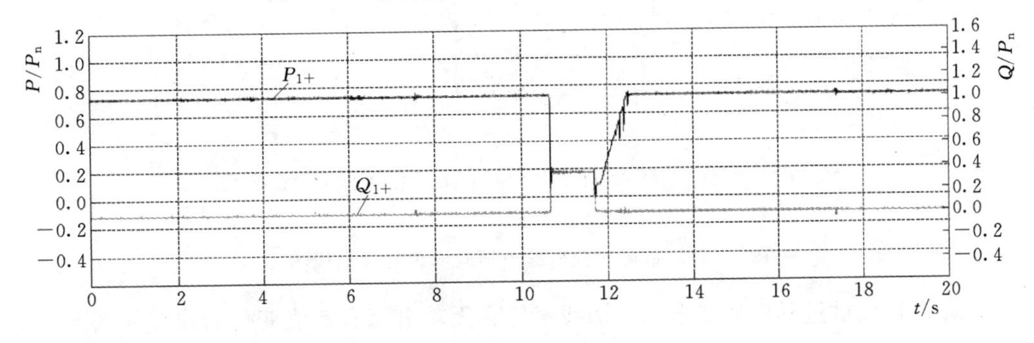

图 5－20　有功功率、无功功率平均值变化曲线图

表5-3 重载40%U_n三相对称跌落测试参数指标

测试指标	实测计算值	标准参考值
暂态跌落深度/%	38	40±5（空载）
稳态跌落深度/%	45	—
跌落开始时刻/s	10.69	—
跌落结束时刻/s	11.72	—
跌落持续时间 t_f/ms	1037	≥1018
功率恢复时间 t_r/s	0.78	—
平均功率恢复速率/(%P_n·s^{-1})	67	≥30
无功电流响应时间 t_{res}/ms	25	≤30
无功电流注入持续时间 t_{last}/ms	1012	—
无功电流注入有效值/A	634	≥598
最大无功注入电流/A	699	—

3. 重载60%U_n A相不对称跌落测试

测试时，环境温度为22℃，相对湿度为50%。测得故障发生时和故障恢复时的线电压瞬时值、相电流的瞬时值变化曲线如图5-21～图5-24所示，可以看出跌落持续时间达到了标准所要求的在60%U_n跌落时的1411ms。

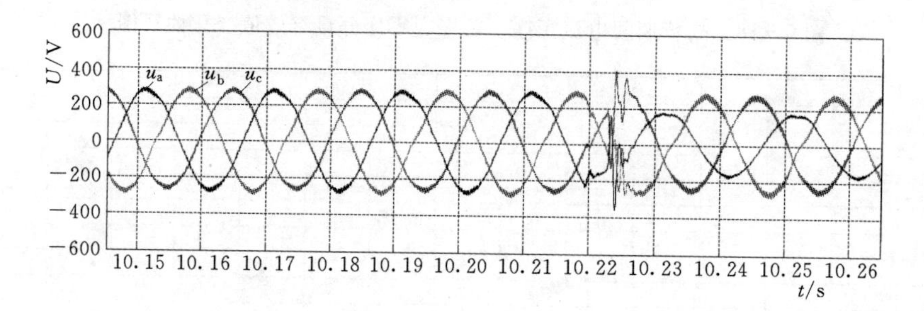

图5-21 故障发生时线电压瞬时值变化曲线图

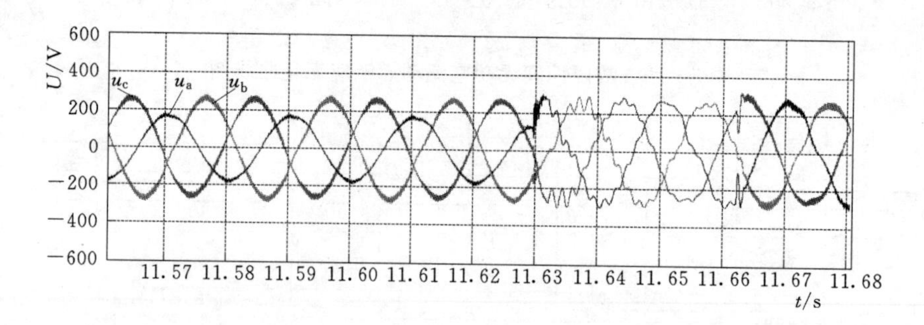

图5-22 故障恢复时线电压瞬时值变化曲线图

计算得到测试过程中逆变器出口侧线电压、无功电流有效值变化曲线图如图5-25所示，故障期间，电流正序、负序、零序分量有效值变化曲线图如图5-26所示，故障

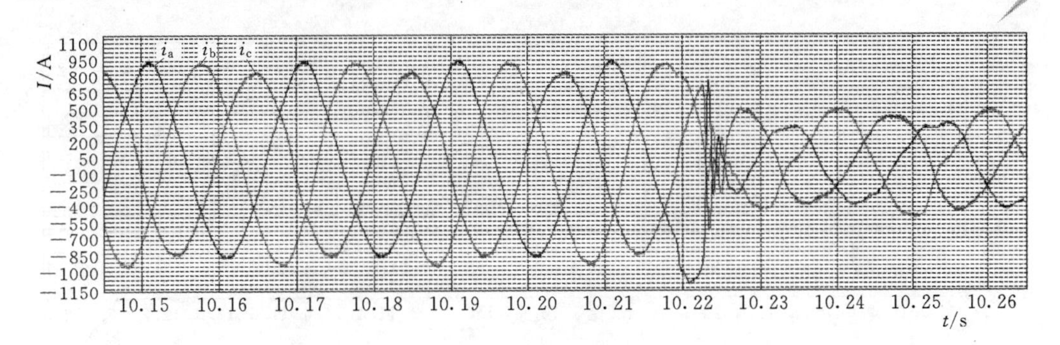

图 5-23　故障发生时相电流瞬时值变化曲线图

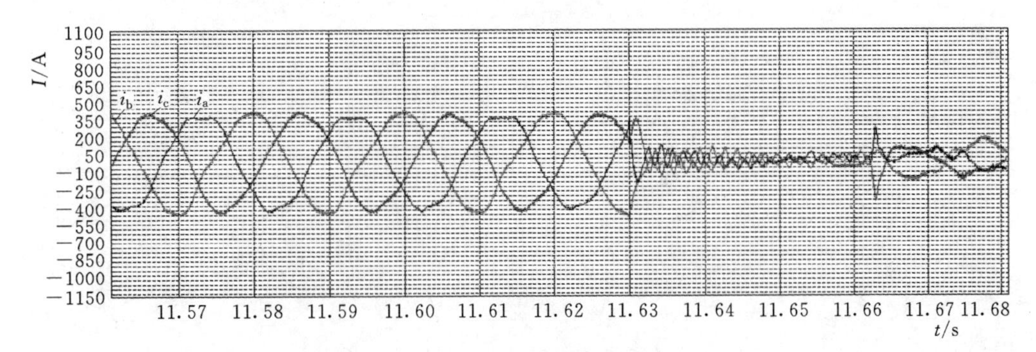

图 5-24　故障恢复时相电流瞬时值变化曲线图

期间，无功电流动态响应变化曲线图如图 5-27 所示，有功功率、无功功率平均值变化曲线图如图 5-28 所示，重载 60%U_n A 相不对称跌落测试参数指标见表 5-4。

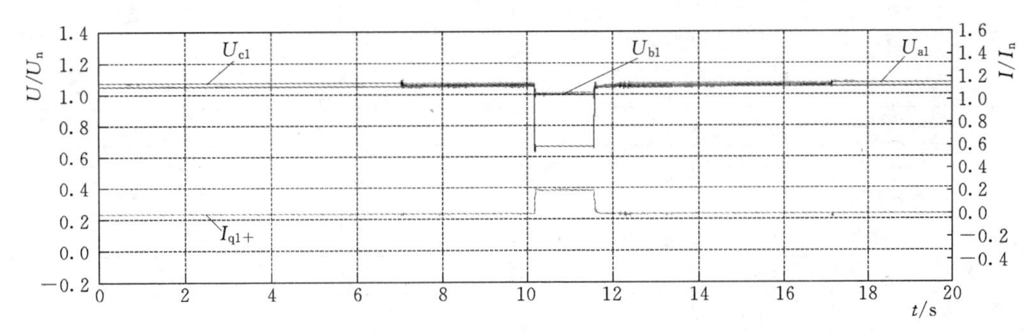

图 5-25　线电压、无功电流有效值变化曲线图

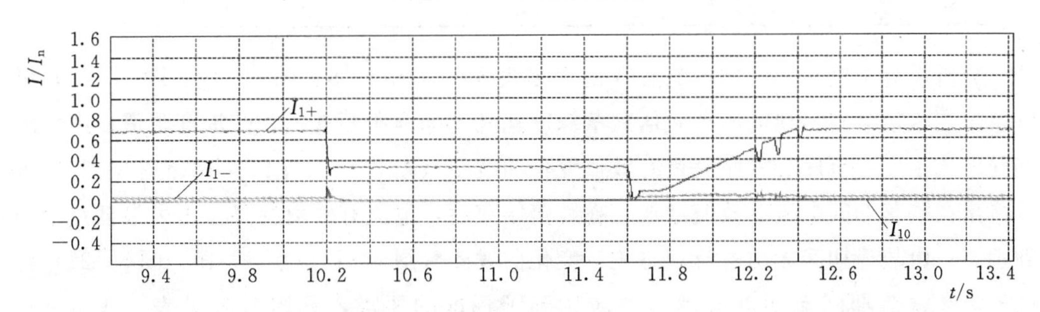

图 5-26　故障期间电流正序、负序、零序分量有效值变化曲线图

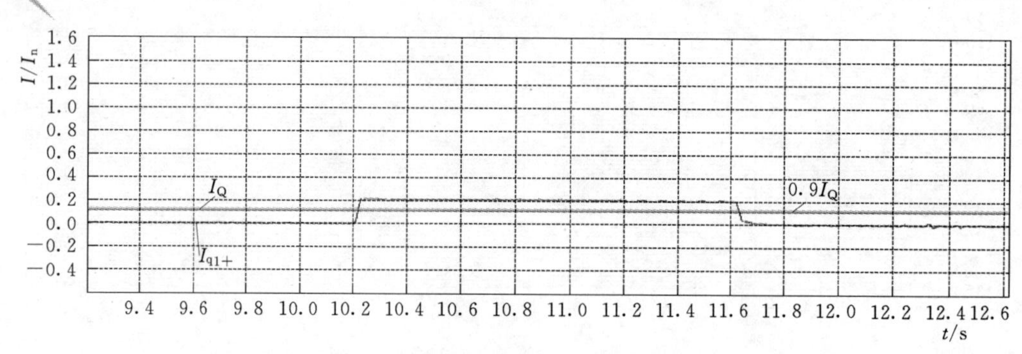

图5-27 故障期间无功电流动态响应变化曲线图

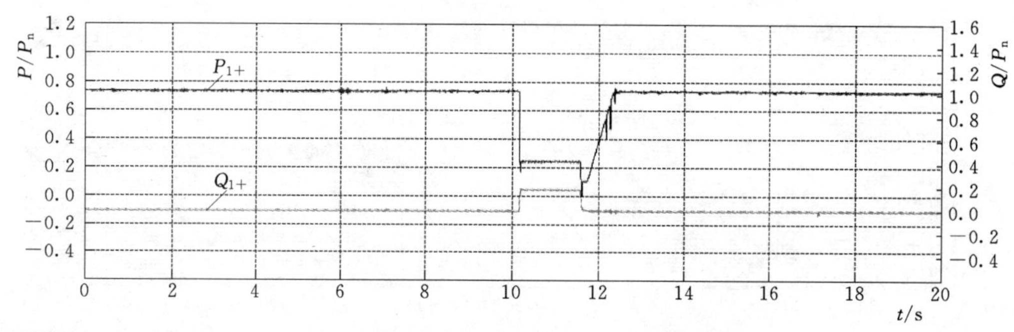

图5-28 有功功率、无功功率平均值变化曲线图

表5-4　　重载60%U_nA相不对称跌落测试参数指标

测试指标	实测计算值	标准参考值
暂态跌落深度/%	59	60±5（空载）
稳态跌落深度/%	63	—
跌落开始时刻/s	10.21	—
跌落结束时刻/s	11.62	—
跌落持续时间 t_f/ms	1415	≥1411
功率恢复时间 t_r/s	0.81	—
平均功率恢复速率/(%P_n·s^{-1})	63	≥30
无功电流响应时间 t_{res}/ms	11	≤30
无功电流注入持续时间 t_{last}/ms	1404	—
无功电流注入有效值/A	179	≥101
最大无功注入电流/A	188	—

分析计算线电压、无功电流有效值变化曲线图（图5-9、图5-17、图5-25）可以看出在跌落期间，线电压有效值跌落深度达到了标准所要求的跌落深度限值；由故障期间电流正序、负序、零序分量有效值变化曲线图（图5-10、图5-18、图5-26）可以看出在跌落期间电流有效值增加，在跌落结束后，电流有效值突降，再由最低点增加到稳态；由故障期间无功电流动态响应变化曲线图（图5-11、图5-19、图5-27）可以看出在跌落期间无功电流动态响应达到了标准的要求，具体时限见表（表5-2、表5-3、表5-4）；由有功功率、无功功率平均值变化曲线图（图5-12、图5-20、

图 5-28）可以看出在跌落期实现了无功、有功的切换。

综上所述，该送检样品在测试点的电压跌落与恢复期间该送检样品均能不间断并网运行；该送检样品在测试期间，均能够按要求正确响应并发出无功电流，具备动态无功电流支撑能力；该送检样品在故障消除后，能够以较快的有功功率变化率恢复至故障前功率值，符合标准要求。

5.1.3.2 电能质量试验检测结果与分析

本案例中电能质量检测内容包含不平衡度、谐波与间谐波、闪变三项。其中谐波与间谐波测试结果数据量较大，在此案例中只给出 A 相电流的谐波与间谐波测试结果。

按照上述测试方法测得三相电压不平衡度检测结果表见表 5-5，三相电流不平衡度检测结果表见表 5-6，A 相电流谐波子群有效值见表 5-7，A 相电流间谐波中心子群有效值见表 5-8，A 相电压闪变值见表 5-9，B 相电压闪变值见表 5-10，C 相电压闪变值见表 5-11。将表中数据绘图后得图 5-29～图 5-36。从表 5-5 中可以明显看出三相电压不平衡度满足标准所要求的 95%概率大值应不大于 2%，实测最大值不大于 4%；从图 5-30～图 5-32 可以看出 A 相各次谐波电流有效值的最大不超过 6A，按照实验室电压标准电压和基准短路容量计算，该项结果也满足标准要求；从图 5-36 可知三相短时间闪变值在各功率段的两次测试的最大值小于 0.5，远小于标准所规定的限制，符合标准要求。

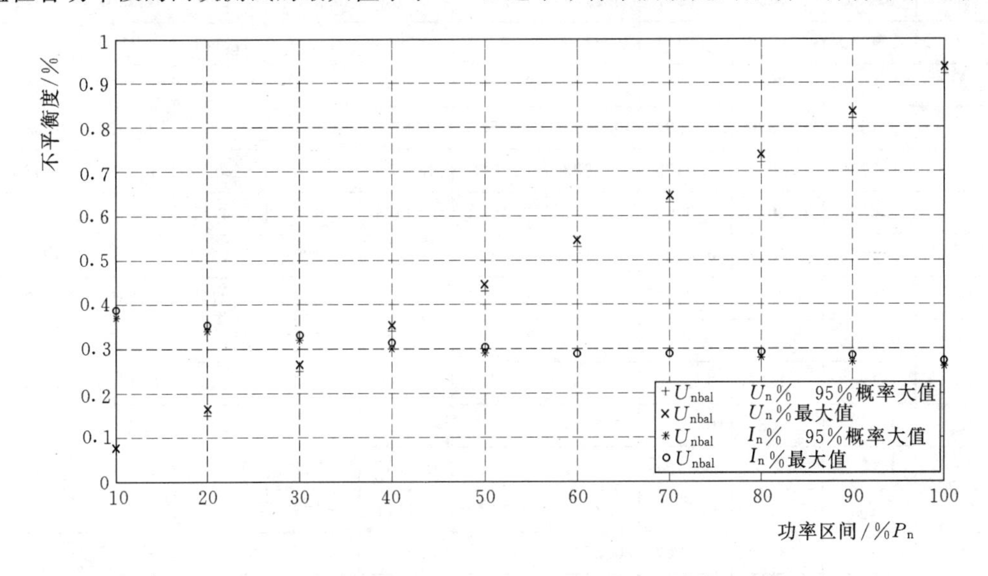

图 5-29 三相电压不平衡度、三相电流不平衡度示意图

表 5-5 三相电压不平衡度检测结果表

	实际功率									
	10%P_n	20%P_n	30%P_n	40%P_n	50%P_n	60%P_n	70%P_n	80%P_n	90%P_n	100%P_n
95%大值	0.06%	0.15%	0.25%	0.34%	0.43%	0.53%	0.63%	0.72%	0.82%	0.91%
实测最大值	0.07%	0.17%	0.26%	0.35%	0.44%	0.54%	0.64%	0.73%	0.83%	0.93%

表 5－6　　三相电流不平衡度检测结果表

	实际功率									
	10%P_n	20%P_n	30%P_n	40%P_n	50%P_n	60%P_n	70%P_n	80%P_n	90%P_n	100%P_n
95%大值	0.38%	0.33%	0.32%	0.3%	0.29%	0.29%	0.29%	0.28%	0.27%	0.25%
实测最大值	0.39%	0.35%	0.33%	0.31%	0.31%	0.29%	0.29%	0.29%	0.28%	0.27%

表 5－7　　A 相电流谐波子群有效值　　单位：A

谐波次数	功率区间									
	10%P_n	20%P_n	30%P_n	40%P_n	50%P_n	60%P_n	70%P_n	80%P_n	90%P_n	100%P_n
1	95	189	282	373	465	556	667	726	813	928
2	0.3483	0.4231	0.4536	0.5359	0.6142	0.6868	0.9111	0.7691	0.9986	1.3188
3	0.2916	0.3168	0.3177	0.3428	0.3708	0.3793	0.4979	0.467	0.4909	0.5935
4	0.4596	0.4028	0.3884	0.5115	0.5597	0.6685	0.6934	0.7084	0.7619	0.8459
5	5.1134	4.0852	3.5939	3.2486	3.2777	3.6078	3.7487	4.1534	4.792	5.5905
6	0.2161	0.2567	0.2828	0.2419	0.2682	0.2849	0.3061	0.3481	0.3351	0.4296
7	3.1437	2.807	2.8374	2.3505	2.105	2.4152	3.307	3.5703	3.949	4.4823
8	0.2244	0.3272	0.5599	0.6367	0.7624	0.6715	0.5942	0.5987	0.5959	0.5901
9	0.201	0.1891	0.2047	0.2188	0.2379	0.2486	0.2537	0.2762	0.3207	0.3741
10	1.4719	1.5386	1.6117	1.3399	1.0756	0.953	1.277	1.3516	1.4345	1.5356
11	1.865	0.7536	1.4356	1.8354	1.8299	1.5544	0.9849	1.4649	2.4256	3.3311
12	0.1556	0.1886	0.1984	0.1698	0.1585	0.176	0.1834	0.2036	0.2439	0.2774
13	1.2759	1.4652	1.0126	0.6633	0.8202	1.3579	1.6708	1.59	1.4421	1.3307
14	0.6529	0.4048	0.5459	0.3997	0.4928	0.5538	0.4966	0.4759	0.4434	0.4285
15	0.1406	0.1516	0.1424	0.1491	0.1428	0.1654	0.1908	0.1552	0.163	0.1855
16	0.3816	0.2533	0.3163	0.2539	0.2406	0.2201	0.2022	0.2173	0.2372	0.2257
17	0.1686	0.123	0.441	0.4612	0.4733	0.2267	0.1335	0.1341	0.1004	0.1661
18	0.1248	0.1327	0.1356	0.1336	0.1409	0.1306	0.1368	0.1451	0.1448	0.1531
19	0.2898	0.5083	0.2046	0.2994	0.417	0.4217	0.2885	0.2234	0.2305	0.1984
20	0.1305	0.207	0.2194	0.2341	0.1722	0.2733	0.2213	0.1871	0.1789	0.1855
21	0.1049	0.1121	0.1125	0.1119	0.1126	0.1111	0.1325	0.1098	0.0855	0.0928
22	0.3918	0.4597	0.1507	0.3742	0.2233	0.2616	0.4679	0.4574	0.3277	0.2781
23	0.3733	0.2812	0.2269	0.2024	0.4168	0.486	0.3542	0.2891	0.1728	0.0935
24	0.0781	0.0843	0.0905	0.0865	0.095	0.0947	0.103	0.0922	0.0989	0.0935
25	0.2007	0.1888	0.1332	0.1861	0.2845	0.2776	0.2663	0.2176	0.2413	0.1855
26	0.1872	0.2259	0.14	0.1879	0.1393	0.1135	0.2002	0.2176	0.1625	0.1751
27	0.0841	0.09	0.0844	0.0781	0.0929	0.1011	0.0721	0.0726	0.0813	0.0928
28	0.1184	0.1129	0.1544	0.1117	0.1857	0.1666	0.133	0.0726	0.1534	0.1855

续表

谐波次数	功率区间									
	10%P_n	20%P_n	30%P_n	40%P_n	50%P_n	60%P_n	70%P_n	80%P_n	90%P_n	100%P_n
29	0.1122	0.1076	0.1125	0.11	0.0929	0.1111	0.1335	0.1451	0.0994	0.0928
30	0.1508	0.1505	0.1411	0.1489	0.1393	0.1666	0.1335	0.1451	0.1563	0.1852
31	0.1006	0.1129	0.1125	0.1117	0.0929	0.1111	0.1335	0.1224	0.0813	0.0928
32	0.116	0.1522	0.1144	0.1333	0.1406	0.1588	0.133	0.1387	0.1613	0.1762
33	0.0607	0.0572	0.0563	0.0738	0.0475	0.0556	0.0668	0.0726	0.0813	0.0928
34	0.087	0.0555	0.0844	0.0745	0.0465	0.0556	0.0668	0.0726	0.0813	0.0928
35	0.0341	0.0378	0.0284	0.0373	0.0465	0.0556	0.0668	0.0726	0.0813	0.0809
36	0.0273	0.0272	0.0282	0.0373	0.0465	0.0552	0.0648	0.0546	0.0673	0.0496
37	0.0279	0.035	0.0282	0.0373	0.0465	0.0556	0.0661	0.0724	0.0813	0.0919
38	0.0643	0.0756	0.0844	0.0745	0.0917	0.093	0.0673	0.0726	0.0813	0.0928
39	0.063	0.0585	0.0565	0.0744	0.0824	0.0556	0.0668	0.0563	0.0419	0.0771
40	0.0669	0.0377	0.0563	0.0501	0.0465	0.0556	0.0668	0.0726	0.0813	0.0928
41	0.0286	0.0375	0.0282	0.0373	0.0465	0.0556	0.063	0.0529	0.0471	0.0538
42	0.0224	0.0232	0.0282	0.0368	0.0388	0.032	0.0401	0.0179	0.0129	0.0001
43	0.0213	0.0215	0.0282	0.0369	0.0378	0.023	0.0463	0.02	0.0082	0.0067
44	0.0752	0.0753	0.0844	0.0745	0.0761	0.0556	0.0668	0.0726	0.0813	0.0928
45	0.0358	0.0373	0.0282	0.0373	0.046	0.0485	0.0668	0.0722	0.0813	0.0921
46	0.0643	0.0563	0.0563	0.0745	0.0929	0.1111	0.0668	0.0726	0.0813	0.0928
47	0.0296	0.0376	0.0282	0.0373	0.0465	0.0549	0.0348	0.02	0.0116	0.0067
48	0.019	0.0195	0.0282	0.0368	0.0406	0.0258	0.0423	0.0155	0.0082	0.0001
49	0.0283	0.0352	0.0282	0.0373	0.0465	0.0556	0.0321	0.009	0.0001	0.0001
50	0.1124	0.1055	0.1138	0.1271	0.137	0.1506	0.1368	0.1451	0.1594	0.144

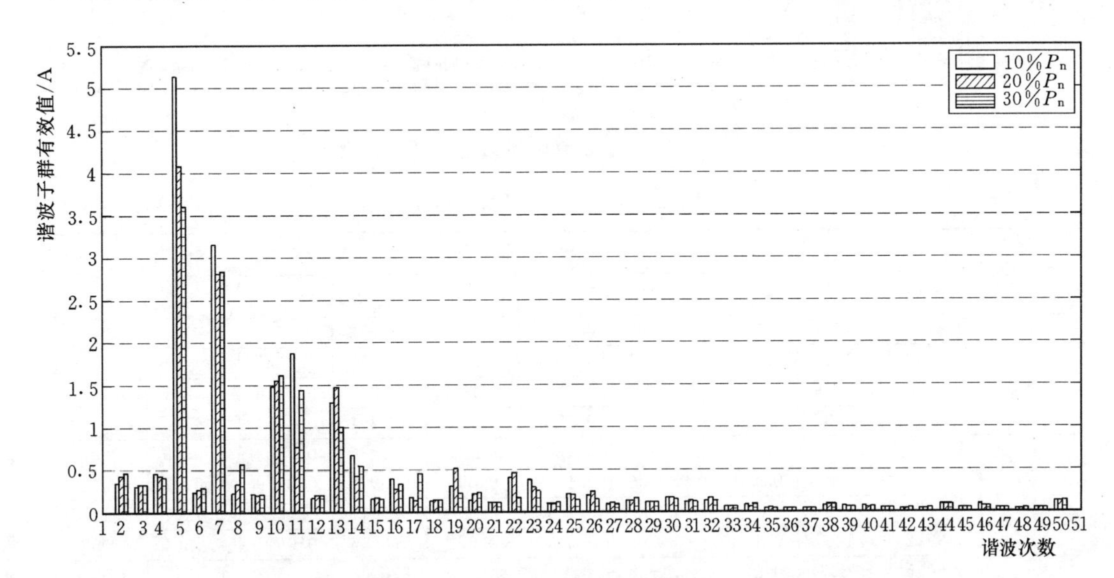

图 5-30 (10%～30%)P_n 功率区间 A 相电流谐波含量柱状图

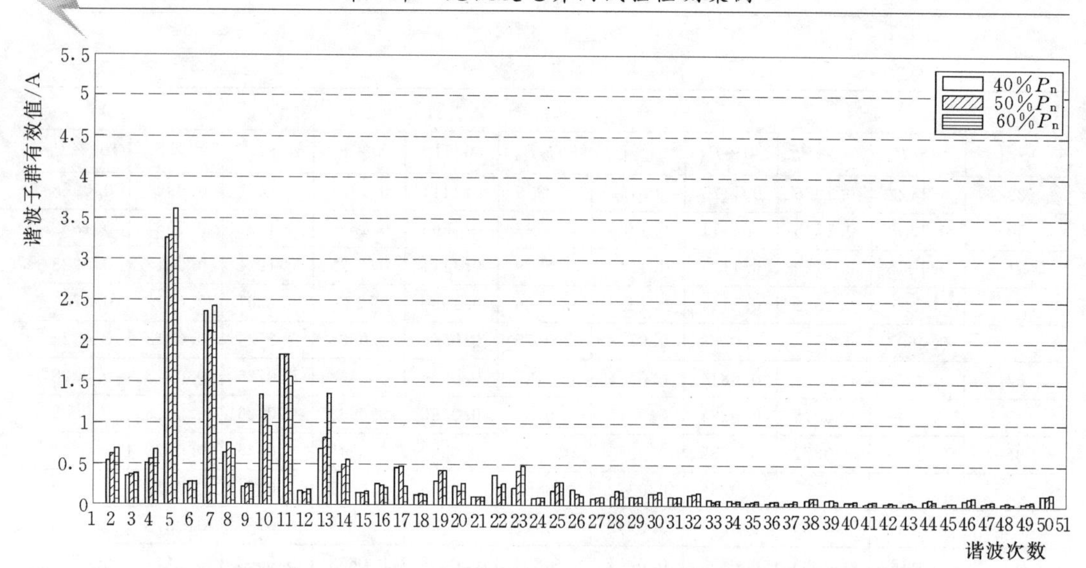

图5-31　(40%～60%)P_n 功率区间A相电流谐波含量柱状图

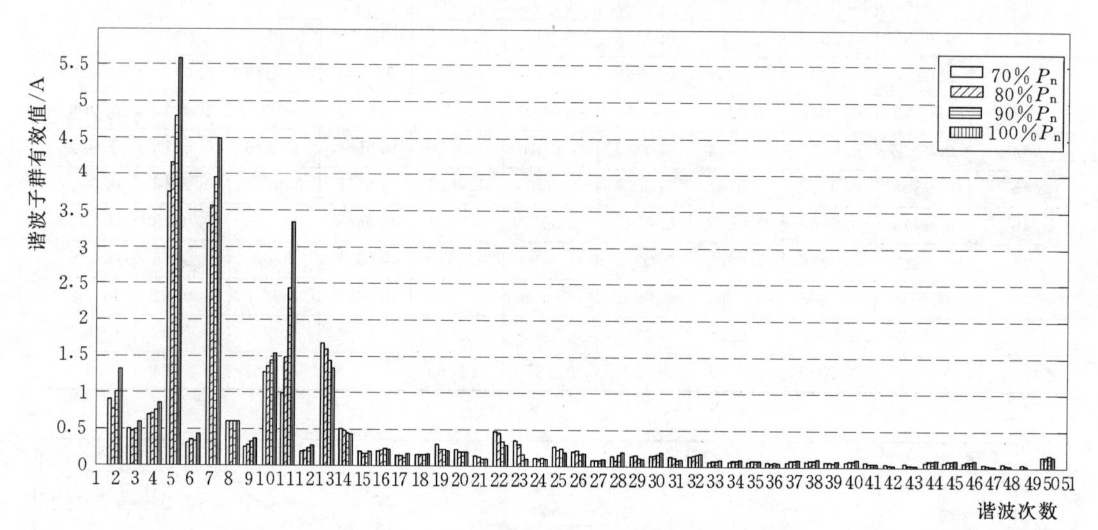

图5-32　(70%～100%)P_n 功率区间A相电流谐波含量柱状图

表5-8　　　A相电流间谐波中心子群有效值　　　单位：A

间谐波	功率区间									
	10%P_n	20%P_n	30%P_n	40%P_n	50%P_n	60%P_n	70%P_n	80%P_n	90%P_n	100%P_n
1	2.3189	1.1651	0.7789	0.6488	0.7981	0.8482	1.1772	0.4558	1.0441	1.2461
2	0.7697	0.4195	0.2829	0.2251	0.1937	0.1689	0.1676	0.1385	0.1296	0.1344
3	1.504	0.7509	0.499	0.3817	0.3106	0.2601	0.2264	0.2048	0.1841	0.1687
4	0.6549	0.3533	0.2391	0.2215	0.1781	0.1443	0.1291	0.1181	0.1123	0.1062
5	0.5543	0.2811	0.1936	0.1508	0.1244	0.1051	0.0887	0.0803	0.0699	0.07
6	0.4293	0.2384	0.1619	0.1336	0.1109	0.091	0.0973	0.0879	0.0807	0.0703
7	1.1773	0.6226	0.4023	0.308	0.2512	0.2136	0.1817	0.1688	0.1467	0.1277
8	0.3922	0.1869	0.1136	0.101	0.0809	0.072	0.0616	0.0611	0.0604	0.0593
9	0.6095	0.303	0.2024	0.1638	0.134	0.1143	0.0903	0.0808	0.0715	0.0674
10	0.8063	0.2474	0.17	0.1547	0.127	0.1166	0.0977	0.0758	0.0577	0.0591

续表

间谐波	功率区间									
	10%P_n	20%P_n	30%P_n	40%P_n	50%P_n	60%P_n	70%P_n	80%P_n	90%P_n	100%P_n
11	0.2656	0.1526	0.1223	0.11	0.0976	0.0754	0.0885	0.0607	0.0525	0.0695
12	0.2592	0.1427	0.0933	0.0749	0.0626	0.0516	0.0409	0.0397	0.0336	0.0339
13	0.6139	0.1993	0.0865	0.0899	0.0589	0.0357	0.0369	0.0347	0.0397	0.0395
14	0.3674	0.2382	0.1184	0.0704	0.0506	0.0392	0.0502	0.0506	0.0501	0.05
15	0.1732	0.0906	0.059	0.0471	0.04	0.0304	0.0468	0.0402	0.0328	0.0303
16	0.1876	0.1229	0.0788	0.0711	0.061	0.0483	0.0397	0.0401	0.0363	0.0302
17	0.3384	0.1718	0.0936	0.0525	0.0599	0.0533	0.0399	0.0301	0.0201	0.0201
18	0.1346	0.0746	0.052	0.0403	0.0321	0.0301	0.023	0.0202	0.0201	0.0201
19	0.1535	0.068	0.0517	0.0444	0.044	0.0397	0.0292	0.0213	0.0201	0.0201
20	0.4923	0.212	0.123	0.0951	0.0747	0.0663	0.0601	0.0504	0.0491	0.0401
21	0.1634	0.0785	0.0504	0.0402	0.0306	0.0257	0.0206	0.0201	0.0201	0.02
22	0.4959	0.2329	0.1396	0.0903	0.0802	0.0701	0.0615	0.0601	0.0509	0.0478
23	0.2323	0.1218	0.0892	0.0801	0.0701	0.0501	0.0358	0.0301	0.0262	0.0201
24	0.172	0.087	0.0594	0.0479	0.0399	0.0317	0.0299	0.0223	0.0202	0.0201
25	0.4009	0.2047	0.1501	0.1203	0.0901	0.0701	0.0496	0.0401	0.0401	0.0301
26	0.8446	0.4368	0.3001	0.2301	0.1796	0.1404	0.1201	0.1101	0.0902	0.0802
27	0.1728	0.0855	0.057	0.0403	0.0328	0.0301	0.021	0.0202	0.0201	0.0201
28	0.4396	0.2301	0.1502	0.1097	0.0816	0.0701	0.0601	0.0537	0.0501	0.0426
29	1.7184	0.8299	0.5422	0.4101	0.3301	0.2801	0.2301	0.2104	0.1901	0.1701
30	0.1524	0.0799	0.0511	0.0402	0.0315	0.0301	0.0246	0.0203	0.0199	0.0201
31	1.2418	0.6301	0.4201	0.3101	0.2488	0.2001	0.1701	0.1503	0.1401	0.1201
32	0.3319	0.1601	0.1101	0.0801	0.0701	0.0601	0.0501	0.0401	0.0401	0.0355
33	0.1	0.0503	0.0302	0.0282	0.0201	0.0201	0.0301	0.0301	0.0301	0.0204
34	0.3701	0.1754	0.1101	0.0813	0.0701	0.0601	0.0501	0.0501	0.0498	0.0401
35	0.0873	0.0403	0.0262	0.0201	0.0193	0.0143	0.0104	0.0100	0.0100	0.0101
36	0.084	0.0421	0.0301	0.0207	0.0201	0.0196	0.0102	0.0101	0.0101	0.0101
37	0.0498	0.0302	0.0201	0.016	0.0108	0.0101	0.0100	0.0101	0.0100	0.0101
38	0.1467	0.079	0.0503	0.0402	0.0304	0.0287	0.0226	0.0202	0.0201	0.0200
39	0.2193	0.1101	0.0701	0.0603	0.0501	0.0401	0.0201	0.0101	0.0101	0.0100

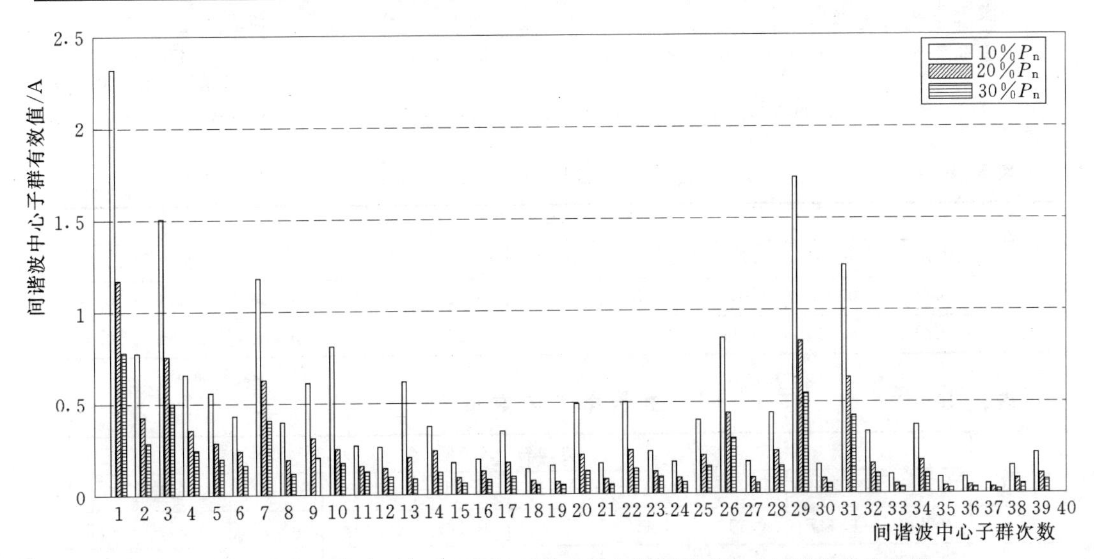

图 5-33　(10%～30%)P_n 功率区间 A 相电流间谐波中心子群含量柱状图

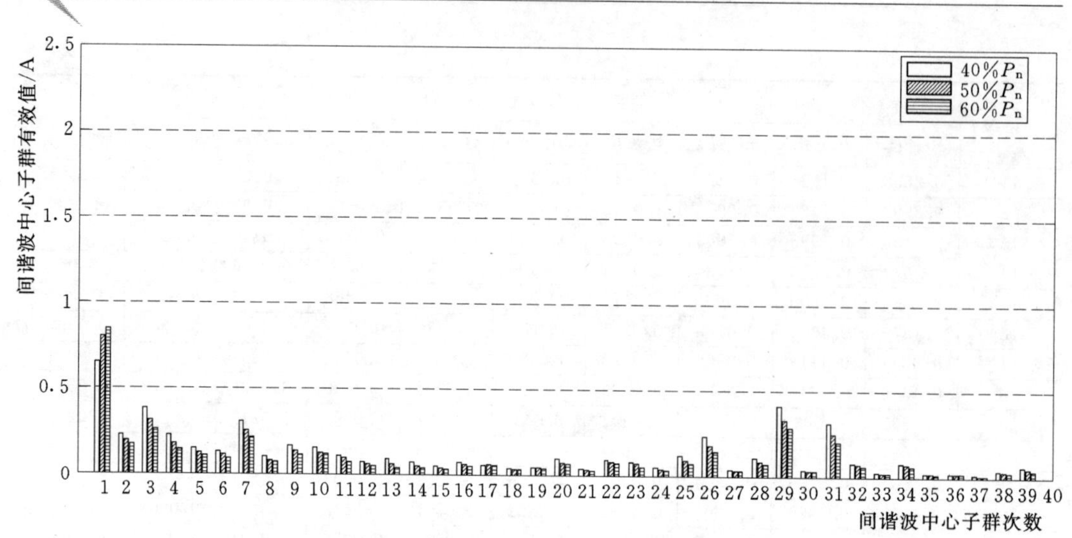

图5-34　40%～60%功率区间A相电流间谐波中心子群含量柱状图

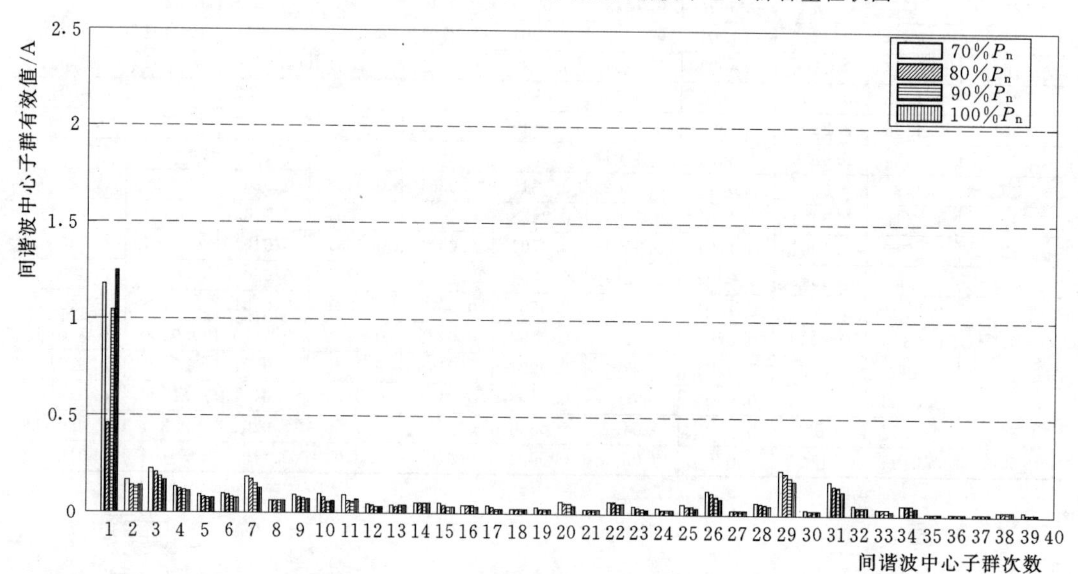

图5-35　70%～100%功率区间A相电流间谐波中心子群含量柱状图

表5-9　　A相电压闪变值

实验	功率区间									
	10%P_n	20%P_n	30%P_n	40%P_n	50%P_n	60%P_n	70%P_n	80%P_n	90%P_n	100%P_n
1	0.093	0.012	0.133	0.135	0.151	0.268	0.345	0.436	0.475	0.421
2	0.094	0.094	0.11	0.112	0.136	0.272	0.268	0.431	0.481	0.412

表5-10　　B相电压闪变值

实验	功率区间									
	10%P_n	20%P_n	30%P_n	40%P_n	50%P_n	60%P_n	70%P_n	80%P_n	90%P_n	100%P_n
1	0.099	0.117	0.119	0.112	0.128	0.198	0.252	0.315	0.358	0.313
2	0.102	0.096	0.099	0.111	0.117	0.208	0.197	0.307	0.366	0.308

表 5-11　C 相电压闪变值

实验	功率区间									
	10%P_n	20%P_n	30%P_n	40%P_n	50%P_n	60%P_n	70%P_n	80%P_n	90%P_n	100%P_n
1	0.102	0.131	0.134	0.138	0.147	0.254	0.325	0.412	0.456	0.405
2	0.103	0.104	0.138	0.105	0.135	0.263	0.254	0.408	0.468	0.398

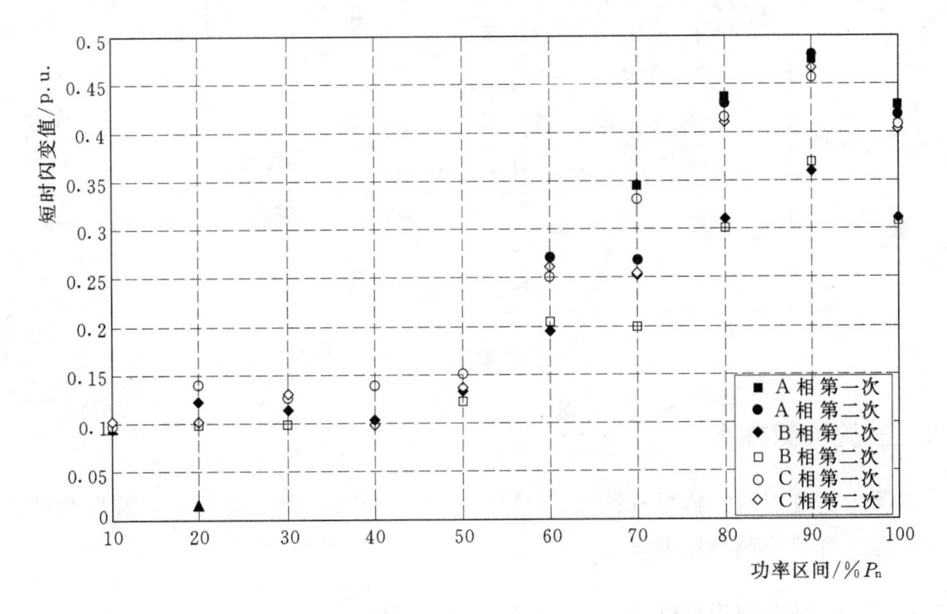

图 5-36　(10%～100%)P_n 功率区间闪变值示意图

5.2　基于 GB/T 29319—2012 的逆变器试验检测案例

本节以国内某公司生产的 500kW 逆变器送检样品为例，介绍 GB/T 29319—2012 中电压/频率响应特性和防孤岛保护的实验室检测方法，并对测试结果进行分析。

5.2.1　被测逆变器概况

本案例所测逆变器的电气参数见表 5-12，电路拓扑图如图 5-37 所示。

表 5-12　被测逆变器电气参数

直流侧参数		交流侧参数	
直流母线启动电压/V	500	额定输出功率/kW	500
最低直流母线电压/V	500	最大输出功率/kW	550
最高直流母线电压/V	1000	额定网侧电压/V	320
满载 MPPT 电压范围/V	500～850	允许网侧电压范围/V	272～368
最佳 MPPT 工作点电压/V	600	额定电网频率/Hz	50
最大输入电流/A	1100	交流额定输出电流/A	902

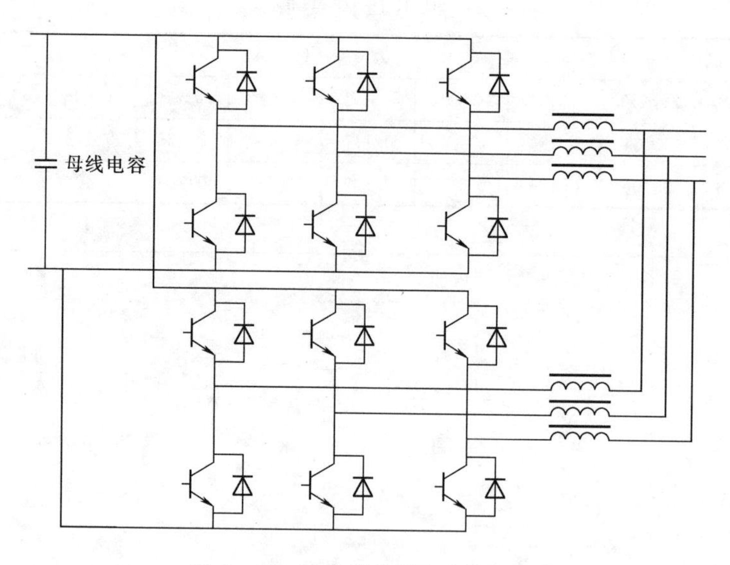

图 5-37　被测逆变器电路拓扑图

5.2.2　试验检测方案

本案例中逆变器测试依据标准为 GB/T 29319—2012，测试设备包括数据测试分析仪、示波器，各项检测具体方案如下：

5.2.2.1　电压/频率响应特性

此处所述的电压/频率响应特性试验包含低/高电压保护、频率保护和运行适应性（包含电压适应性和频率适应性）三个试验子项，电压/频率响应特性试验接线示意图如图 5-38 所示。以下将依据标准分别介绍各试验子项的技术要求以及试验方案。

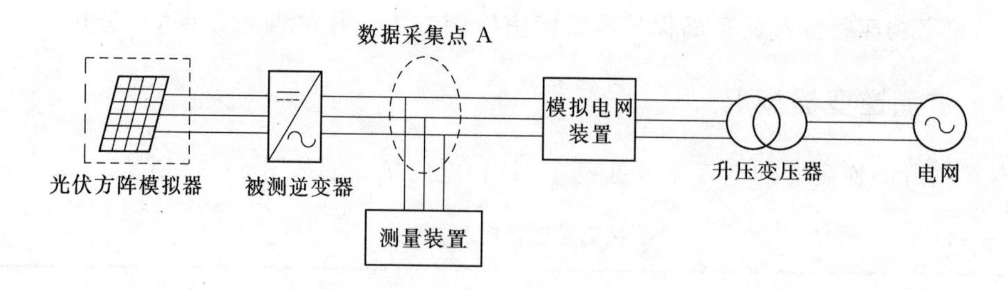

图 5-38　电压/频率响应特性试验接线示意图

1. 低/高电压保护

（1）技术要求。当逆变器交流输出端电压超出电网允许电压范围时，应在相应的时间内停止向电网线路送电，保护动作时间要求见表 5-13。在电网电压恢复到允许的电压范围时逆变器应能正常启动运行。

表 5-13 保护动作时间要求

并网点电压	要求
$U<50\%U_n$	最大分闸时间不超过 0.2s
$50\%U_n \leqslant U<85\%U_n$	最大分闸时间不超过 2.0s
$110\%U_n \leqslant U<135\%U_n$	最大分闸时间不超过 2.0s
$135\%U_n \leqslant U$	最大分闸时间不超过 0.2s

注：1. U_n 为并网点电网额定电压；

2. 最大分闸时间是指异常状态发生到电源停止向电网送电时间。

(2) 检测方案。如图 5-38 所示接线，在公共连接点标称频率条件下，调节电网模拟装置使公共连接点电压分别从额定值阶跃至 $49\%U_n$ 并保持至少 0.4s，从额定值阶跃至 $51\%U_n$、$84\%U_n$ 和 $(51\%\sim84\%)U_n$ 之间的任意值并保持至少 4s，从额定值阶跃至 $111\%U_n$、$134\%U_n$ 和 $(111\%\sim134\%)U_n$ 之间的任意值并保持至少4s，从额定值阶跃至 $136\%U_n$ 并保持至少 0.4s，共 8 次，测量其跳闸时间。

2. 频率保护

(1) 技术要求。当并网点频率超出 47.5～50.2Hz 范围时，应在 0.2s 内停止向电网线路送电。

(2) 检测方案。如图 5-38 所示接线，在公共连接点标称电压条件下，调节电网模拟装置使公共连接点频率分别从额定值阶跃至 47.45Hz 并保持至少 0.4s，从额定值阶跃至 50.25Hz 并保持至少 0.4s，从额定值阶跃至 47.55Hz、49.45Hz 和 47.55～49.45Hz 之间的任意值保持 10min 后恢复到额定值，共 5 次，测量其运行时间或跳闸时间。

3. 电压适应性

(1) 技术要求。当并网点电压在 90%～110%的标称电压之间时，光伏发电系统应能正常运行。

(2) 检测方案。如图 5-38 所示接线，在公共连接点标称频率条件下，调节电网模拟装置使公共连接点电压分别变化至 $91\%U_n$ 保持时间为 1min，变化至 $109\%U_n$ 保持时间为 1min，变化至 (91%～109%) U_n 之间任意值保持时间为 1min，共 3 次，记录其运行时间或脱网跳闸时间。

4. 频率适应性

(1) 技术要求：当并网点频率在 49.5～50.2Hz 范围之内时，光伏发电系统应能正常运行。

(2) 检测方案：如图 5-38 所示接线，在公共连接点标称电压条件下，调节电网模拟装置使公共连接点频率分别变化至 49.55Hz 保持时间为 20min，变化至 50.15Hz 保持时间为 20min，变化至 49.55～50.15Hz 之间任意值保持时间为 20min，共 3 次，记录其运行时间或脱网跳闸时间。

5.2.2.2　防孤岛保护

1. 技术要求

光伏逆变器应具备快速监测孤岛且立即断开与电网连接的能力。防孤岛保护动作时间不大于 2s，且防孤岛保护还应与电网侧线路保护相配合。

2. 检测方案

防孤岛保护检测示意图如图 5－39 所示，通过测量装置测量被测逆变器出口侧（数据采集点 A）和并网点（数据采集点 B）的有功、无功输出，数据采集点 C 的测量由孤岛装置自带仪表完成测量，按照额定容量的 100%P_n、66%P_n 和 33%P_n 三个功率区间分别测试其防孤岛保护性能。在逆变器正常运行在 100%额定功率的情况下，根据实时监测数据依次投入电感 L、电容 C 和电阻 R，使得 LC 消耗的无功功率等于被测逆变器发出的无功功率，RLC 消耗的有功功率等于被测逆变器发出的有功功率，RLC 谐振电路的 $Q_f=1\pm0.2$，流过 S_2 的基波电流小于被测逆变器输出电流的 5%，则认为负载和被测逆变器匹配，断开 S_2，通过数据测试分析仪记录被测逆变器的运行情况；再调节电感 L、电容 C，使 L、C 的无功功率每次变化其匹配值的±2%，见表 5－14，每次调节后断开 K_2，分别记录逆变器在负载不匹配条件下的运行情况，表 5－14 中的参数正负表示的是图 5－39 中流经开关 S_2 的无功功率流的方向，正号表示功率流从被测逆变器到电网；66%P_n 和 33%P_n 两个功率区间测试方法同上。每个功率区间测 7 次，共测 21 次。

表 5－14　　负载不匹配检测条件

有功功率偏差百分比/%	无功功率偏差百分比/%	有功功率偏差百分比/%	无功功率偏差百分比/%
0	−1	0	+1
0	−3	0	+3
0	−5	0	+5

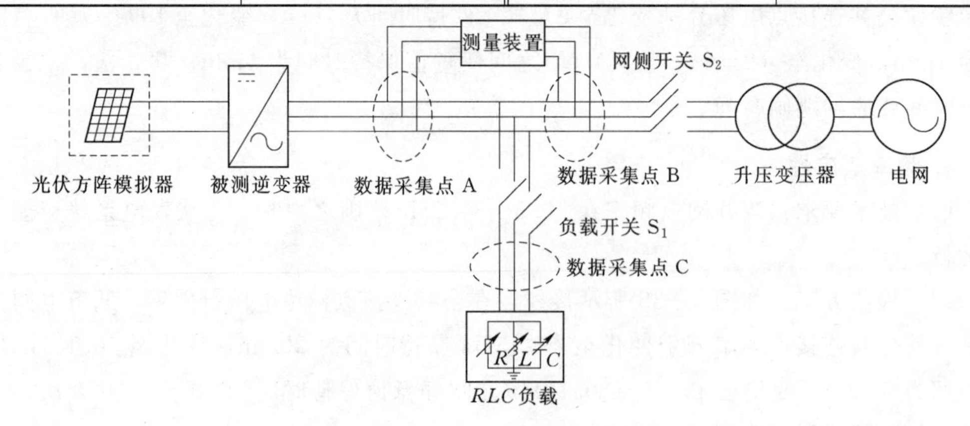

图 5－39　防孤岛保护检测示意图

5.2.3 试验检测结果与分析

5.2.3.1 电压/频率响应特性试验检测结果与分析

1. 低/高电压保护

本次试验有 49%U_n、51%U_n、60%U_n、84%U_n、111%U_n、121%U_n、134%U_n 及 136%U_n 共 8 电压点的试验，由于篇幅限制，此处只给出 49%U_n 和 51%U_n 的测试结果和分析，其他测试点不再叙述。设定电压为 49%U_n 和 51%U_n 时，逆变器电压、电流实测值波形图如图 5-40 和图 5-41 所示，低/高压保护检测结果分析表见表 5-15，从

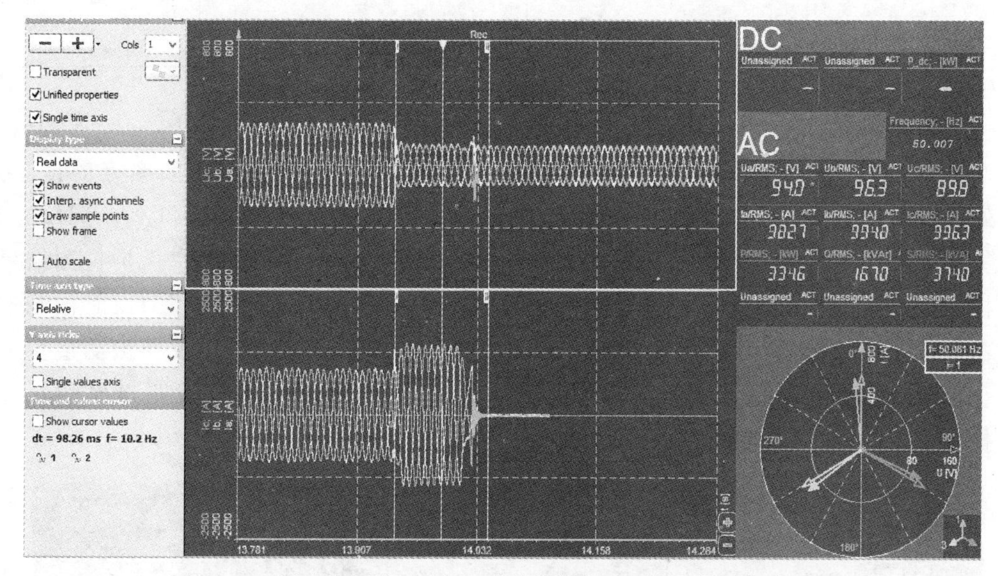

图 5-40 设定电压为 49%U_n 时逆变器电压、电流实测值波形图

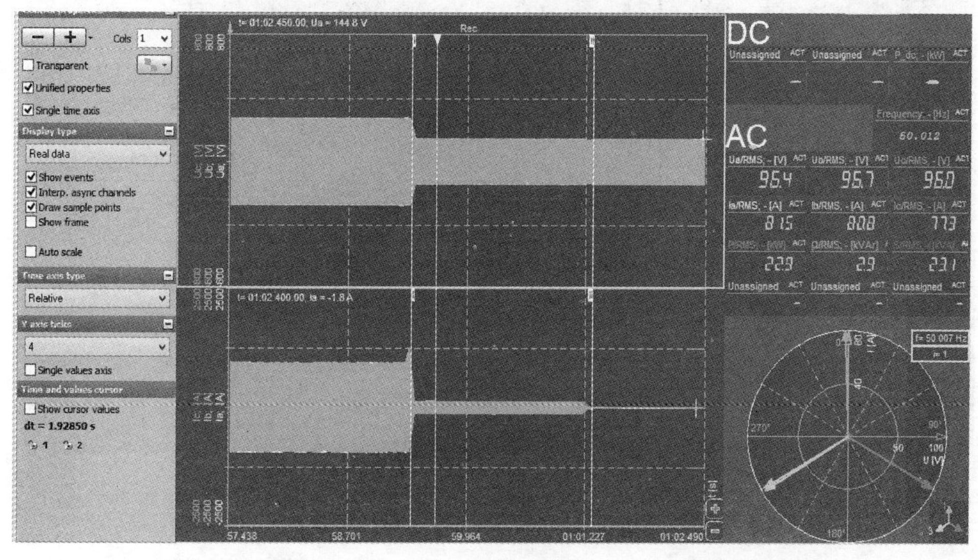

图 5-41 设定电压为 51%U_n 时逆变器电压、电流实测值波形图

表 5 - 15 中可以看出在公共连接点电压为 49%U_n 和 51%U_n 时，分别经过 98.3ms 和 1928.5ms 被测逆变器跳闸，说明被测逆变器符合标准中当并网点电压在低于 50%U_n 时应 0.2s 内跳闸和高于 50%U_n 低于 85%U_n 时应 2.0s 内跳闸的低/高电压保护要求。

表 5 - 15　　低/高压保护检测结果分析表

输出侧三相电压/V	输出侧三相电流/A	输出功率/kW	设定测量电压百分数/%	实际测量三相电压/V	持续时间/s	是否跳闸	跳闸时间限值/ms	跳闸时间/ms
187.9/189.4/185.5	642.8/639.0/647.2	361.9	49%U_n	94.0/96.3/89.8	1	是	200	98.3
188.9/189.8/185.9	652.5/651.1/652.9	361.7	51%U_n	96.4/96.7/96.0	5	是	2000	1928.5

2. 频率保护

有 47.45Hz、47.55Hz、49.00Hz、49.45Hz 及 50.25Hz 共 5 个频率点的试验，此处只给出 47.45Hz 和 47.55Hz 的测试结果，设定频率为 47.45Hz 和 47.55Hz 时，逆变器电压、电流以及频率值波形图如图 5 - 42 和图 5 - 43 所示，频率保护检测结果分析表见表 5 - 16，从表 5 - 16 中可以看出在公共连接点频率为 47.45Hz 时被测逆变器经过 127.4ms 跳闸，频率在 47.55Hz 处维持 745s 没有跳闸，说明被测逆变器符合标准中当并网点频率低于 47.5Hz 时应在 0.2s 内停止向电网线路送电的频率保护要求。

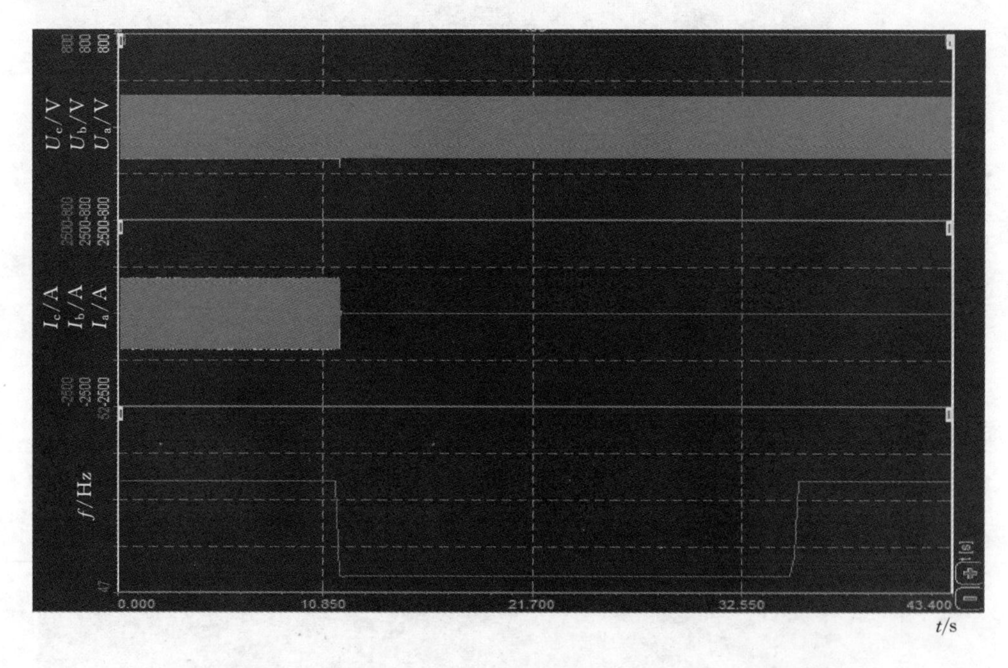

图 5 - 42　设定频率为 47.45Hz 时，逆变器电压、电流以及频率值波形图

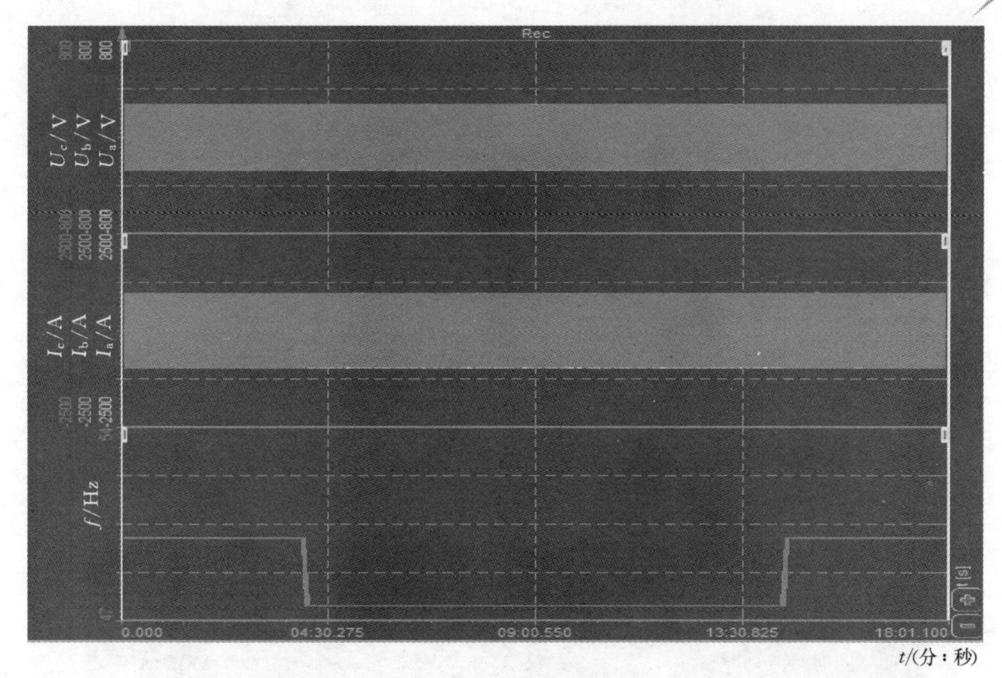

图5-43 设定频率为47.55 Hz时，逆变器电压、电流以及频率值波形图

表5-16 频率保护检测结果分析表

输出侧三相电压/V	输出侧三相电流/A	输出功率/kW	设定频率/Hz	实测频率/Hz	持续时间/s	是否跳闸	标准要求时间/ms	跳闸时间/ms
188.0/189.5/185.6	643.8/639.1/645.2	362.3	47.45	47.46	24	是	200	127.4
189.9/189.8/184.9	643.5/649.1/651.9	363.1	47.55	47.54	745	否	—	—

3. 电压适应性

有91%U_n、98%U_n和109%U_n共3个电压点的试验，此处只给出91%U_n和109%U_n试验结果，设定电压为91%U_n和109%U_n时，逆变器电压、电流值波形图如图5-44和图5-45所示，电压适应性检测结果分析表见表5-17，从表5-17中可以看出在公共连接点电压为91%U_n和109%U_n时，分别维持61s和60s被测逆变器都没有跳闸，说明被测逆变器符合标准中当并网点电压在90%～110%的标称电压之间时应正常运行的电压适应性要求。

表5-17 电压适应性检测结果分析表

输出侧三相电压/V	输出侧三相电流/A	输出功率/kW	设定测量电压百分数/%	实际测量三相电压/V	持续时间/s	是否跳闸	跳闸时间/ms
188.1/189.8/185.8	644.4/642.1/641.1	361	91%U_n	168.1/170.1/165.4	61s	否	—
188.5/189.7/185.5	645.3/641.1/641.3	362	109%U_n	202.5/204.1/200.2	60s	否	—

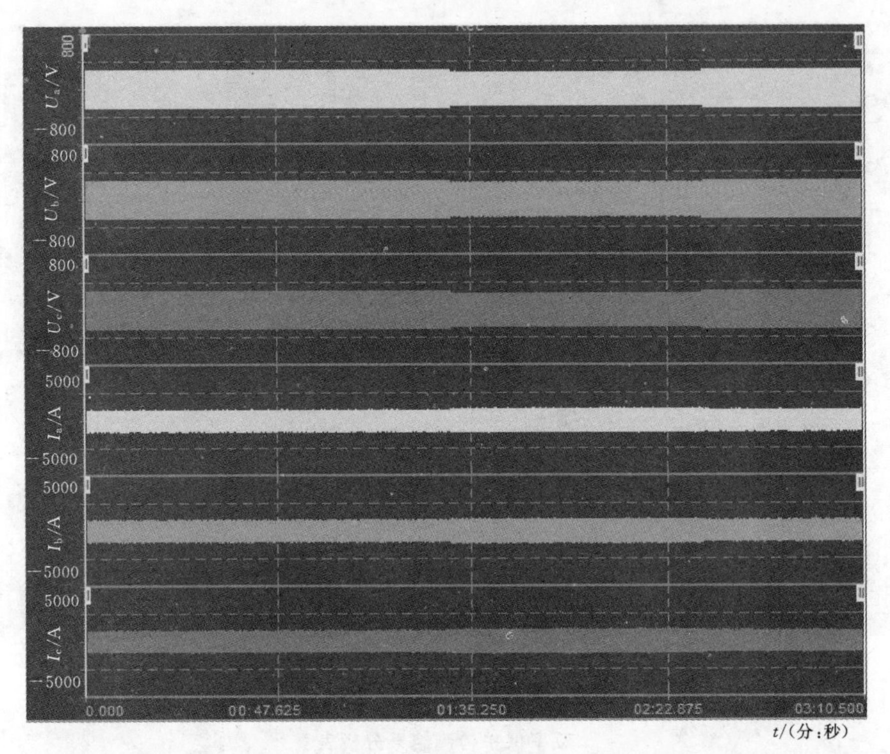

图 5-44 设定电压为 91%U_n 时逆变器电压、电流值波形图

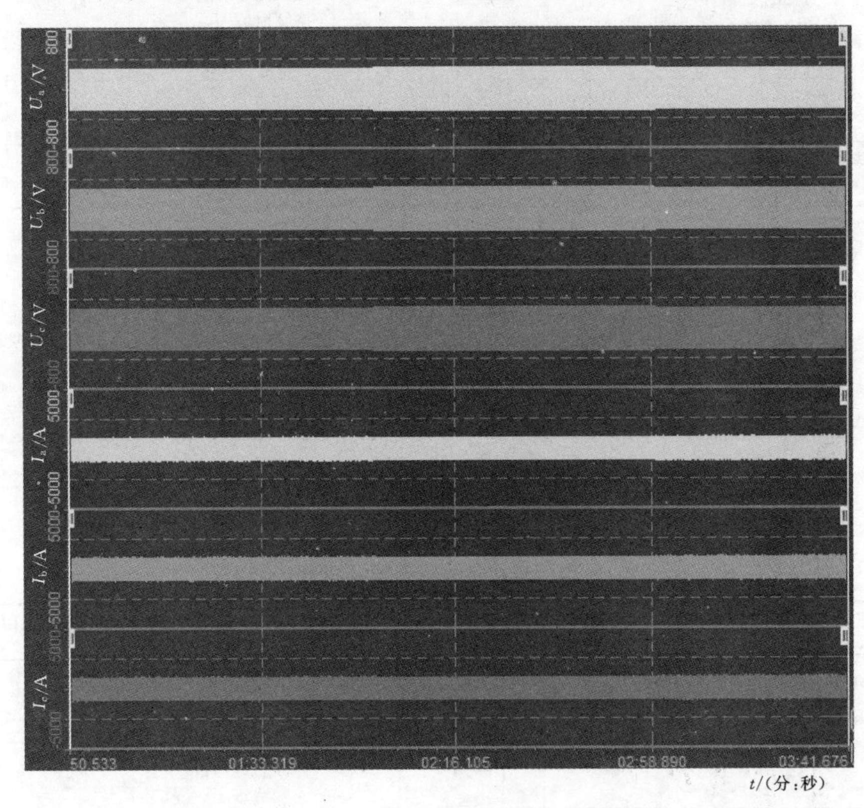

图 5-45 设定电压为 109%U_n 时逆变器电压、电流值波形图

4. 频率适应性

有 49.55Hz、49.8Hz 及 50.15Hz 共 3 个频率点的试验，此处只给出 49.55Hz 和 50.15Hz 的试验结果，如图 5-46 和图 5-47 所示，计算分析结果如表 5-18 所示，从表中可以看出在公共连接点频率为 49.55Hz 和 50.15 时，分别维持 1286s 和 1285s 被测逆变器都没有跳闸，说明被测逆变器符合标准中当并网点频率在 49.5～50.2Hz 之间时应正常运行的频率适应性要求。

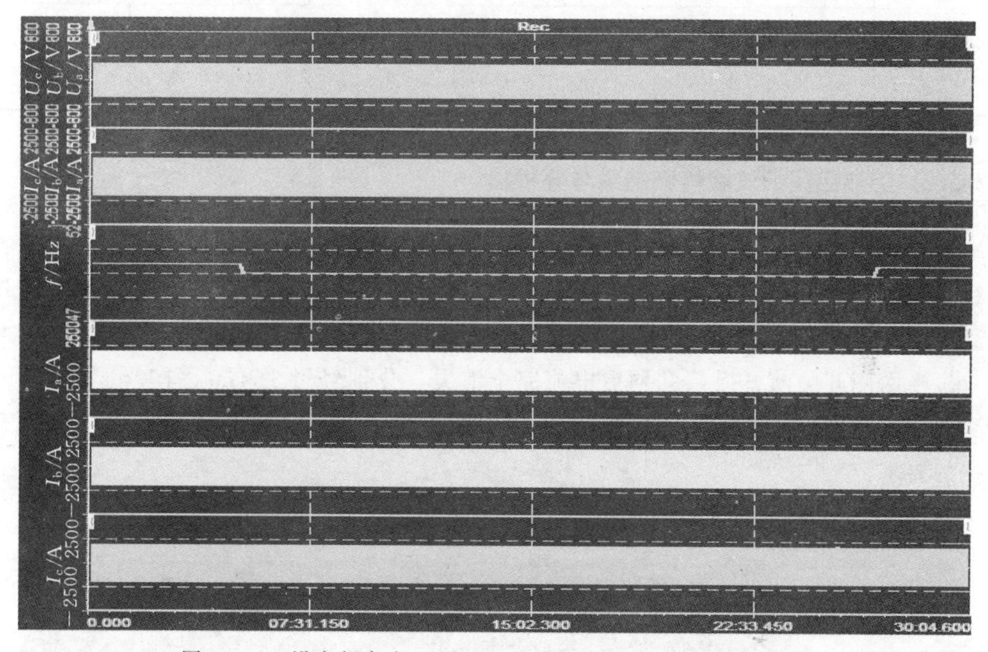

图 5-46　设定频率为 49.55Hz 时逆变器电压、电流值波形图

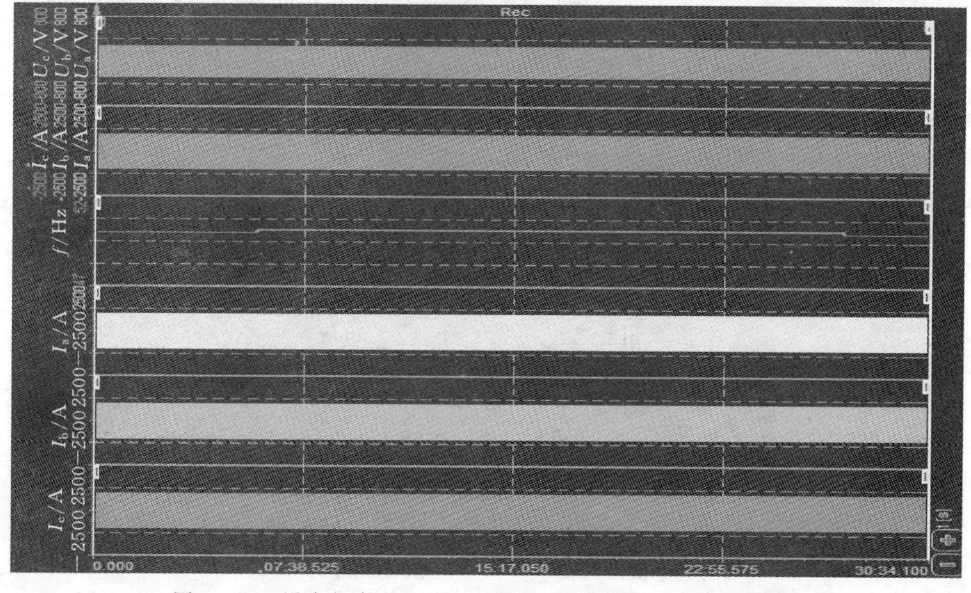

图 5-47　设定频率为 50.15Hz 时逆变器电压、电流值波形图

表 5-18　　频率适应性检测结果分析表

输出侧三相电压/V	输出侧三相电流/A	输出功率/kW	设定频率/Hz	实测频率/Hz	持续时间/s	是否跳闸	跳闸时间/ms
188.3/189.9/185.9	648.4/655.1/652.1	362.4	49.55	49.55	1286	否	—
188.1/189.6/185.5	641.4/637.6/643.9	362.0	50.15	50.15	1285	否	—

5.2.3.2　防孤岛保护试验检测结果与分析

如测试方案中所述，防孤岛保护试验检测需要测 21 次，由于篇幅限制此处只给出在 100%功率区间的匹配（无功偏差为 0）和无功偏差为-5%、+5%时三种工况下测试结果如图 5-48～图 5-50 所示，防孤岛保护检测结果分析表见表 5-19，可以看出当网侧开关断开后，并网点电流完全消失，分别经过 154ms、109ms 和 126ms 被测逆变器跳闸，都小于标准所规定的 2s 限值，说明被测逆变器符合标准中防孤岛保护的要求。

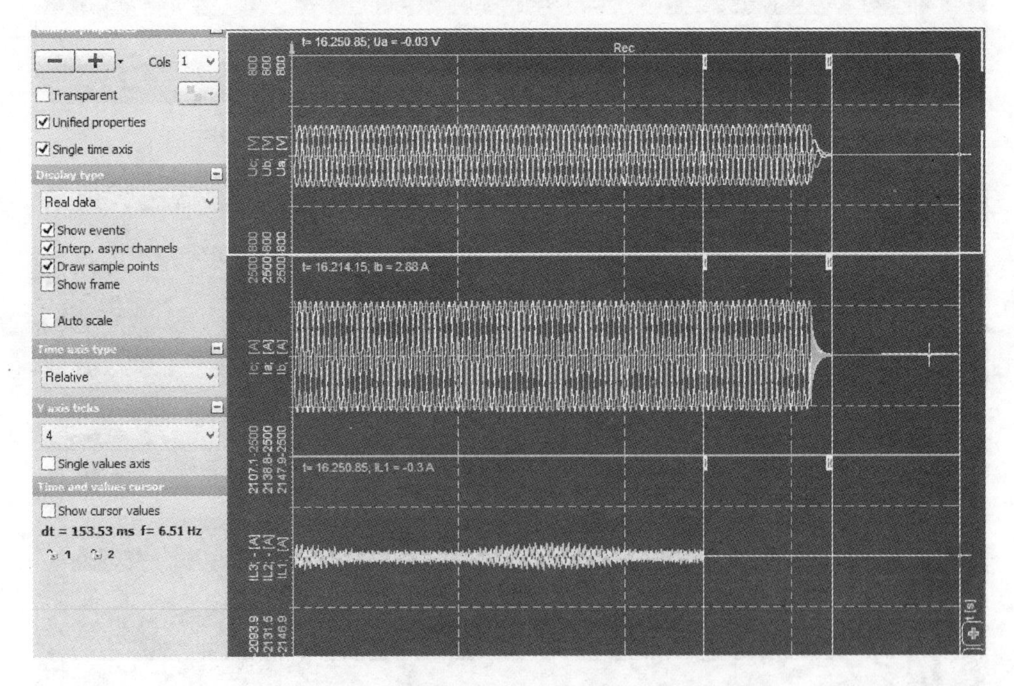

图 5-48　逆变器输出电压、输出电流，并网点电流波形图（逆变器负载率 100%P_n、无功偏差为-5%时）

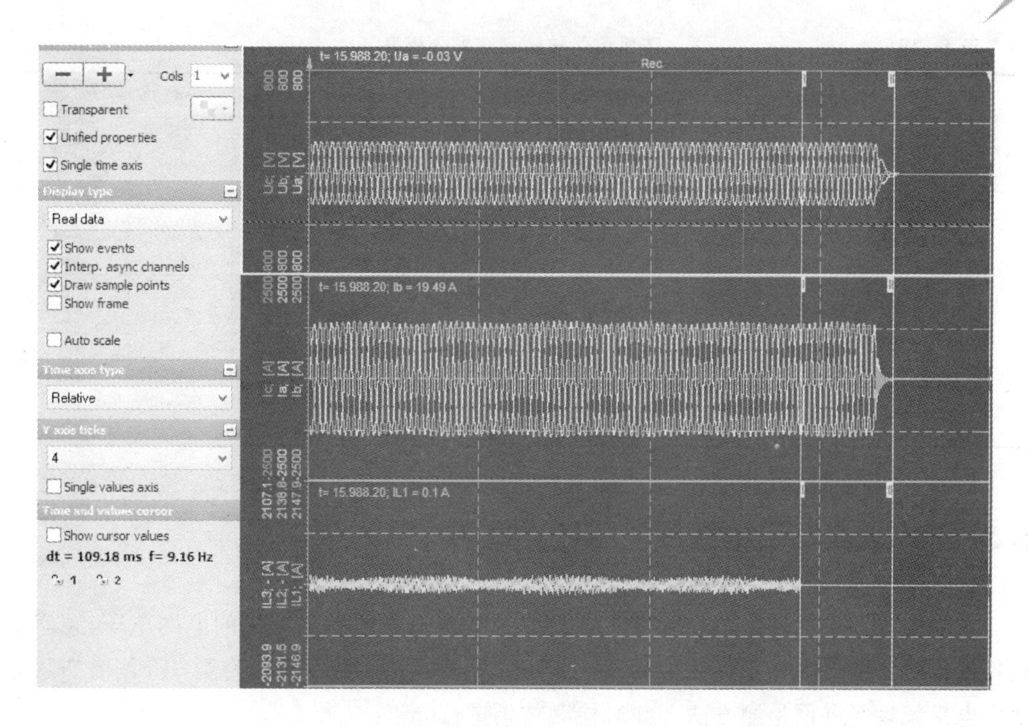

图5-49 逆变器输出电压、输出电流，并网点电流波形图（逆变器负载率100%P_n、无功偏差为0时）

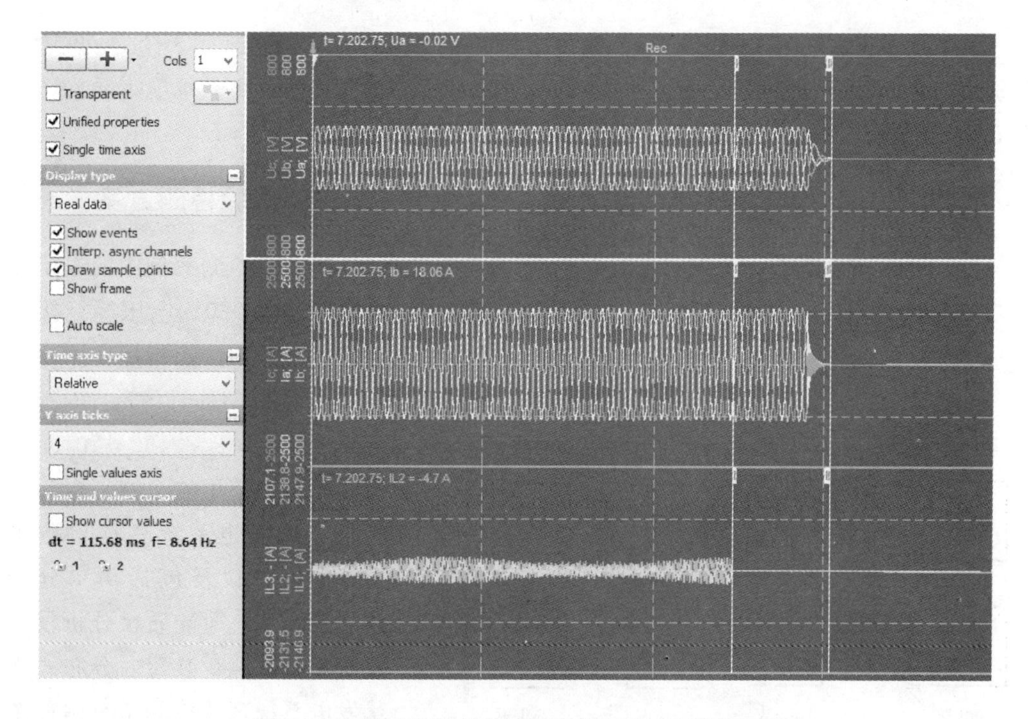

图5-50 逆变器输出电压、输出电流，并网点电流波形图（逆变器负载率100%P_n、无功偏差为5%时）

表 5-19　防孤岛保护检测结果分析表

功率区间 /%	有功功率 /kW	无功功率 /kW	输出侧三相电压值 /V	输出侧三相电流值 /A	功率偏差		动作时间限值 /ms	动作时间 /ms
					有功偏差 /%	无功偏差 /%		
100	492.58	−22.69	171.92/171.59/171.49	956.96/969.58/956.96	0	−5	2000	154
	495.48	−32.94	171.92/172.01/171.87	956.49/967.80/956.49	0	0	2000	109
	493.72	−24.45	174.19/174.18/173.99	941.21/953.46/941.21	0	5	2000	116

5.3　分布式光伏发电系统现场试验检测案例

本节以我国中部地区某容量为 350kWp 的分布式光伏发电系统的电网电压/频率响应特性检测、防孤岛保护特性检测、电能质量检测、功率特性检测为例，介绍分布式光伏发电系统现场并网检测方法，并对检测结果进行分析。

5.3.1　被测系统概况

某光伏发电系统容量 350kWp，接入电网电压等级为 380V，拥有 3 个并网单元，分别为 2 个 100kW 并网单元和 1 个 150kW 并网单元。被测光伏发电系统电气结构图如图 5-51 所示。

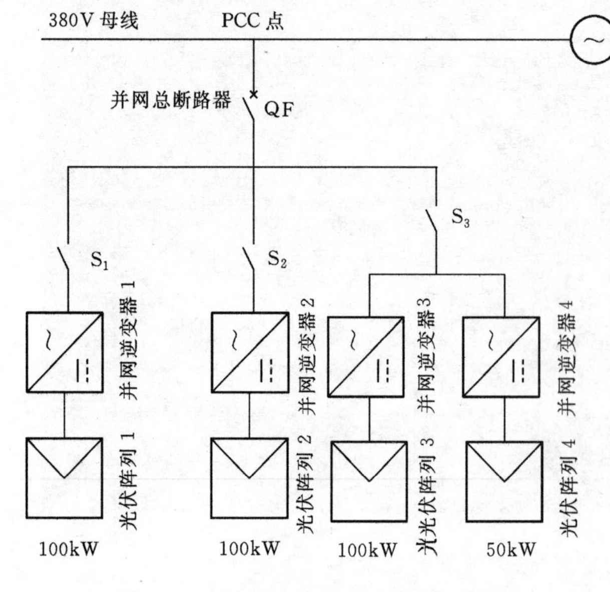

图 5-51　被测光伏发电系统电气结构图

5.3.2　试验检测方案

本试验检测案例中的光伏发电系统通过 380V 电压等级接入电网，其并网性能指标应满足标准 GB/T 29319—2012，其测试应依据 GB/T 30152—2013 开展。此案例使用的检测平台为分布式光伏发电系统移动检测平台，使用的仪器包括功率分析仪、示波器、电能质量分析仪以及气象参数测量装置。分布式光伏发电系统现场检测示意图如图 5-52 所示，发电系统通过并网总断路器 QF 并网。测试前，首

先断开并网总断路器QF、光伏发电单元开关S_1、S_2、S_3，将分布式光伏发电系统移动检测平台连接在并网总断路器两侧，闭合光伏发电单元开关S_1、S_2、S_3和检测系统开关L_4，确定发电系统处于正常工作状态，具体检测方案如下。

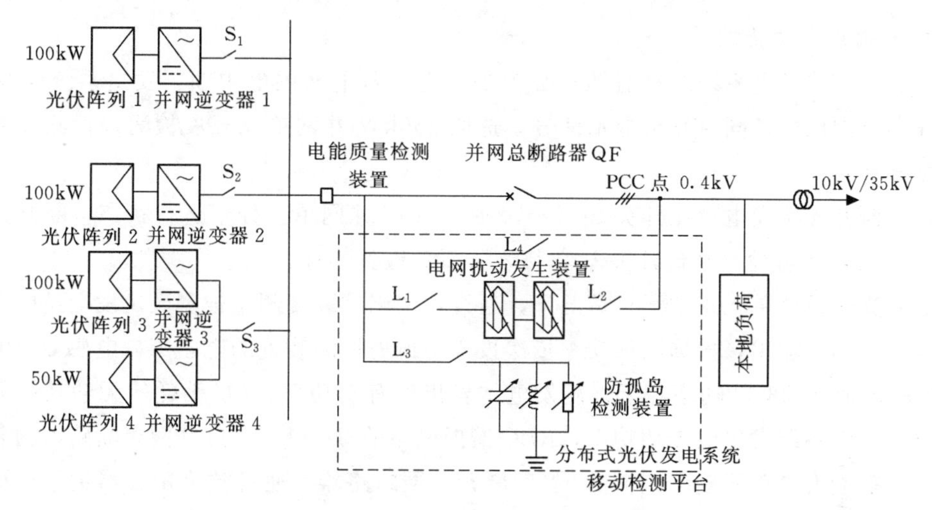

图5-52 分布式光伏发电系统现场检测示意图

1. 电网电压/频率响应特性

选取150kW并网单元开展检测，检测按照下列步骤开展：

(1) 断开光伏发电单元开关S_1、S_2，使150kW并网单元处于运行状态。断开开关L_4、L_3，闭合检测平台开关L_1、L_2，电网扰动发生装置经过L_1和L_2串联到光伏发电站和电网之间。

(2) 电网电压响应特性检测。

1) 电压适应性检测：在公共连接点标称频率条件下，调节电网扰动发生装置，使公共连接点电压分别为$86\%U_n$、$109\%U_n$以及$(86\%\sim109\%)U_n$之间任意值，并保持1min，记录光伏发电系统运行时间或脱网运行时间。

2) 低/高压保护检测：在公共连接点标称频率条件下，调节电网模拟装置使公共连接点电压从额定值阶跃至$49\%U_n$并保持至少0.4s，测量光伏发电系统跳闸时间；调节电网模拟装置使公共连接点电压分别从额定值阶跃至$51\%U_n$、$84\%U_n$、$(51\%\sim84\%)U_n$之间任意值、$111\%U_n$、$134\%U_n$和$(111\%\sim134\%)U_n$之间的任意值并保持至少4s，测量光伏发电系统跳闸时间；调节电网模拟装置使公共连接点电压从额定值阶跃至$136\%U_n$并保持至少0.4s，测量光伏发电系统跳闸时间。

3) 频率适应性检测：在公共连接点标称电压条件下，调节电网模拟装置使得公共连接点频率分别为49.55Hz、50.15Hz以及49.55～50.15Hz之间的任意值，并保持20min，记录光伏发电系统运行时间或脱网跳闸时间。

4) 频率保护检测：在公共连接点标称电压条件下，调节电网模拟装置使公共连接点频率分别从额定值阶跃至47.95Hz、50.25Hz，并保持至少0.4s，测量光伏发电系统

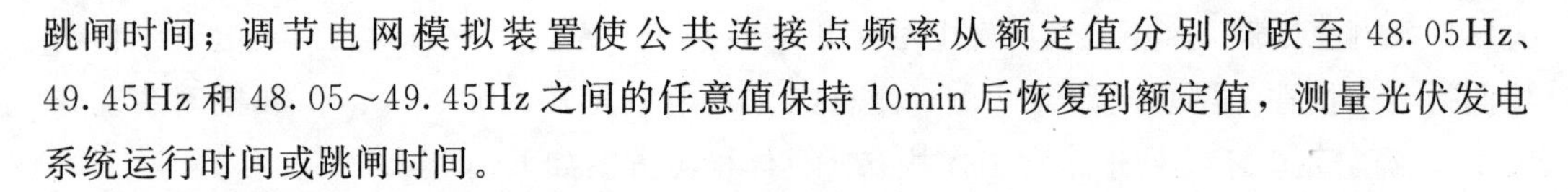

跳闸时间；调节电网模拟装置使公共连接点频率从额定值分别阶跃至 48.05Hz、49.45Hz 和 48.05～49.45Hz 之间的任意值保持 10min 后恢复到额定值，测量光伏发电系统运行时间或跳闸时间。

2. 防孤岛保护特性

分布式光伏发电系统应具有防孤岛保护功能。若电网供电中断，发电系统应在 2s 内停止向电网供电，同时发出警示信号。选取 150kW 并网单元开展检测，检测按照以下方案开展：

（1）断开光伏发电单元开关 S_1、S_2，使 150kW 并网单元处于运行状态。断开开关 L_4、L_1、L_2，闭合检测平台开关 L_3，接入防孤岛检测装置。

（2）光伏发电单元正常运行情况下，通过功率测试装置测量被测光伏发电站的有功功率和无功功率输出，根据测试功率依次投入防孤岛检测装置的电阻 R、电感 L、电容 C，电阻 R 消耗的有功功率等于被测发电站发出的有功功率，LC 消耗的无功功率等于被测光伏发电系统发出的无功功率，RLC 谐振电路的 $Q_f=1$，流过并网总断路器的基波电流小于被测发电单元输出电流的 5%时断开并网断路器，通过数字示波器记录被测光伏发电系统分闸时间。若被测光伏发电系统在 2s 内停止向交流负载供电，则不再继续检测。否则，继续检测。

3. 电能质量

断开图 5-52 中 L_1～L_4，闭合并网总断路器 QF、开关 S_1、S_2、S_3，光伏发电系统并网正常运行，通过电能质量检测装置对光伏发电站并网点连续测量 1 天，并将检测数据实时上传到车载集控装置，通过车载集控装置对数据进行分析处理得出光伏发电系统电能质量指标。

4. 功率输出特性

通过气象参数测量装置和功率检测装置对光伏发电站现场气象参数、发电系统并网输出有功功率连续测量 1 天，并将测量数据实时上传到车载集控装置，通过车载集控装置对数据进行分析处理得出光伏发电系统功率输出特性，如图5-53 所示。

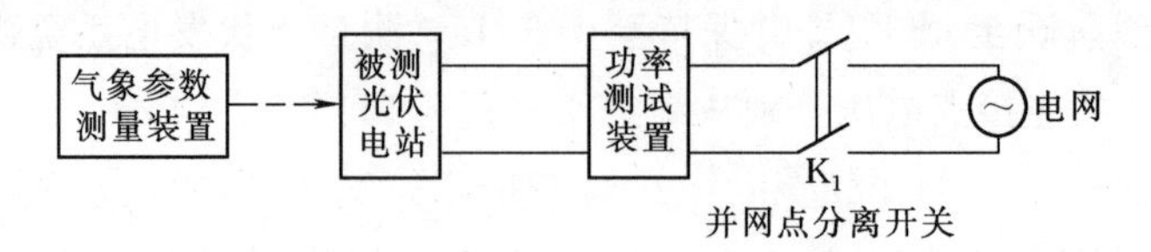

图 5-53 功率输出特性检测示意图

5.3.3 试验检测结果与分析

1. 电压/频率响应特性

150kW 并网单元的电压响应特性检测表见表 5-20，频率响应特性检测表见表 5-21。从表 5-20、表 5-21 中得出：并网的两台逆变器性能不一致，分闸时间有先后之分，部

分检测点不满足性能要求，这是由于不同逆变器内部控制程序不同所致。采用不同型号的逆变器并联时，其相应整体特性会发生改变，建议在发电站设计过程中需重点关注。

表 5-20　电压响应特性检测表

并网点设定电压	跳闸时间/ms	
	100kW	50kW
86%U_n	—	—
109%U_n	—	—
91%U_n（86%U_n，109%U_n）	—	—
49%U_n	121.1	276.5
51%U_n	232.1	676.3
72%U_n（51%U_n，84%U_n）	425.5	725.5
84%U_n	276.2	—
111%U_n	—	635.3
120%U_n（111%U_n，134%U_n）	654.9	612.3
134%U_n	435.7	523.5
136%U_n	12.3	76.2

表 5-21　频率响应特性检测表

并网点设定频率/Hz	跳闸时间/ms	
	100kW	50kW
49.55	—	—
50.15	—	—
47.45	51.1	68.7
50.25	43.5	24.7
47.55	32.4	76.3
48.55（47.55，49.45）	45.5	25.5
49.45	26.2	35.6

注　“—”表示逆变器不分闸。

2. 防孤岛保护性能

防孤岛保护性能检测结果见表 5-22。可以看出，在不同的功率因数条件下，防孤岛保护性能不同。当 $Q_f=1.2$ 时，电网断开后，逆变器并没有检测到孤岛出现，继续正常运行，说明 $Q_f=1.2$ 时的孤岛状态对于两台逆变器来说是一个盲点。当 $Q_f=1$ 时，50kW 逆变器先分闸，一段时间后 100kW 逆变器才分闸。当 $Q_f=0.8$ 时，两台逆变器都在规定时间内保护跳闸。

表 5-22　防孤岛保护性能检测结果

Q_f	断网时间/ms	
	50kW	100kW
1.2	—	—
1	350.4	485.3
0.8	595.0	595.0

上述现象反映了分布式光伏发电系统不同型号光伏逆变器并联运行时系统整体防孤岛保护性能的特性：

（1）逆变器独立运行时，其防孤岛性能满足要求；当两台并联运行时，由于相互干扰，导致防孤岛保护性能失效。逆变器并联运行可能会降低防孤岛保护性能。

(2) 电网断开后，如果其中一台逆变器检测到孤岛现象而分闸后，发电站发出功率和负载功率不相配匹。另一台逆变器将会检测到孤岛现象而分闸。

(3) Q_f 的不同对相同工况下的测试结果产生影响。

3. 电能质量

分布式光伏发电系统并网单元电能质量检测结果见表 5－23，并网点的奇次电流谐波和偶次电流谐波都达到国家标准，见表 5－24、表 5－25。可以看出，并网点的平均输出电压为 405V，高于逆变器的额定交流电压 400V；两个并网点的功率因数、电压偏差、频率偏差、电压畸变率和三相电压不平衡度都符合国家规定；直流电流分量在 0.5％左右。

表 5－23　　并网单元电能质量检测结果

电能质量指标	检　测　值		电能质量指标	检　测　值
平均输出电压/V	405.2		B 相频率偏差/%	0.056
平均输出电流/A	64.7		C 相频率偏差/%	0.056
平均输出功率/kW	44.4		A 相电压畸变率/%	2.858
功率因数	(20%～50%) P_n	>50% P_n	B 相电压畸变率/%	2.726
	0.988	0.993	C 相电压畸变率/%	2.567
A 相电压偏差/%	2.758		三相电压不平衡度/%	0.245
B 相电压偏差/%	2.676		直流电流分量/%	A 相/B 相/C 相：0.472/0.425/0.426
C 相电压偏差/%	2.711			
A 相频率偏差/%	0.056		闪变	无

表 5－24　　奇 次 电 流 谐 波

谐波次数	电流谐波含量/A			谐波次数	电流谐波含量/A		
	A 相	B 相	C 相		A 相	B 相	C 相
1	65.588	65.424	64.890	11	1.255	1.263	0.792
3	1.524	1.708	2.354	13	1.132	1.515	1.436
5	0.957	1.061	1.457	15	0.338	0.311	0.430
7	1.683	1.982	1.873	17	1.693	1.252	1.115
9	0.513	0.401	0.537	≥19	1.701	1.302	1.210

表 5－25　　偶 次 电 流 谐 波

谐波次数	电流谐波含量/A			谐波次数	电流谐波含量/A		
	A 相	B 相	C 相		A 相	B 相	C 相
2	1.198	0.681	0.880	12	0.226	0.295	0.264
4	0.551	0.503	0.472	14	0.188	0.218	0.211
6	0.384	0.420	0.389	16	0.110	0.145	0.155
8	0.351	0.377	0.353	18	0.043	0.068	0.074
10	0.296	0.341	0.312	≥20	0.076	0.098	0.087

4. 功率特性检测结果

光伏发电站有功、无功功率输出特性拟合图如图 5-54 所示，为某天并网单元有功功率、无功功率与光伏发电系统总辐照度、环境温度的拟合趋势图。从图中可以看出：有功功率与总辐照度的变化趋势一致；无功功率在早晚辐照度较小时波动明显，中间时段比较稳定。该系统光伏组件的光电转换性能良好，逆变器的功率转换性能良好，逆变器输出无功功率较小且与有功功率大小无关。

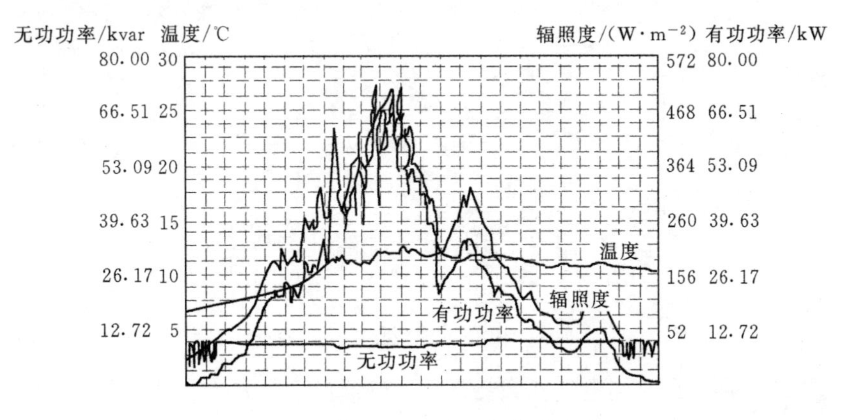

图 5-54 功率特性拟合图

5. 试验检测数据分析结论

通过对分布式光伏发电系统的现场试验检测和对检测数据分析，得到以下结论：

（1）通过对光伏发电系统的现场检测，验证了光伏发电系统现场检测方法的必要性，检测中发现的并网问题体现了检测的意义，达到了检测目的，为相关研究奠定了技术基础。

（2）所测光伏发电单元电压/频率响应性能、防孤岛保护性能现场检测结果不理想，但其所配光伏逆变器在实验室通过了检测，可以看出逆变器的并网性能并不能替代电站的并网性能，从而体现了现场检测的重要性。

5.4 大型光伏发电站现场试验检测案例

本节以西北某 30MWp 光伏发电站为例，对电能质量检测、有功/无功特性检测、低电压穿越性能检测、电压/频率响应特性检测进行介绍，并对检测结果进行了分析。

5.4.1 被测电站概况

该 30MWp 光伏发电站由 30 个 1MW 的发电单元组成，每个 1MW 发电单元由两台 500kW 光伏并网逆变器并联组成，每台逆变器输出额定电压为 315V，经过箱式变压器升压至 10kV 后汇集到站内升压变（10/35kV）送出发电站，配备动态无功补偿装置（Static Var Generator，SVG）容量为±7.5Mvar。

发电站电气拓扑结构示意图如图5-55所示。

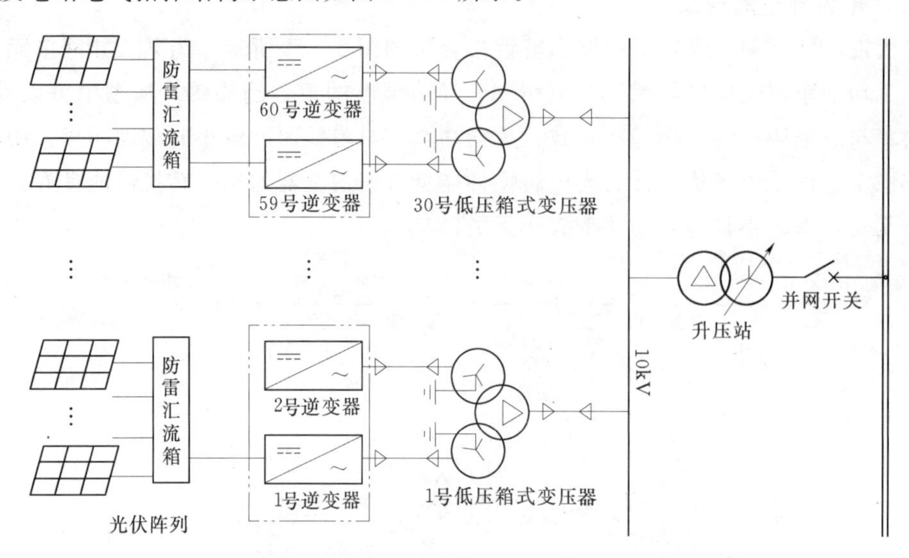

图5-55　光伏发电站电气拓扑结构示意图

被测逆变器直流侧、交流侧电气参数见表5-26、表5-27。

表5-26　　被测逆变器直流侧电气参数

电气量	参数值	电气量	参数值
最大阵列开路电压	880V	最大直流输入功率	550kWp
最大直流输入电压范围	420～880V	最大输入电流	1200A

表5-27　　被测逆变器交流侧电气参数

电气量	参数值	电气量	参数值
输出功率	500kW	总电流波形畸变率	<4%（额定功率）
额定电网电压	300V	输出功率因数	≥0.99（额定功率）
额定电网频率	50Hz		

5.4.2　试验检测方案

本试验检测案例中的光伏发电站通过35kV电压等级接入电网，其并网性能指标应满足标准GB/T 19964—2012，其测试应依据GB/T 31365—2015开展。此案例使用的检测平台为集中式光伏发电站移动检测平台，使用的仪器包括功率分析仪、波形记录仪、电能质量分析仪以及气象参数测量装置。各检测项目检测方案如下：

5.4.2.1　电能质量

电能质量检测是通过电能质量检测装置对光伏发电站并网点各项参数进行连续测量，该发电站的电能质量检测检测点应设在其并网点处，电能质量检测装置连接在光伏

发电站并网点TV、TA端，电能质量检测接线示意图如图5-56所示。测试参数应至少包括电压、电流、电压偏差、三相电压/电流不平衡度、电流谐波（2～50次）、电流畸变率、电压/电流间谐波（2～39次）、闪变（1min）、功率因数。电能质量检测装置实时上传测试数据到车载集控装置，通过车载集控装置对数据进行分析处理得出光伏发电站电能质量指标。

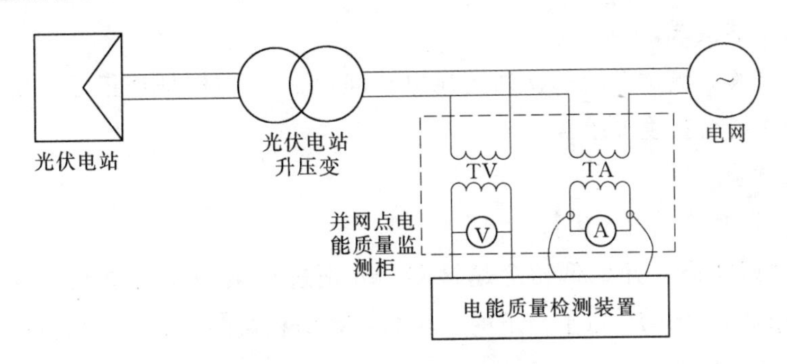

图5-56 电能质量检测接线示意图

5.4.2.2 有功/无功特性

1. 有功功率变化及控制能力检测

有功功率变化检测方法：对光伏发电站并网点长时间监测，得到各种工况下的有功功率数据，通过计算得到有功功率变化率。按照标准GB/T 19964—2012计算有功功率1min和10min变化最大值。

有功功率控制能力检测方法：为满足连续平滑调节的能力，选择特定功率进行验证。参照图4-9的设定曲线控制光伏发电站有功功率，在光伏发电站并网点连续测量和记录整个检测过程的有功功率，对实测有功功率进行拟合，计算出有功功率调节精度和响应时间。

2. 无功功率输出特性及控制能力检测

无功功率输出特性检测方法如下：

(1) 在正常运行功率P_0时，按步长调节光伏发电站输出的感性/容性无功功率至光伏发电站感性/容性无功功率限值。

(2) 从(0～100%)P_0范围内，以每20%的有功功率区间为一个功率段，按步长调节光伏发电站输出的感性/容性无功功率至光伏发电站感性/容性无功功率限值。

(3) 以有功功率为横坐标，无功功率为纵坐标，绘制无功功率输出特性曲线。

无功功率控制能力检测方法如下：

设定被测光伏发电站输出有功功率稳定至50%P_0，不限制光伏发电站的无功功率变化，设定Q_L和Q_C为光伏发电站无功功率输出跳变限值，按照设定曲线控制光伏发电站的无功功率，在光伏发电站出口侧连续测量无功功率，记录实测曲线。

5.4.2.3　低电压穿越能力

选取1MW并网发电单元开展低电压穿越能力检测，检测方法如下：

（1）将低电压穿越装置接入到光伏发电单元和电网之间，完成系统一次接线、二次接线以及测试仪器接线。

（2）空载试验。测试系统一次通高压电（35kV）后工作是否正常；校核跌落深度和跌落时间是否符合精度要求。

（3）带载试验。

1）将光伏发电单元投入运行。

2）进入测试状态，开始低压穿越检测。分别进行被测光伏单元轻载［（10%～30%）P_n］和重载（70%P_n以上）下的三相短路和两相短路试验，每次试验流程之间间隔10min，保存录波文件。

（4）检测应至少选取5个跌落点，其中应包含0%U_n和20%U_n跌落点，其他各点应在（20%～50%）U_n、（50%～75%）U_n、（75%～90%）U_n三个区间内均有分布，并按照GB/T 19964—2012中曲线要求选取跌落时间。

（5）在升压变压器高压侧或低压侧分别通过数据采集装置记录被测光伏发电单元电压和电流的波形，记录至少从电压跌落前10s到电压恢复正常后6s之间的数据。

（6）所有检测点重复1次。

5.4.2.4　频率响应特性

选取1MW并网单元开展检测，将电网扰动发生装置串联到光伏并网发电单元和电网之间，检测方法如下：

（1）在站内汇集母线标称电压条件下，调节电网模拟装置，使得站内汇集母线频率从额定值分别阶跃至49.55Hz、50.15Hz和49.55～50.15Hz之间的任意值保持至少20min后恢复到额定值。记录光伏发电单元运行时间或脱网跳闸时间。

（2）在站内汇集母线标称电压条件下，调节电网模拟装置，使得站内汇集母线频率从额定值分别阶跃至48.05Hz、49.45Hz和48.05～49.45Hz之间的任意值保持至少10min后恢复到额定值。记录光伏发电单元运行时间或脱网跳闸时间。

（3）在站内汇集母线标称电压条件下，调节电网模拟装置，使得站内汇集母线频率从额定值分别阶跃至50.25Hz、50.45Hz和50.25～50.45Hz之间的任意值保持至少2min后恢复到额定值。记录光伏发电单元运行时间或脱网跳闸时间。

（4）在站内汇集母线标称电压条件下，调节电网模拟装置，使得站内汇集母线频率从额定值阶跃至50.55Hz，记录光伏发电单元的脱网跳闸时间。

5.4.3　试验检测结果与分析

5.4.3.1　电能质量

通过对检测数据进行分析处理，得到不平衡度、电流谐波、闪变检测结果见表 5-28、表 5-29、表 5-30。根据光伏发电站短路容量，得到该发电站并网点 5 次谐波电流限值为 7.1580A，而该发电站 C 相 (70%～80%)P_n 功率区间内并网点 5 次谐波电流最大为 9.9A，超过限值，其他电能质量指标满足标准要求。

表 5-28　　不平衡度检测结果

(a) 三相电压不平衡度

检测值	功率区间									
	(0～10%)P_n	(10%～20%)P_n	(20%～30%)P_n	(30%～40%)P_n	(40%～50%)P_n	(50%～60%)P_n	(60%～70%)P_n	(70%～80%)P_n	(80%～90%)P_n	(90%～100%)P_n
95%最大值	0.33	0.51	0.45	0.85	0.88	0.70	0.95	0.94	—	—
实测最大值	0.37	0.53	0.58	0.87	0.91	0.72	0.96	0.95	—	—

(b) 三相电流不平衡度

检测值	功率区间									
	(0～10%)P_n	(10%～20%)P_n	(20%～30%)P_n	(30%～40%)P_n	(40%～50%)P_n	(50%～60%)P_n	(60%～70%)P_n	(70%～80%)P_n	(80%～90%)P_n	(90%～100%)P_n
95%最大值	1.63	1.02	0.58	0.39	0.29	0.23	0.21	0.21	—	—
实测最大值	1.64	1.05	0.59	0.40	0.30	0.24	0.22	0.22	—	—

表 5-29　　电流谐波检测结果（C 相电流谐波子群有效值）　　单位：A

谐波次数	功率区间							
	(0～10%)P_n	(10%～20%)P_n	(20%～30%)P_n	(30%～40%)P_n	(40%～50%)P_n	(50%～60%)P_n	(60%～70%)P_n	(70%～80%)P_n
1	33.45	76.76	126.55	173.98	218.20	263.24	313.95	345.76
2	0.18	0.26	0.23	0.15	0.16	1.22	1.32	1.80
3	3.73	4.61	4.14	3.36	2.73	2.58	2.36	2.18
4	0.53	0.31	0.30	0.35	0.30	1.37	2.01	1.76
5	6.26	6.03	7.88	8.98	9.29	8.85	8.61	9.97
6	0.21	0.15	0.15	0.27	0.30	0.61	0.53	0.67
7	1.63	1.99	1.59	1.31	1.11	0.96	0.97	0.71
8	0.15	0.15	0.15	0.15	0.15	0.30	0.30	0.31
9	0.47	0.45	0.43	0.42	0.35	0.43	0.30	0.43
10	0.15	0.15	0.15	0.15	0.15	0.19	0.21	0.16
11	0.20	0.32	0.45	0.27	0.32	0.30	0.30	0.58

续表

谐波次数	功率区间							
	(0～10%)P_n	(10%～20%)P_n	(20%～30%)P_n	(30%～40%)P_n	(40%～50%)P_n	(50%～60%)P_n	(60%～70%)P_n	(70%～80%)P_n
12	0.00	0.00	0.00	0.00	0.00	0.15	0.15	0.15
13	0.13	0.35	0.66	0.69	0.59	0.45	0.38	0.23
14	0.00	0.03	0.00	0.00	0.00	0.14	0.13	0.14
15	0.15	0.15	0.15	0.16	0.15	0.15	0.15	0.15
16	0.00	0.00	0.00	0.00	0.00	0.14	0.14	0.10
17	0.09	0.15	0.15	0.13	0.03	0.15	0.15	0.15
18	0.00	0.00	0.00	0.00	0.00	0.10	0.04	0.04
19	0.12	0.14	0.15	0.13	0.14	0.15	0.13	0.13
20	0.00	0.00	0.00	0.00	0.00	0.08	0.00	0.03
21	0.10	0.07	0.03	0.06	0.00	0.08	0.04	0.05
22	0.00	0.00	0.00	0.00	0.00	0.03	0.00	0.03
23	0.13	0.12	0.07	0.14	0.05	0.14	0.15	0.15
24	0.00	0.00	0.00	0.00	0.00	0.00	0.00	0.03
25	0.08	0.10	0.02	0.08	0.07	0.08	0.05	0.13

表 5-30　　　　闪变检测结果

(a) A 相电压

测量次数	功率区间									
	(0～10%)P_n	(10%～20%)P_n	(20%～30%)P_n	(30%～40%)P_n	(40%～50%)P_n	(50%～60%)P_n	(60%～70%)P_n	(70%～80%)P_n	(80%～90%)P_n	(90%～100%)P_n
1	0.25	0.25	0.25	0.25	0.25	0.19	0.19	0.35	—	—

(b) B 相电压

测量次数	功率区间									
	(0～10%)P_n	(10%～20%)P_n	(20%～30%)P_n	(30%～40%)P_n	(40%～50%)P_n	(50%～60%)P_n	(60%～70%)P_n	(70%～80%)P_n	(80%～90%)P_n	(90%～100%)P_n
1	0.24	0.24	0.24	0.24	0.24	0.19	0.19	0.31	—	—

(c) C 相电压

测量次数	功率区间									
	(0～10%)P_n	(10%～20%)P_n	(20%～30%)P_n	(30%～40%)P_n	(40%～50%)P_n	(50%～60%)P_n	(60%～70%)P_n	(70%～80%)P_n	(80%～90%)P_n	(90%～100%)P_n
1	0.24	0.24	0.24	0.24	0.24	0.19	0.19	0.37	—	—

注： P_n 为光伏发电站额定装机容量。

5.4.3.2 有功/无功特性

1. 有功功率变化

有功功率变化检测结果见表 5-31，测试当天光伏发电站最大发电功率为 25.4MW，发电率为 84.67%。1min 最大功率变化为 0.28MW，变化率为 0.93%，10min 最大功率变化为 2.7MW，变化率为 9.0%，满足标准要求。

表 5-31　　有功功率变化检测结果

检测项目	数值/MW	检测项目	数值/MW
最大功率	25.40	10min 最大功率变化	2.70
1min 最大功率变化	0.28		

2. 有功功率控制能力

有功功率控制能力检测结果见表 5-32，表明光伏发电站有功功率可连续调节，最大误差为 3.15%，响应时间最长为 25.02s。有功功率控制能力测试实测拟合曲线如图 5-57 所示。检测结果表明光伏电站有功功率控制能力满足标准要求。

表 5-32　　有功功率控制能力检测结果

有功功率设定值/kW	有功功率实测值/kW	调节精度/%	响应时间/s
P_0=19710	19710	—	—
80% P_0=15768	15826	0.37	13.96
60% P_0=11826	11914	0.74	15.62
40% P_0=7884	8040	1.98	20.43
20% P_0=3942	4066	3.15	25.02

注：P_0 为被测光伏发电站的有功功率值。

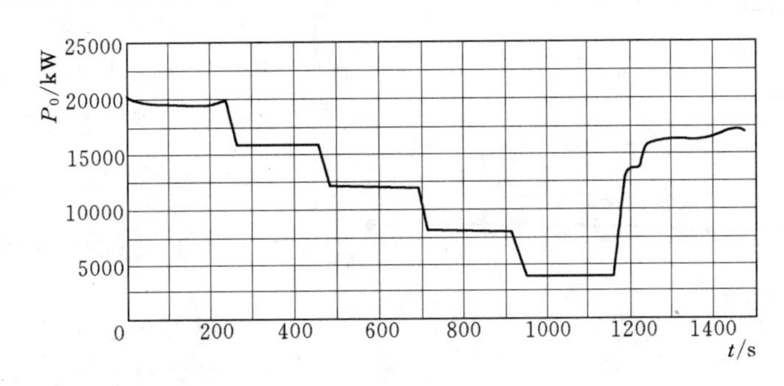

图 5-57　有功功率控制能力测试实测拟合曲线图

3. 无功功率输出特性

感性无功功率输出数据见表 5-33，表明光伏发电站在各有功功率段，感性最大输出无功能达到 7Mvar，最大达到 7.5Mvar，达到光伏发电站无功设计要求。容性无功功率输出数据见表 5-34。光伏发电站无功功率输出特性拟合曲线图如图 5-58 所示，可供调度部门参考。

表 5-33　感性无功功率输出数据

有功功率设定值/kW	感性无功功率实测最大限值/kvar	并网点电压/kV		
		A 相	B 相	C 相
$P_0=20480$	7405	19.95	20.98	19.85
$80\%P_0=16384$	7533	19.88	20.74	19.84
$60\%P_0=12010$	7239	19.99	20.74	19.91
$40\%P_0=7960$	7136	19.96	20.62	19.85
$20\%P_0=3863$	7177	18.86	20.41	19.71

表 5-34　容性无功功率输出数据

有功功率设定值/kW	容性无功实测最大限制/kvar	并网点电压/kV		
		A 相	B 相	C 相
$P_0=24980$	1256	21.99	22.96	21.99
$80\%P_0=19604$	1742	22.14	23.09	22.15
$60\%P_0=14871$	2043	22.24	23.03	22.21
$40\%P_0=10027$	2190	22.22	22.92	22.14
$20\%P_0=5000$	2177	22.06	22.72	21.96

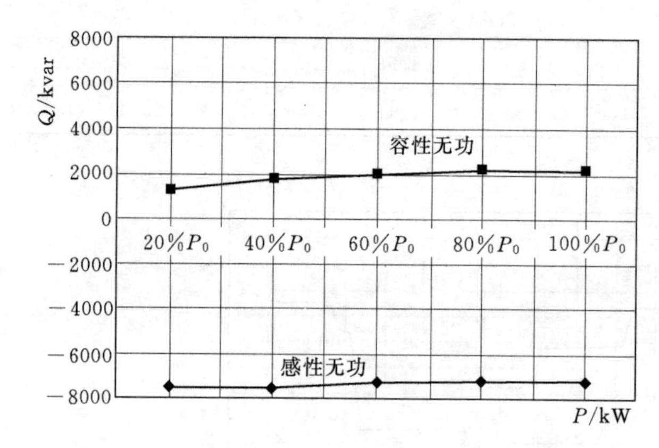

图 5-58　无功功率输出特性拟合曲线图

4. 无功功率控制能力

检测时有功功率为 10.1MW，无功功率输出特性检测结果见表 5-35，调节误差最大值为 1.27%，响应时间最大为 21.38ms。光伏发电站无功功率控制能力拟合曲线图如图 5-59 所示。

5.4.3.3　低电压穿越能力

以不小于 70%P_n 重载三相跌落，跌落到 0%额定电压为例进行分析，零电压穿越检测数据见表 5-36。测试数据表明：

（1）在此测试点的电压跌落与恢复期间该抽检单元均能不间断并网运行。

（2）该抽检逆变单元在故障消除后，能够以较快的有功功率变化率恢复至故障前功率值。

表 5-35 无功功率输出特性检测结果

有功功率/kW	无功阶跃段	容性无功/kvar	感性无功/kvar	调节误差/%	响应时间/ms
10109	第一次阶跃	233	0	0.53	19.30
		0	1903		
	第二次阶跃	0	1903	0.63	18.35
		2062	0		
	第三次阶跃	2062	0	1.27	21.38
		236	0		

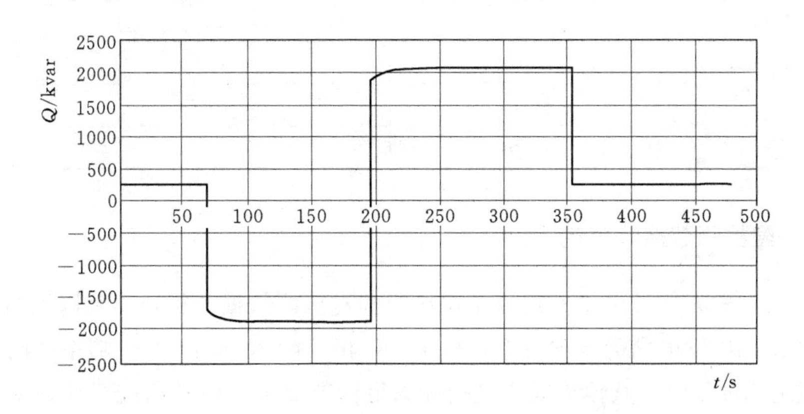

图 5-59 无功功率控制能力拟合曲线图

表 5-36 零电压穿越检测数据

检 测 指 标	实 测 计 算 值	标 准 参 考 值
暂态跌落深度/%	0	[0，5]（空载）
暂态跌落深度/%	2	[0，5]（空载）
稳态跌落深度/%	8	—
跌落开始时刻/s	5.35	—
跌落结束时刻/s	5.56	—
跌落持续时间 t_f/ms	206	≥150
功率恢复时间 t_r/s	1.08	—
平均功率恢复速率/(%P_n·s^{-1})	69	≥30
无功电流响应时间 t_{res}/ms	26	≤30
无功电流注入持续时间 t_{last}/ms	177	—
无功电流注入有效值/A	10	≥9
最大无功注入电流/A	11	—

5.4.3.4 频率适应能力

频率适应性检测结果见表 5-37，该抽检逆变单元能够跟随频率扰动信号进行相应正确动作，各项指标满足标准要求。

表 5-37　频率适应性检测结果

并网点设定频率/Hz	并网点实际测量频率/Hz	设定时间/s	单元运行时间/s
49.55	49.55	618	618
50.15	50.15	609	609
50.05	50	610	610
47.95	47.96	608	608
48.05	48.05	320	320
49.45	49.45	310	310
49.00	49.00	308	308
50.25	50.25	130	130
50.45	50.45	128	128
50.40	50.38	130	130
50.55	50.54	20	0.06

5.4.3.5　试验检测数据分析结论

通过对案例中光伏发电站的现场试验检测和对检测数据分析，得到以下结论：

(1) 被测光伏发电站的各项电能指标中，C 相（70%～80%）P_n 功率区间内并网点 5 次谐波电流超过限值，其他电能质量指标满足标准要求。但其所配光伏逆变器的电能质量满足标准要求，可以看出逆变器的并联可能产生谐波叠加现象，从而使整个电站的谐波超过标准要求的限制，因此单台逆变器的电能质量指标并不能替代电站的电能质量指标。

(2) 被测光伏发电站功率特性的测试结果表明该光伏发电站功能特性满足标准及调度机构的要求。

(3) 被测光伏发电单元在电压跌落与恢复期间均能不间断并网运行，在故障消除后，能以较快的有功功率变化率恢复至故障前功率。

(4) 被测光伏发电单元能够跟随频率扰动信号进行相应正确动作。

第6章　基于仿真的光伏发电并网性能评估

由于光伏发电并网性能试验检测受到并网性能检测装备容量等多方面因素的限制，难以采用全功率型式试验的方法针对大中型光伏发电站整站开展诸如低电压穿越（Low Voltage Ride-Through，LVRT）等试验检测项目，目前一般基于数字仿真来开展光伏发电站低电压穿越特性的评估，验证光伏发电站低电压穿越特性是否符合相关标准要求。另外，在光伏逆变器并网性能评估方面，由于数字物理混合仿真有效融合了数字仿真建模效率高、修改灵活以及物理仿真能够准确模拟电力电子器件快速暂态特性的优势，因此，基于数字物理混合仿真的光伏逆变器并网性能评估也成为国内外研究的热点。

本章将分别介绍数字物理混合仿真特点、数字物理混合仿真平台和一种基于数字物理混合仿真的光伏逆变器并网性能评估方法；两种典型光伏逆变器并网性能数字物理混合仿真评估案例；数字仿真特点、一种基于数字仿真的光伏发电站低电压穿越特性评估方法；某光伏发电站低电压穿越特性数字仿真评估案例。

6.1　基于数字物理混合仿真的光伏逆变器并网性能评估

6.1.1　数字物理混合仿真简介

由于实际型式试验平台开发周期长，资金投入大，需要大量的专业人员进行操作，实际检测过程中涉及大功率、强电流测试，造成光伏逆变器生产厂家不具备逆变器在一些故障工况下的试验条件，仿真平台则可以弥补此类不足。但是，如果采用全数字仿真平台进行研究，则脱离了对逆变器软硬件的依赖，完全取决于数字模型的准确度；如果利用先进的实时仿真软件，结合硬件在回路技术，引入真实的控制器，甚至整个功率回路，构建数字物理混合仿真平台，则可以很好地解决这个矛盾，可准确预估逆变器的并网性能测试结果，促进技术研发与改进，进一步提高逆变器并网性能。

根据仿真器与被测设备之间交互的信息类型，数字物理混合仿真可以分为信号型数字物理混合仿真和功率型数字物理混合仿真。信号型数字物理混合仿真结构框图如图6-1所示，由于仿真器与被测控制器之间通过物理I/O板卡（D/A板卡、A/D板卡）交互数字量与模拟量二次弱电信息，构成一个二次信号交换的环路，同时控制器作为仿真器中仿真对象模型的被测二次设备，因此，通常被称为控制器硬件在回路仿真。功率型数字物理混合仿真结构框图如图6-2所示，由于仿真器与被测功率设备之间的电压、电流信息通过功率接口装置转化为一次强电信号后进行信息交互，构成一次功率信号交换的环路，同时功率设备作为仿真器中仿真对象模型的被测一次设备，因此，通常被称为功率硬件在回路仿真。

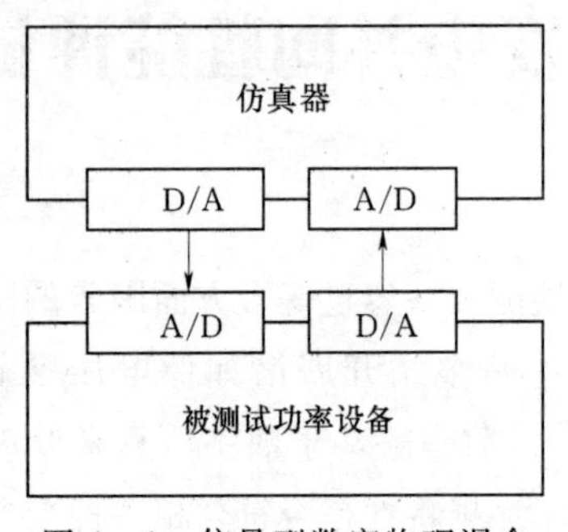

图6-1　信号型数字物理混合仿真结构框图

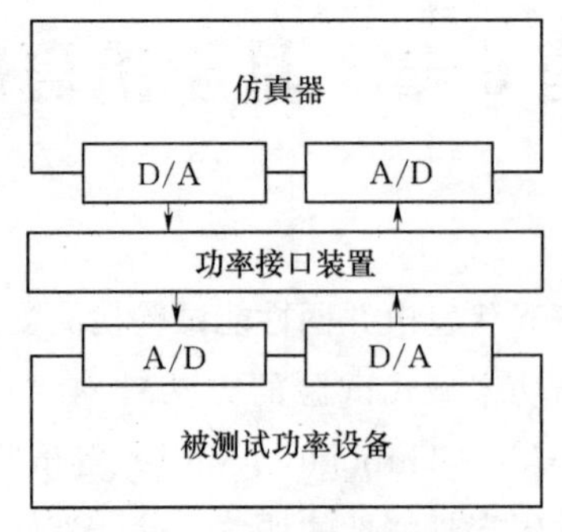

图6-2　功率型数字物理混合仿真结构框图

用于开展数字物理混合仿真的仿真器主要有RTDS、RT-LAB、dSPACE、SPEEDGOAT等，本章以RT-LAB仿真器为例，阐述如何针对光伏逆变器并网性能评估开展信号型数字物理混合仿真。

6.1.2　数字物理混合仿真平台

光伏逆变器数字物理混合仿真平台结构框图如图6-3所示，主要包括仿真模型、

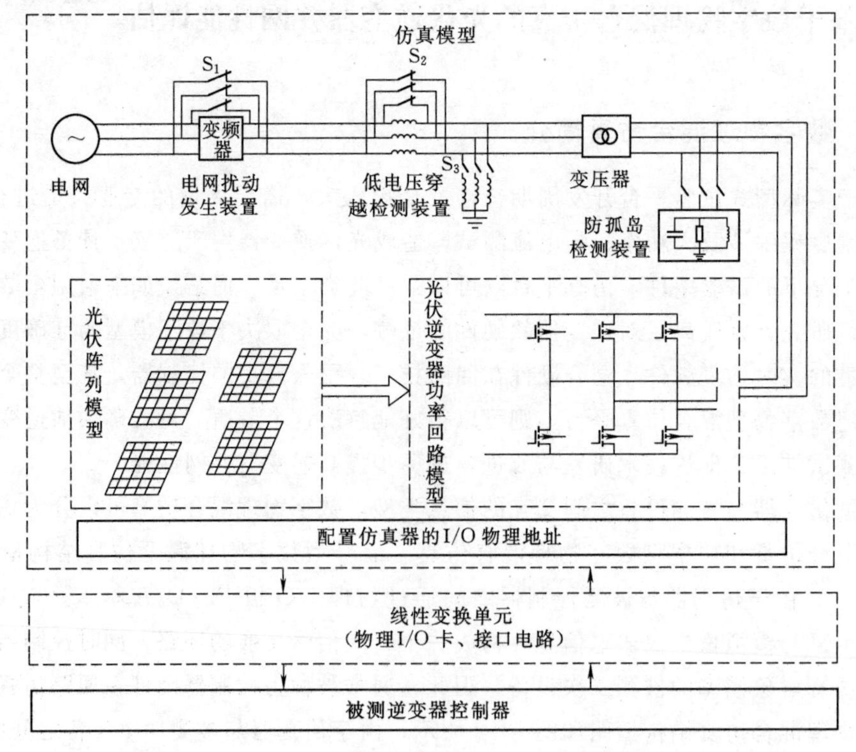

图6-3　光伏逆变器数字物理混合仿真平台结构框图

线性变换单元和被测逆变器控制器三部分。仿真模型包括电网、电网扰动发生装置、低电压穿越检测装置、变压器、防孤岛检测装置、被测光伏逆变器功率回路和光伏阵列等模型，以及用于配置仿真器物理 I/O 接口地址的功能模块；物理模型为真实的被测逆变器控制器；仿真模型和物理模型通过信号调理板卡等接口电路构成的线性变换单元进行硬件在环连接。

仿真模型由仿真器进行运算处理，RT－LAB仿真器结构示意图如图 6－4 所示，核心为CPU处理器与FPGA处理器，两者之间采用PCIe总线进行高速数据交换。CPU处理器主要负责用户仿真模型的运算处理；FPGA处理器用于管理各种信号调理板卡，实现CPU处理器与外围信号调理板卡之间各种模拟量和数字量信息的交换与管理，也可以进行用户仿真模型的运算处理。另外，为实现与外部控制器之间进行物理I/O信号对接，仿真器也配置各种信号调理板卡，包括模拟量输入、模拟量输出、数字量输入和数字量输出四种类型。

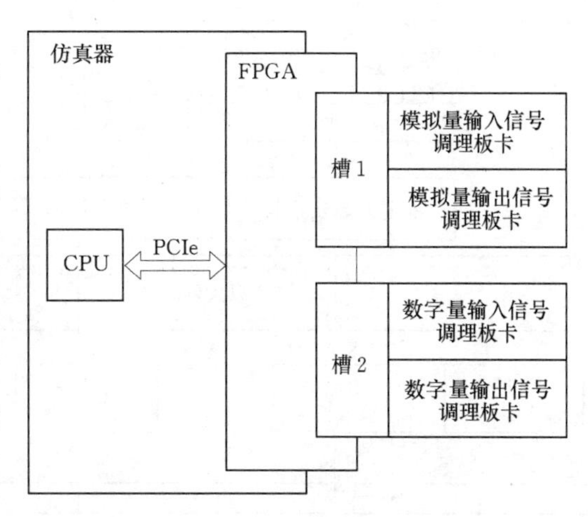

图 6－4　RT－LAB仿真器结构示意图

由于光伏逆变器采用高频开关动作的全控型器件IGBT和脉宽调制技术，要求有极高的脉冲触发精度，而基于CPU处理器的仿真步长一般高于10μs，不适合对功率器件开关频率大于10kHz的光伏逆变器功率回路进行电磁暂态仿真。因此，对于功率器件开关频率小于10kHz的光伏逆变器功率回路模型以及光伏阵列、低电压穿越检测装置、防孤岛检测装置等慢速模型，采用CPU处理器大步长仿真，仿真步长一般为10～100μs；对于功率器件开关频率大于10kHz的光伏逆变器功率回路模型，采用FPGA处理器小步长仿真，仿真步长一般小于10μs。如此可以基于数字物理混合仿真，对各种功率器件开关频率的光伏逆变器开展低电压穿越、频率适应性和防孤岛保护等并网性能进行评估。

6.1.3　数字物理混合仿真评估方法

以光伏逆变器低电压穿越特性评估为例，介绍光伏逆变器并网性能数字物理混合仿真评估方法。光伏逆变器数字物理混合仿真框图如图 6－5 所示，数字物理混合仿真的硬件部分包括上位机PC、RT－LAB仿真器和被测光伏逆变器控制器三大部分，仿真器通过模拟量输出板卡、模拟量输入板卡、数字量输出板卡、数字量输入板卡与被测光伏逆变器控制器进行物理 I/O 口的连接，同时可通过示波器接口直接与外部示波器连接，监测各种仿真波形。仿真软件部分为位于上位机 PC 中的仿真模型，主要包括 SC 监控系统和SM模型系统两大部分。

SC监控系统主要用于控制光伏逆变器低电压穿越试验平台主电路工作状态，同时

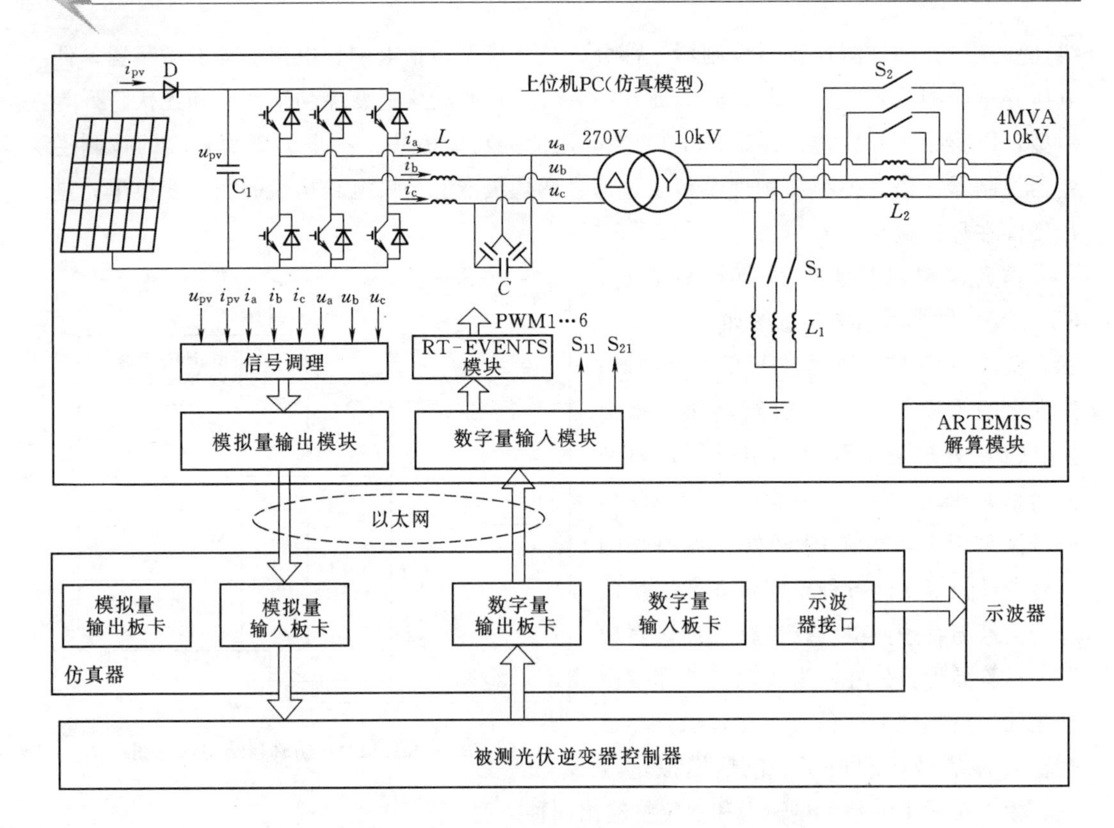

图 6-5　光伏逆变器数字物理混合仿真框图

显示光伏逆变器输出侧的三相电压、电流以及直流侧电压、电流量等。SM 模型系统主要包括光伏逆变器低电压穿越试验平台主电路、信号调理、RT-EVENTS 模块、模拟量输出模块、数字量输入模块和 ARTEMIS 解算模块六大部分。信号调理模块的作用是通过比例缩小、电平抬升等手段将采集到的主电路中的逆变器输出三相交流电压 u_a、u_b、u_c 和逆变器输出三相交流电流 i_a、i_b、i_c 以及直流母线电压 u_{pv} 和电流 i_{pv} 线性变换到外部控制器中 AD 采样口所能接受的电平范围内，然后通过对模拟量输出模块的硬件地址配置和上位机 PC 与 RT-LAB 仿真器之间的以太网连接将模拟量信号传送至 RT-LAB 仿真器中的模拟量输入板卡；同理，通过上位机 PC 与 RT-LAB 仿真器之间的以太网连接和对数字量输入模块的硬件地址配置，可得到外部控制器输出的数字量信号。RT-EVENTS 模块将外部 6 路 PWM 脉冲信号处理后输出给 IGBT 功率器件模型，可以精确控制脉冲的跳转在两个采样点之间的中间时刻发生，确保脉冲信号被仿真器有效捕捉。ARTEMIS 解算模块用于将开关切换后电路拓扑重新解算的时间降低到最小，与正常的电路解算时间处于相同的数量级，实现仿真模型的实时运行。

如图 6-5 所示，SM 模型系统中的光伏逆变器低电压穿越试验平台主电路从左至右依次包括光伏阵列、防反二极管 D、直流母线稳压电容 C_1、6 个 IGBT 功率器件、LC 滤波器、△/Y 接法的升压变、接地电抗器 L_1、接地开关 S_1、限流电抗器 L_2、限流开关 S_2 和短路容量为 4MVA、线电压有效值为 10kV 的三相电网。整个主电路的工作原

理为光伏阵列输出的直流电压经光伏并网逆变器逆变为270V的交流电压，然后经升压变将电压升高为10kV，最后通过阻抗分压拓扑结构的电压跌落发生器并入10kV三相电网。光伏逆变器正常并网运行情况下，限流开关S_2的控制信号S_{21}为高电平，保证限流开关S_2为闭合状态，接地开关S_1的控制信号S_{11}为低电平，保证接地开关S_1为打开状态；当进行低电压穿越特性仿真时，在SC监控系统电平指令控制作用下，首先将控制信号S_{21}置为低电平，然后将控制信号S_{11}置为高电平，即首先将限流电抗L_2投入主电路运行，然后将接地电抗L_1接入主电路，通过阻抗分压原理实现10kV侧电网电压不同深度的跌落，从而基于相关标准，评估光伏逆变器的低电压故障穿越特性。

6.2　数字物理混合仿真评估案例

6.2.1　6kHz光伏逆变器仿真评估案例

针对功率器件开关频率不大于10kHz的新能源领域电力电子拓扑结构，采用仿真器中的CPU处理器进行数字物理混合仿真。以开关频率为6kHz的三电平逆变器为例，采用带插值补偿功能的电力电子功率器件进行建模，依据国家标准GB/T 19964—2012，开展基于数字物理混合仿真的光伏逆变器低电压穿越、电网频率适应性和防孤岛保护性能评估。

1. 被测逆变器简介

125kW光伏逆变器拓扑结构图如图6-6所示，为三电平T型逆变电路，功率器件IGBT开关频率为6kHz。

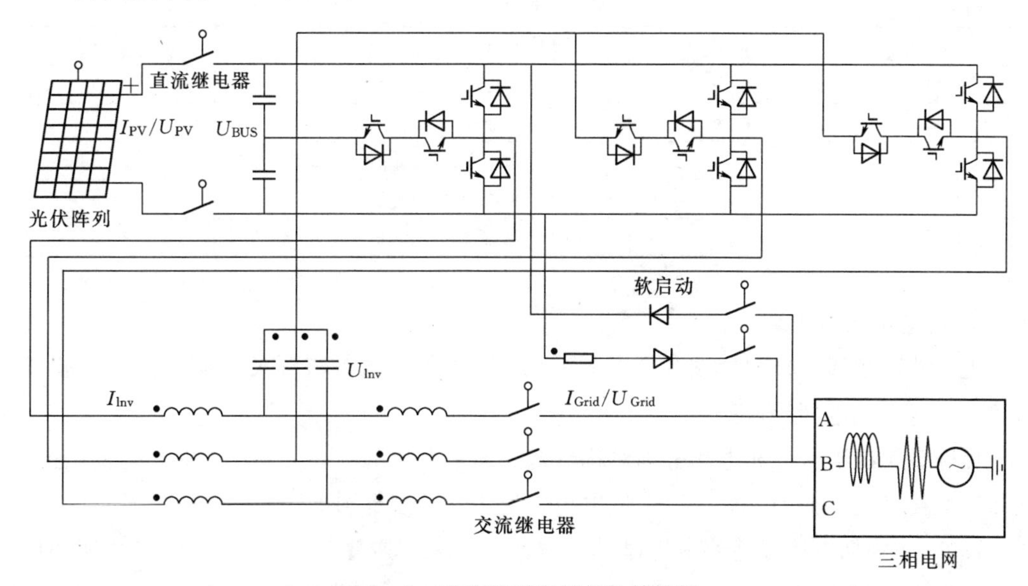

图6-6　125kW逆变器拓扑结构图

逆变器控制器与仿真器主要数字量接口表见表 6-1，主要模拟量接口表见表 6-2。

表 6-1　　主要数字量接口表

数字量接口	方　向	信号名	功能描述	备　注
1	输入	PWM_1	PWM 信号	高电平有效
2	输入	PWM_3		
3	输入	PWM_5		
4	输入	PWM_7		
5	输入	PWM_9		
6	输入	PWM_{11}		
7	输入	ACRELAY	交流接触器控制信号	
8	输入	DCRELAY+	直流接触器控制信号	
9	输入	DCRELAY-	直流接触器控制信号	

表 6-2　　主要模拟量接口表

模拟量接口	信号名	功能描述	变换式	电压范围/V
DA1	U_{AB}	网侧 AB 相电压	$y=0.00246x+1.5$	0～3
DA2	U_{BC}	网侧 BC 相电压	$y=0.00246x+1.5$	0～3
DA3	U_{CA}	网侧 CA 相电压	$y=0.00246x+1.5$	0～3
DA4	I_U	网侧 A 相电流	$y=0.003125x+1.5$	0～3
DA5	I_V	网侧 B 相电流	$y=0.003125x+1.5$	0～3
DA6	I_W	网侧 C 相电流	$y=0.003125x+1.5$	0～3
DA7	U_{BUS+}	母线正半电容电压	$y=0.00565x$	0～3
DA8	U_{BUS-}	母线负半电容电压	$y=0.00565x$	0～3
DA9	U_{PV}	光伏电压	$y=0.00281x$	0～3
DA10	I_{L_U}	逆变 A 相电流	$y=0.003125x+1.5$	0～3
DA11	I_{L_V}	逆变 B 相电流	$y=0.003125x+1.5$	0～3
DA12	I_{L_W}	逆变 C 相电流	$y=0.003125x+1.5$	0～3
DA15	I_{PV+}	PV+电流	$y=0.00811x+0.0577$	0～3
DA16	I_{PV-}	PV-电流	$y=0.00811x+0.0577$	0～3

2. 低电压穿越仿真

逆变器功率回路模型框图如图 6-7 所示，主要包括直流开关、逆变桥、滤波器、交流开关、三相电网等模型。

以轻载工况下，三相电压分别对称跌落到额定电压的 0%、20%和 80%为例，进行光伏逆变器低电压穿越特性仿真，低电压穿越仿真模型框图如图 6-8 所示。

图 6-9 为低电压穿越数字物理混合仿真过程中，逆变器轻载运行时，三相电网电压对称跌落至 0%U_n 时光伏逆变器并网点三相电压和三相电流波形。电网正常运行时，光伏逆变器并网点电压为 0.99p.u.，并网电流为 0.25p.u.；电网电压跌落期间，并网点电

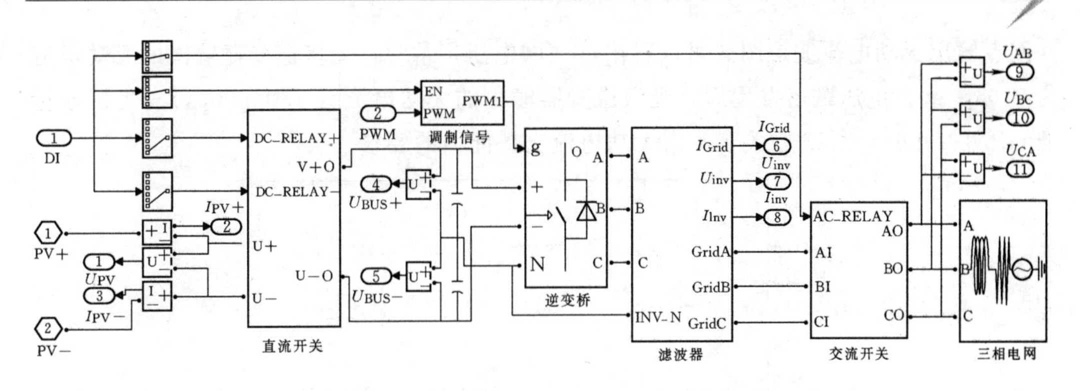

图 6-7　逆变器功率回路模型框图

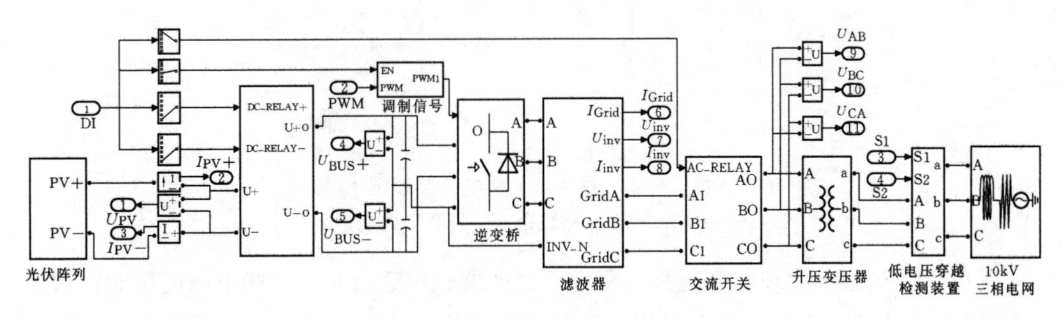

图 6-8　低电压穿越仿真模型框图

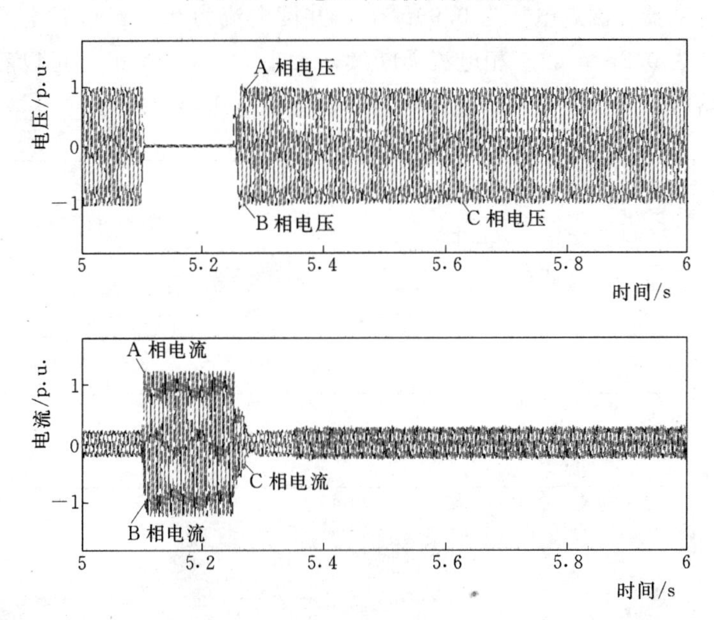

图 6-9　并网点电压和电流波形图
（三相电网电压对称跌落至 0%额定电压时）

压为 0.005p.u.，三相电流无断续，大小为 1.08p.u.。可以看出，在并网点电压发生跌落时，光伏逆变器未脱网运行，具备低电压穿越能力。图 6-10 为低电压穿越数字物理混合仿真过程中，逆变器轻载运行时，三相电网电压对称跌落至 $0\%U_n$ 时光伏逆变器并网点输出无功电流波形图。可以看出，电网电压正常时，光伏逆变器输出的无功电流为0.05p.u.，电压跌落发生后，光伏逆变器输出的无功电流为1.06p.u.，满足国家标准GB/T 19964—2012中关于动态无功电流支撑能力的要求。

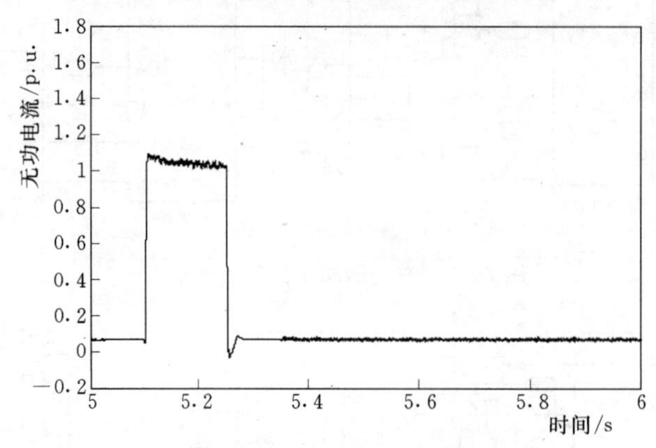

图6-10　并网点无功电流波形图
（三相电网电压对称跌落至0%额定电压时）

低电压穿越数字物理混合仿真过程中，逆变器轻载运行时，三相电网电压对称跌落至20%U_n时光伏逆变器并网点三相电压和三相电流波形图如图6-11所示。电网正常运行时，光伏逆变器并网点电压为0.99p.u.，并网电流为0.25p.u.；电网电压跌落期间，并网点电压为0.2p.u.，三相电流无断续，大小为1.075p.u.。可以看出，在并网点电压发生跌落时，光伏逆变器未脱网运行，具备低电压穿越能力。

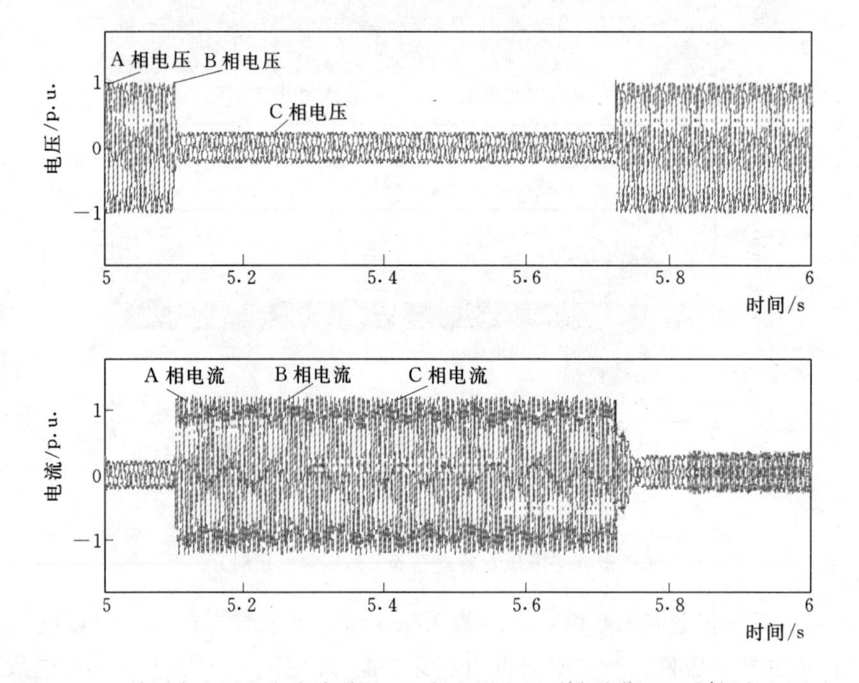

图6-11　并网点电压和电流波形图（三相电网电压对称跌落至20%额定电压时）

低电压穿越数字物理混合仿真过程中，逆变器轻载运行时，三相电网电压对称跌落至 20%U_n 时光伏逆变器并网点输出无功电流波形图如图 6-12 所示。可以看出，在低电压穿越期间，光伏逆变器输出的无功电流为 1.06p.u.，满足国家标准 GB/T 19964—2012 中关于动态无功电流支撑能力的要求。

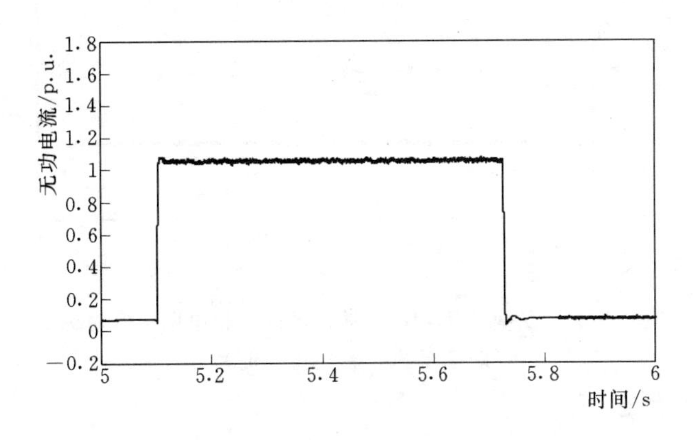

图 6-12　并网点无功电流波形图
（三相电网电压对称跌落至 20%额定电压时）

图 6-13 为低电压穿越数字物理混合仿真过程中，逆变器轻载运行时，三相电网电压对称跌落至 80%额定电压时光伏逆变器并网点三相电压和三相电流波形。电网正常运行时，光伏逆变器并网点电压为 0.995p.u.，并网电流为 0.25p.u.；电网电压跌落期间，并网点电压为 0.8p.u.，三相电流无断续，大小为 0.45p.u.。可以看出，在并网点电压发生跌落时，光伏逆变器未脱网运行，具备低电压穿越能力。图 6-14 为低电压穿越数字物理混合仿真过程中，逆变器轻载运行时，三相电网电压对称跌落至 80%额定电压时光伏逆

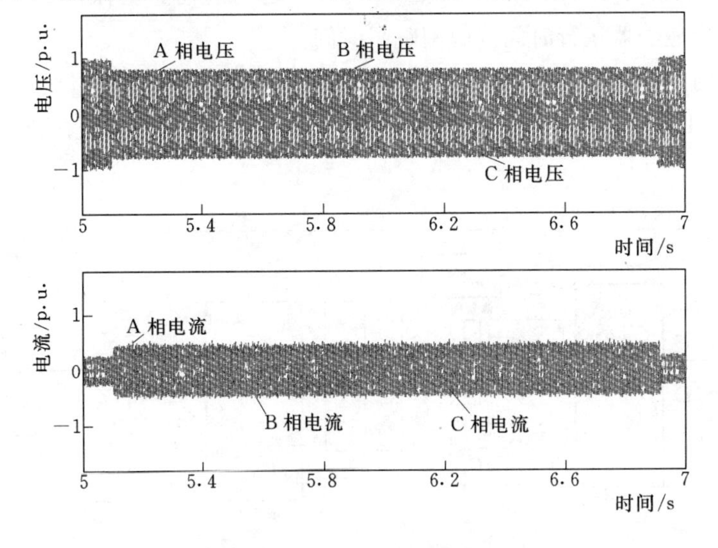

图 6-13　并网点电压和电流波形图
（三相电网电压对称跌落至 80%额定电压时）

变器输出无功电流波形。可以看出，在低电压穿越期间，光伏逆变器输出的无功电流为 0.29p.u.，满足国家标准 GB/T 19964—2012 中关于动态无功电流支撑能力的要求。

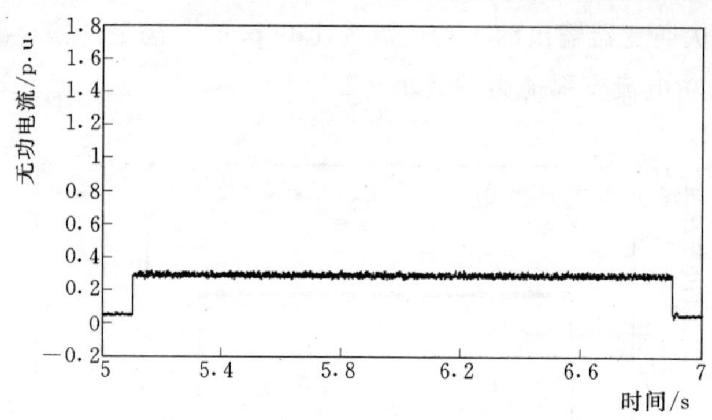

图 6-14　并网点无功电流波形图（三相电网电压对称跌落至 80%额定电压时）

3. 频率适应性仿真

电网频率适应性仿真步骤为：

（1）在并网点标称电压条件下，调节电网扰动发生装置，使得母线频率从额定值分别阶跃至 49.55Hz、50.15Hz 和 49.55～50.15Hz 之间的任意值保持至少 20min 后恢复到额定值。记录光伏逆变器运行时间或脱网跳闸时间。

（2）在并网点标称电压条件下，调节电网扰动发生装置，使得母线频率从额定值分别阶跃至 48.05Hz、49.45Hz 和 48.05～49.45Hz 之间的任意值保持 10min 后恢复到额定值。记录光伏逆变器运行时间或脱网跳闸时间。

（3）在并网点标称电压条件下，调节电网扰动发生装置，使得母线频率从额定值分别阶跃至 50.25Hz、50.45Hz 和 50.25～50.45Hz 之间的任意值保持 2min 后恢复到额定值。记录光伏逆变器运行时间或脱网跳闸时间。

（4）在并网点标称电压条件下，调节电网扰动发生装置，使得母线频率从额定值分别阶跃至 50.55Hz，记录光伏逆变器的脱网跳闸时间。频率适应性仿真模型框图如图 6-15 所示。

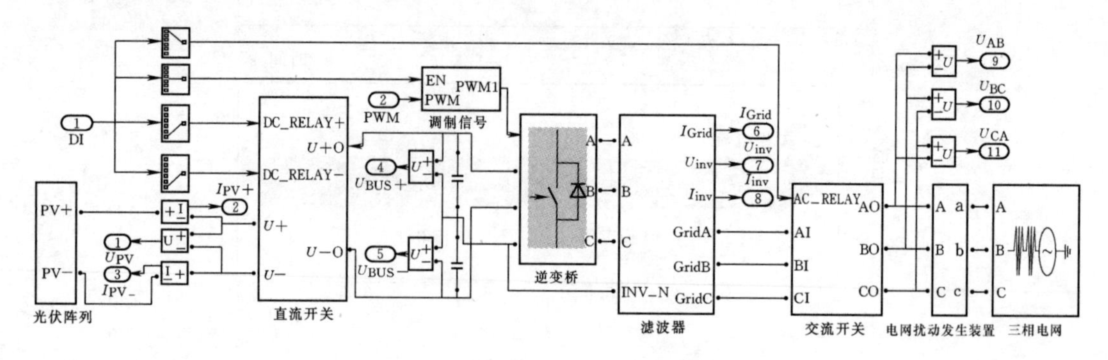

图 6-15　频率适应性仿真模型框图

以并网点电压频率分别由 50Hz 突变为 48.05Hz、49.00Hz、50.15Hz、50.25Hz 和 50.55Hz 为例，进行频率适应性数字物理混合仿真，仿真波形如图 6-16～图 6-20 所示，仿真结果见表 6-3。

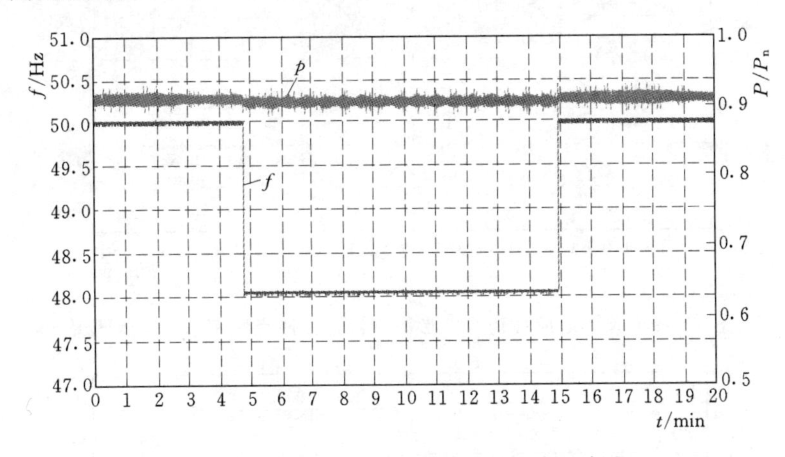

图 6-16 频率适应性仿真波形图（设定并网点频率为 48.05Hz）

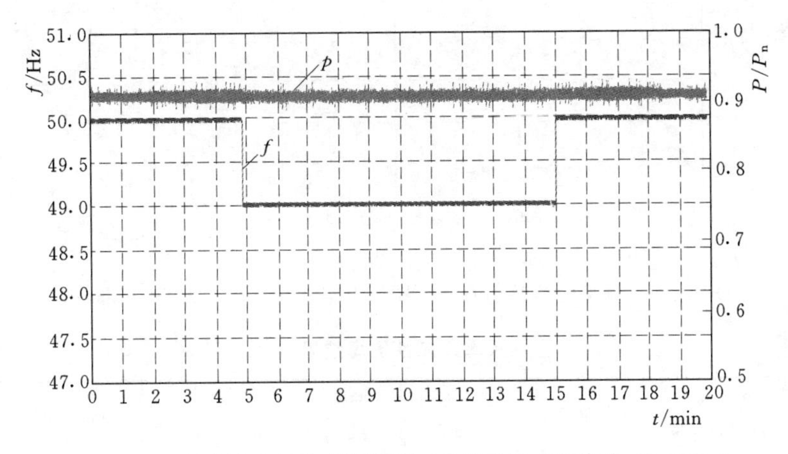

图 6-17 频率适应性仿真波形图（设定并网点频率为 49.00Hz）

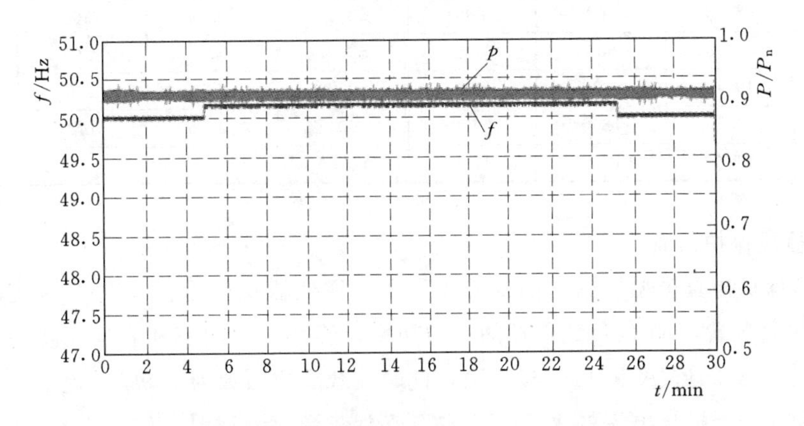

图 6-18 频率适应性仿真波形图（设定并网点频率为 50.15Hz）

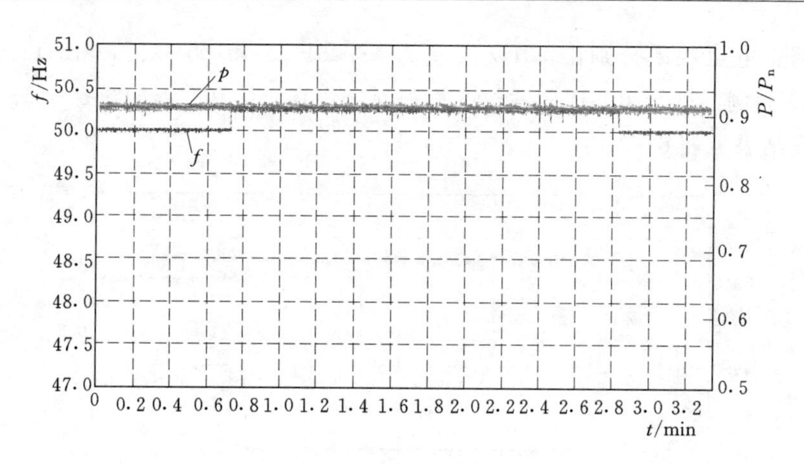

图 6-19　频率适应性仿真波形图（设定并网点频率为 50.25Hz）

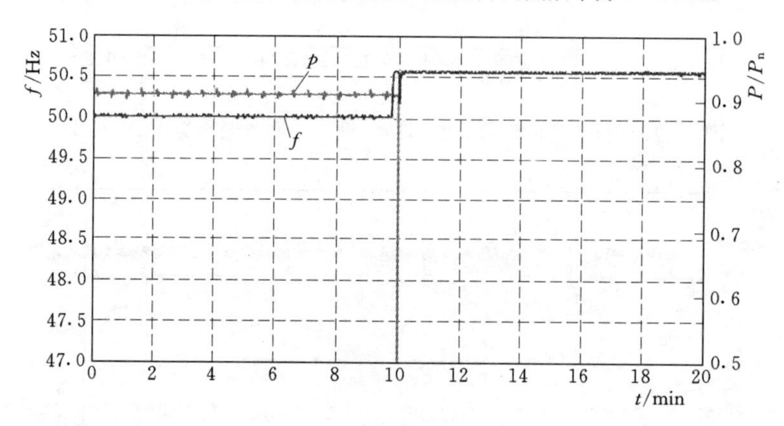

图 6-20　频率适应性仿真波形图（设定并网点频率为 50.55Hz）

表 6-3　　频率适应性仿真结果

并网点设定频率/Hz	并网点实际测量频率/Hz	设定时间/s	逆变器运行时间/s	并网点设定频率/Hz	并网点实际测量频率/Hz	设定时间/s	逆变器运行时间/s
48.05	48.05	600	600	50.15	50.14	1200	1200
49.00	49.00	600	600	50.25	50.25	125	125
49.45	49.45	600	600	50.30	50.31	125	125
49.55	49.55	1200	1200	50.45	50.45	140	140
49.85	49.85	1200	1200	50.55	50.55	—	0.21

4. 防孤岛保护仿真

防孤岛保护仿真模型框图如图 6-21 所示。逆变器初始运行在 95%额定功率，对 *RLC* 负载进行配置，*RLC* 负载消耗的有功功率、感性无功功率和容性无功功率分别为 118.21kW、118.21kVA 和 116.65kVA，此时负载品质因数为 0.993，流过并网开关的基波电流为逆变器输出电流的 1.56%，防孤岛保护数字物理混合仿真波形图如图 6-22 所示。被测光伏逆变器控制器在 2s 内断开与电网连接。

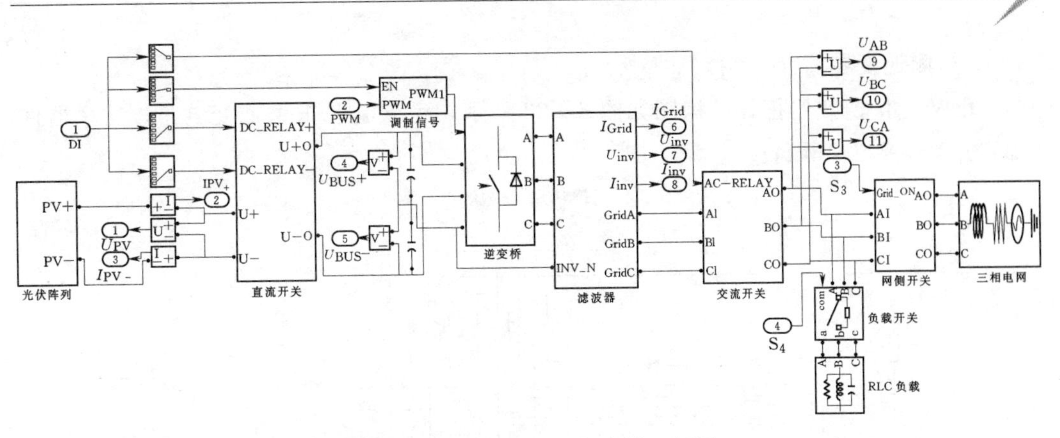

图 6-21 防孤岛保护仿真模型框图

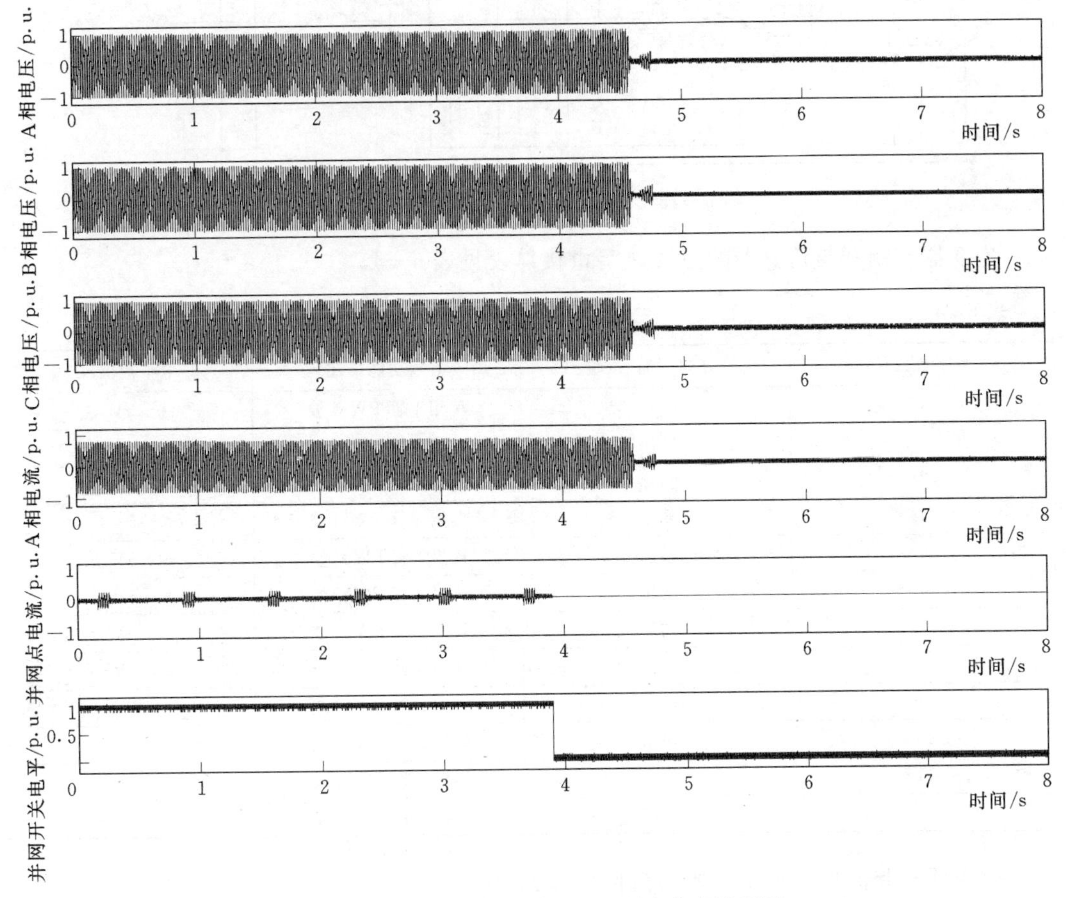

图 6-22 防孤岛保护数字物理混合仿真波形图

6.2.2 16kHz 光伏逆变器仿真评估案例

以开关频率为 16kHz 的三电平光伏逆变器为例，通过 CPU 处理器大步长仿真和 FPGA 处理器小步长仿真相结合的方式，分别进行基于数字物理混合仿真的光伏逆变器低电压穿越、频率适应性和防孤岛保护性能评估。

1. 被测逆变器简介

60kW 光伏逆变器拓扑结构图如图 6-23 所示，为三电平 T 型逆变电路，功率器件 IGBT 开关频率为 16kHz。

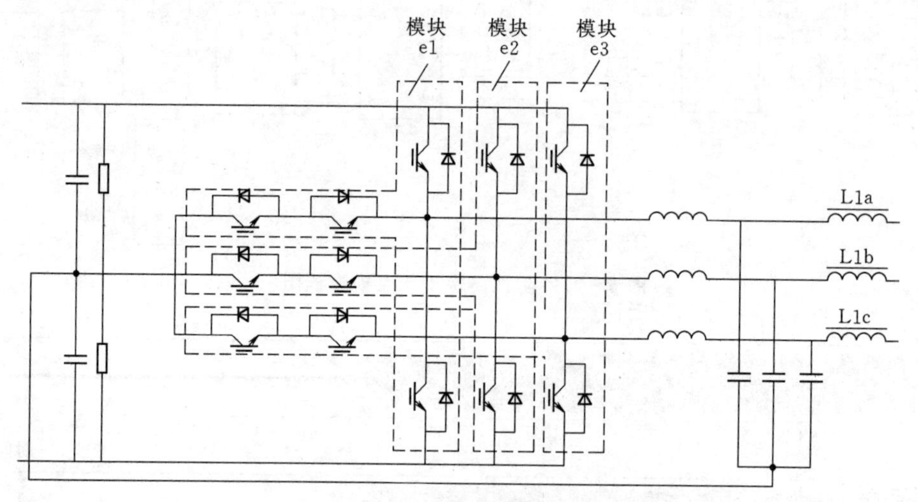

图 6-23　60kW 光伏逆变器拓扑结构图

逆变器控制器与仿真器的主要数字量接口表见表 6-4。

表 6-4　　主要数字量接口表

数字量接口	信号方向（输入/输出）	信号功能描述	电平范围
1	输出	A 相 1 管 PWM 波	0～5V
2	输出	A 相 2 管 PWM 波	0～5V
3	输出	A 相 3 管 PWM 波	0～5V
4	输出	A 相 4 管 PWM 波	0～5V
5	输出	B 相 1 管 PWM 波	0～5V
6	输出	B 相 2 管 PWM 波	0～5V
7	输出	B 相 3 管 PWM 波	0～5V
8	输出	B 相 4 管 PWM 波	0～5V
9	输出	C 相 1 管 PWM 波	0～5V
10	输出	C 相 2 管 PWM 波	0～5V
11	输出	C 相 3 管 PWM 波	0～5V
12	输出	C 相 4 管 PWM 波	0～5V

逆变器控制器与仿真器主要模拟量接口见表 6-5。

表 6-5　　主要模拟量接口表

模拟量接口	信号功能描述	信号调理公式	模拟量电平范围
DA1	A 相电网电压	$U_{out}=U_{in}\times\frac{56}{20056}+1.5$	0～3V
DA2	B 相电网电压	$U_{out}=U_{in}\times\frac{56}{20056}+1.5$	0～3V

续表

模拟量接口	信号功能描述	信号调理公式	模拟量电平范围
DA3	C相电网电压	$U_{out}=\frac{56}{20056}U_{in}+1.5$	0～3V
DA4	A相输出电流（以电压形式表示）	$U_{out}=\frac{I_{in}}{2000}\times\frac{33}{20/10}+1.5$	0～3V
DA5	B相输出电流（以电压形式表示）	$U_{out}=\frac{I_{in}}{2000}\times\frac{33}{20/10}+1.5$	0～3V
DA6	C相输出电流（以电压形式表示）	$U_{out}=\frac{I_{in}}{2000}\times\frac{33}{20/10}+1.5$	0～3V
DA7	直流母线电压	$U_{out}=\frac{10}{7\times510+10}U_{in}$	0～3V
DA8	PV输入电流	$U_{out}=\frac{56}{1000}I_{in}$	0～3V
DA9	R相逆变电压	$U_{out}=\frac{56/2}{20056}U_{in}+1.5$	0～3V
DA10	S相逆变电压	$U_{out}=\frac{56/2}{20056}U_{in}+1.5$	0～3V
DA11	T相逆变电压	$U_{out}=\frac{56/2}{20056}U_{in}+1.5$	0～3V

2. 低电压穿越仿真

基于CPU和FPGA处理器联合解算的光伏逆变器低电压穿越仿真模型框图如图6-24所示，低电压穿越检测装置模型接入变压器高压侧，通过变压器解耦将低电压穿越检测装置、电网置于CPU处理器大步长仿真模型中，逆变器置于FPGA处理器小步长仿真模型中。以逆变器重载运行时，三相电网电压分别对称跌落至0%U_n、20%U_n和80%U_n为例，进行低电压穿越数字物理混合仿真。

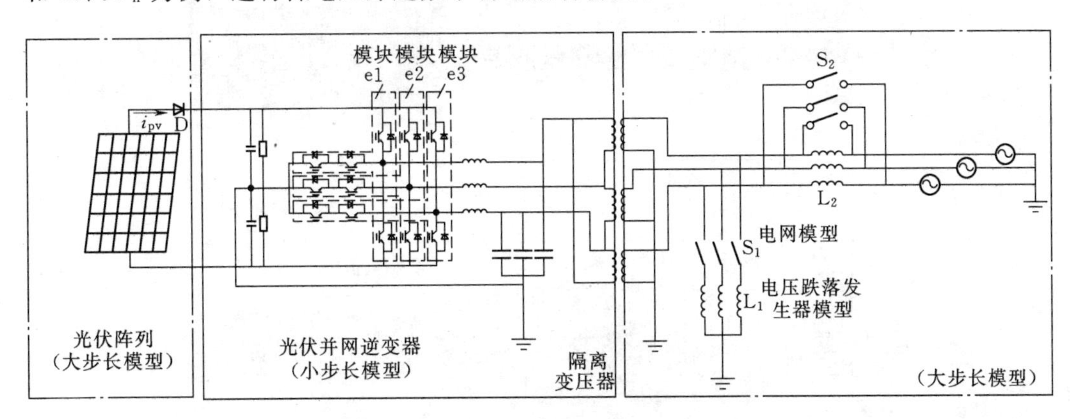

图6-24 逆变器低电压穿越仿真模型框图

图6-25为逆变器重载工况运行下，三相电网电压跌落至0%额定电压时光伏逆变器并网点三相电压和三相电流波形。电网正常运行时，光伏逆变器并网点电压为0.98p.u.，并网电流为0.8p.u.；电网电压跌落期间，三相并网点电压为0.01p.u.，三相电流无断续，大小为1.08p.u.，可以看出，在并网点电压发生跌落时，光伏逆变

器未脱网运行，具备低电压穿越能力。

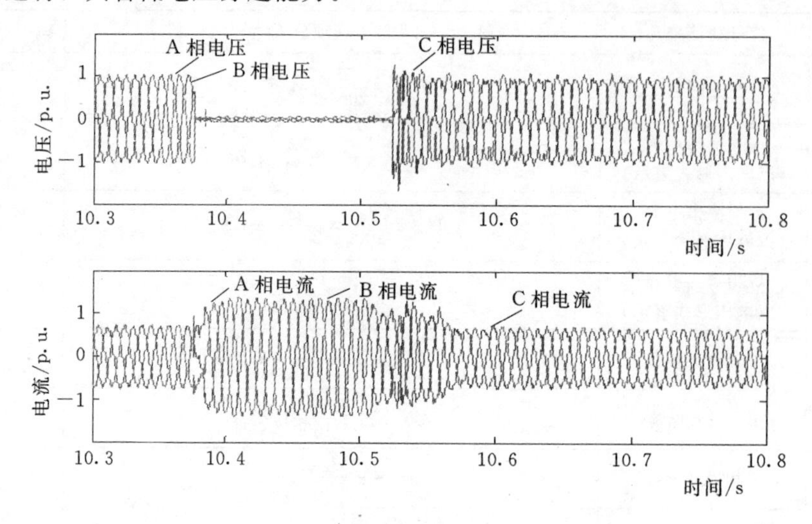

图 6－25　并网点电压和电流波形图（三相电网电压跌落至 0%额定电压时）

图 6－26 为逆变器重载运行工况下，三相电网电压跌落至 20%额定电压时光伏逆变器并网点三相电压和三相电流波形图。电网正常运行时，光伏逆变器并网点电压为 0.99p. u.，并网电流为 0.8p. u.；电网电压跌落期间，三相并网点电压为 0.2p. u.，三相电流无断续，大小为 1.05p. u.，可以看出，在并网点电压发生跌落时，光伏逆变器未脱网运行，具备低电压穿越能力。

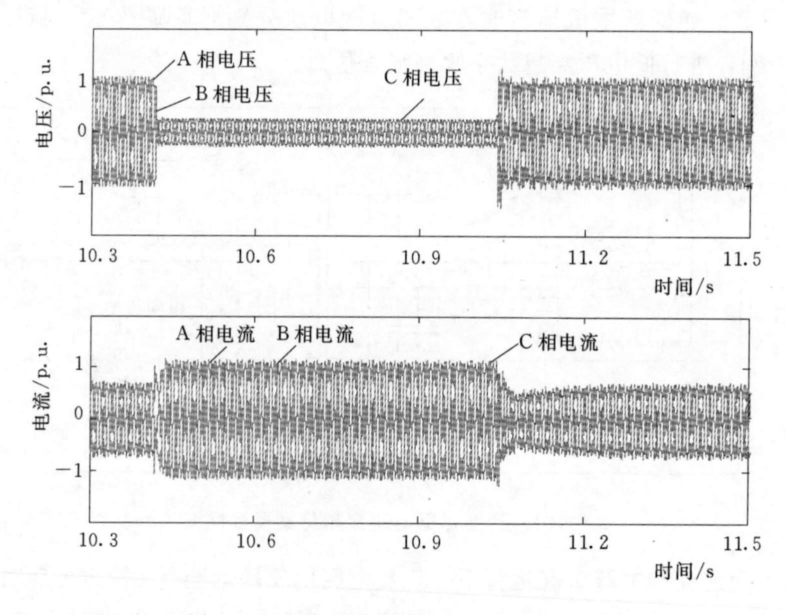

图 6－26　并网点电压和电流波形图（三相电网电压跌落至 20%额定电压时）

图6-27为逆变器重载运行工况下，三相电网电压跌落至80%额定电压时光伏逆变器并网点三相电压和三相电流波形。电网正常运行时，光伏逆变器并网点电压为0.99p.u.，并网电流为0.8p.u.；电网电压跌落期间，三相并网点电压为0.8p.u.，三相电流无断续，大小为0.95p.u.，可以看出，在并网点电压发生跌落时，光伏逆变器未脱网运行，具备低电压穿越能力。

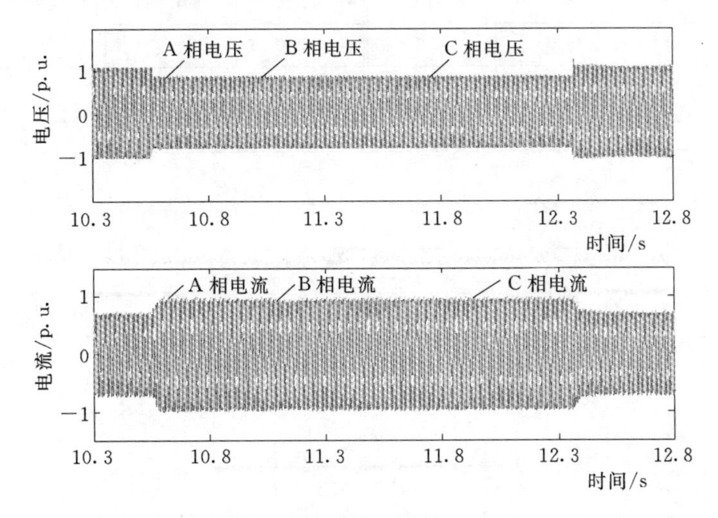

图6-27 并网点电压和电流波形图（三相电网电压跌落至80%额定电压时）

3. 频率适应性仿真

逆变器频率适应性仿真模型框图如图6-28所示，电网扰动发生装置、电网和光伏阵列置于CPU处理器大步长仿真模型中，逆变器模型置于FPGA处理器小步长仿真模型中，以并网点电压频率分别由50Hz突变为48.05Hz、49.00Hz、50.45Hz和50.55Hz为例，进行数字物理混合仿真，仿真波形如图6-29～图6-32所示，仿真结果见表6-6。

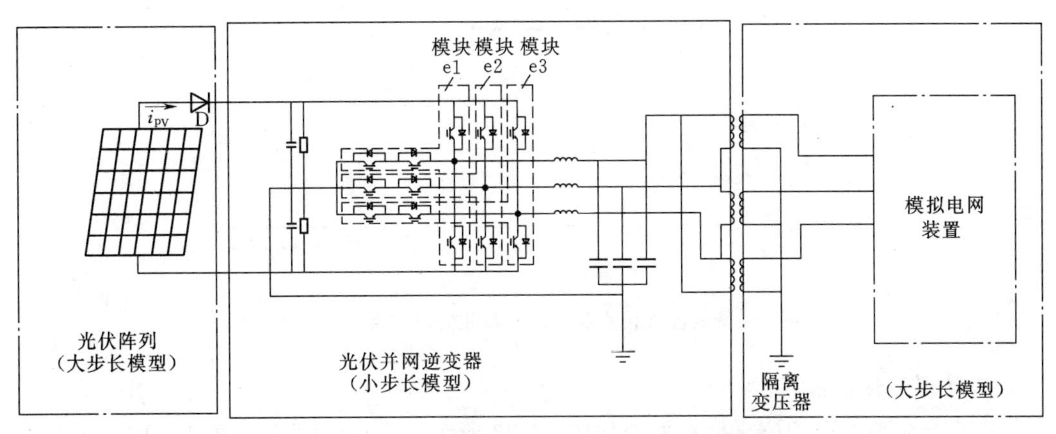

图6-28 逆变器频率适应性仿真模型框图

表6-6　　频率适应性仿真结果

并网点设定频率/Hz	并网点实际测量频率/Hz	设定时间/s	单元运行时间/s	并网点设定频率/Hz	并网点实际测量频率/Hz	设定时间/s	单元运行时间/s
48.05	48.05	600	600	50.15	50.15	1240	1240
49.00	49.00	610	610	50.25	50.25	120	120
49.45	49.44	620	620	50.30	50.30	120	120
49.55	49.55	1240	1240	50.45	50.46	120	120
49.85	49.85	1240	1240	50.55	50.55	—	0.013

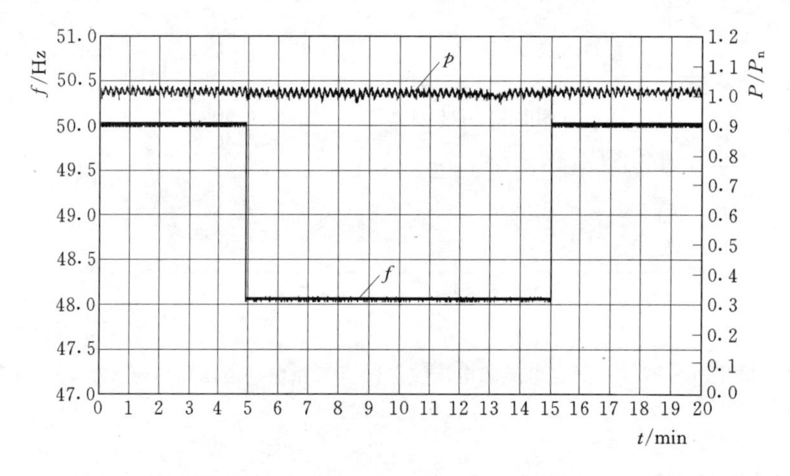

图6-29　频率适应性仿真波形图（设定并网点频率为48.05Hz）

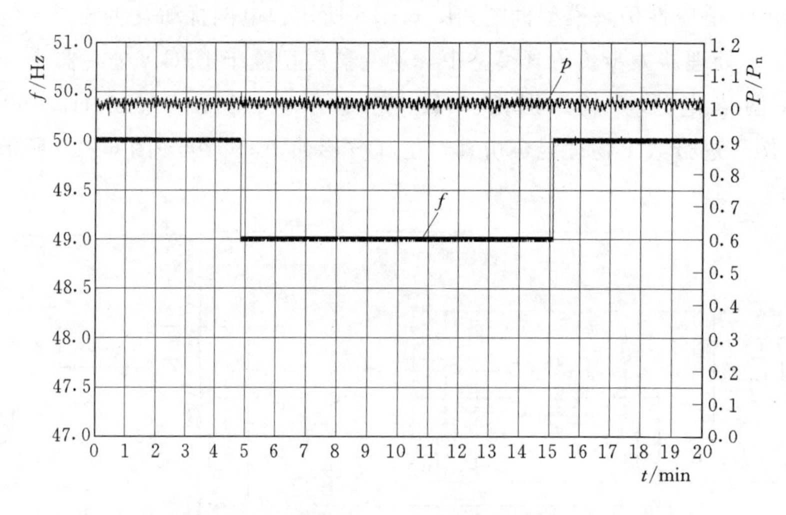

图6-30　频率适应性仿真波形图（设定并网点频率为49.00Hz）

4. 防孤岛保护仿真

逆变器防孤岛保护仿真模型框图如图6-33所示，光伏阵列模型置于CPU处理器大步长仿真模型中，逆变器、电网和RLC负载模型置于FPGA小步长仿真模型中。

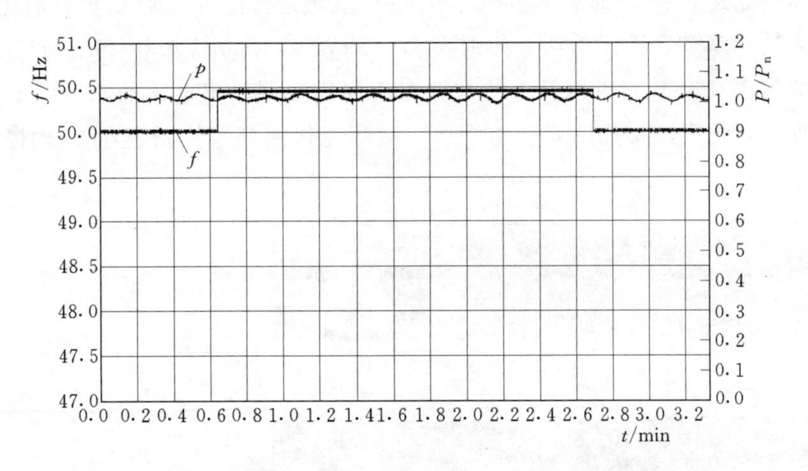

图 6-31 频率适应性仿真波形图（设定并网点频率为 50.45Hz）

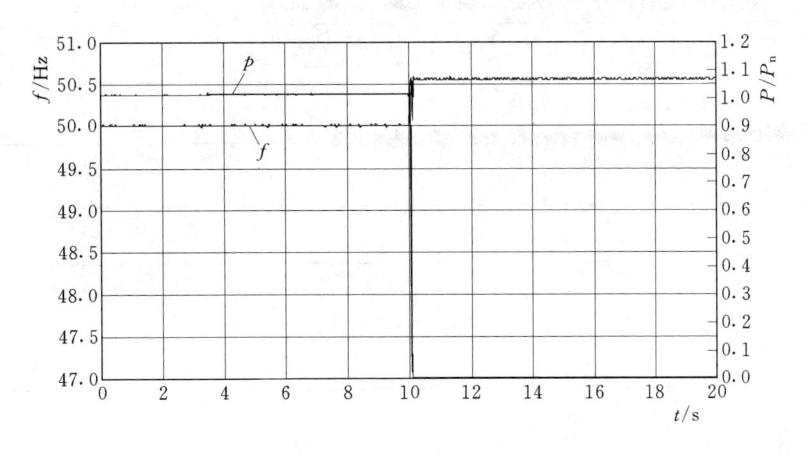

图 6-32 频率适应性仿真波形图（设定并网点频率为 50.55Hz）

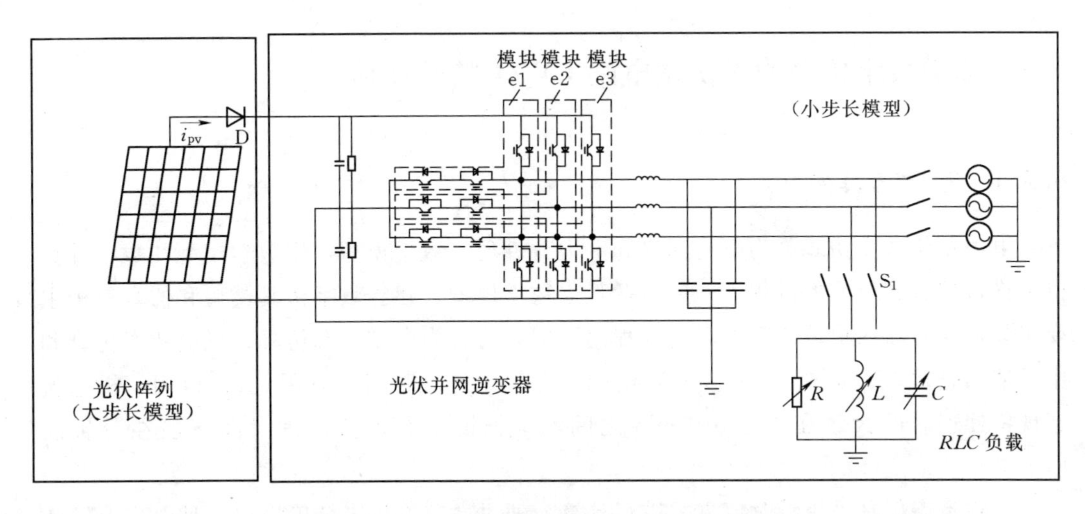

图 6-33 逆变器防孤岛保护仿真模型框图

逆变器初始运行在80%额定功率，对RLC负载进行配置，RLC负载消耗的有功功率、感性无功功率和容性无功功率分别为47.65kW、47.65kVA和48.51kVA，此时负载品质因数为1.01，流过并网开关的基波电流为逆变器输出电流的0.87%，防孤岛保护数字物理混合仿真波形如图6-34所示。被测光伏逆变器控制器在2s内断开与电网连接。

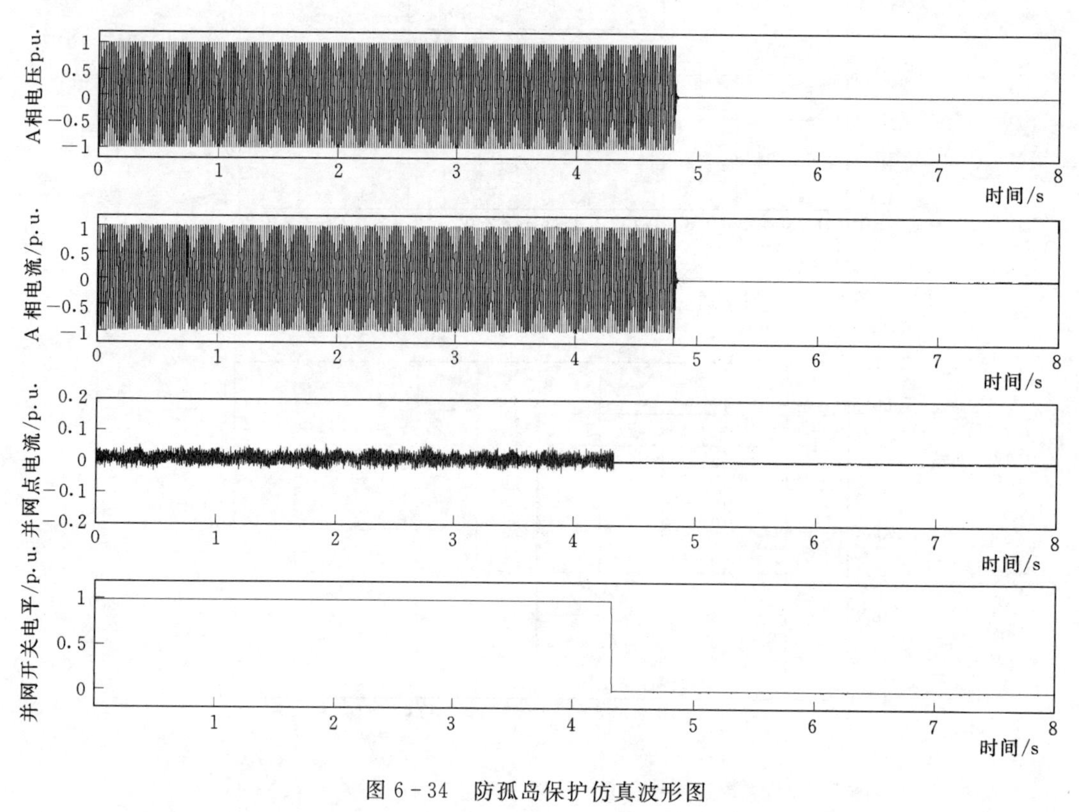

图 6-34　防孤岛保护仿真波形图

6.3　基于数字仿真的光伏发电站LVRT特性评估

6.3.1　数字仿真简介

电力系统数字仿真是为电力网络和电力元件建立数学模型，用数学模型在数字计算机上进行仿真和研究的过程，一般包括建立数学模型、建立数字仿真模型和仿真三个主要步骤，在时域内根据研究的动态过程的不同，可分为电磁暂态仿真、机电暂态仿真和中长期动态仿真。如图6-35所示，电磁暂态现象处理时间一般在10ms以内，机电暂态现象处理时间大致在10ms～1min之间，中长期动态现象处理时间一般在分钟级以上。

电磁暂态仿真采用瞬时值方式进行计算，通过微分方程来精确模拟各种电力电子装置的功率器件，如晶闸管、GTO以及IGBT等，常用的电磁暂态仿真程序有Electro-

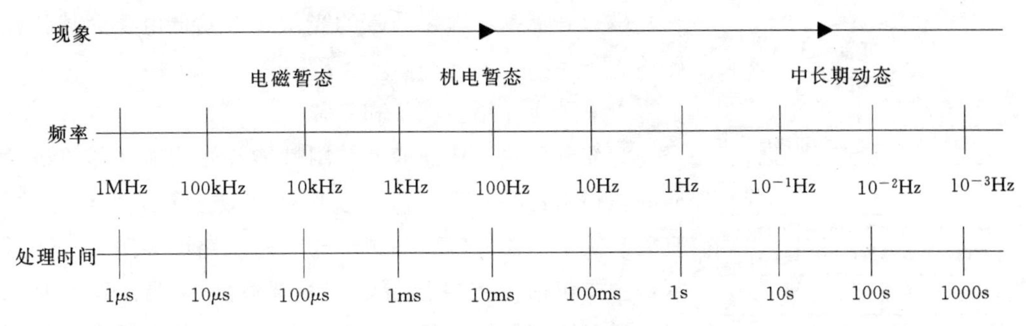

图6-35　电磁暂态、机电暂态和中长期动态的时频跨度示意图

Magnetic Transient Program（EMTP）、加拿大Manitoba直流研究中心的PSCAD/EMTDC、中国电力科学研究院的中国版EMTP和德国西门子公司的NETOMAC等。机电暂态仿真采用有效值方式进行计算，基于复阻抗的代数方程描述电力系统网络，对所描述系统的大小一般没有限制，尤其适合于大型电力系统稳定性的研究。目前，国内外常用的机电暂态仿真程序中有中国电力科学研究院的中国版BPA、电力系统综合程序PSASP、美国PTI公司的PSS/E、美国电科院的ETMSP、ABB公司的SIMPOW，德国西门子公司的NETOMACY，德国DIgSILENT GmbH公司的DIgSILENT GmbH/PowerFactory等。

6.3.2　数字仿真评估方法

在光伏发电并网试验检测领域，由于光伏发电特有的波动性、间歇性和随机性的特点，各国电网运营商均针对光伏发电站的并网性能，尤其是低电压穿越能力，提出了技术要求，但是受限于光伏发电站电气条件、地理位置以及并网性能检测装置容量等因素，系统的并网性能往往无法直接测量，难以验证是否满足标准要求，德国标准BDEW—2008要求光伏逆变器应通过实验室的型式试验，且需提供与光伏逆变器型式试验结果一致的仿真模型用于系统并网性能的分析与评价。我国光伏发电并网标准也提出了相应的技术要求，如国家标准GB/T 19964—2012和国家电网公司企业标准Q/GDW 1994—2013均要求光伏发电站应建立包括光伏发电单元、光伏发电站汇集线路等的光伏发电站模型，用于光伏发电站接入电力系统的规划设计与调度运行。

本节参考德国标准BDEW，介绍一种基于光伏逆变器仿真验证与整站详细建模的光伏发电站低电压穿越特性仿真评估方法，基于数字仿真的光伏发电站低电压穿越特性评估方法示意图如图6-36所示，主要步骤依次包括：

（1）建立光伏逆变器单机模型。

（2）对光伏逆变器进行低电压穿越型式试验，结合型式试验检测数据开展光伏逆变器单机模型仿真验证。

（3）基于与光伏逆变器并网型式试验结果一致的单机仿真模型，构建光伏发电站数字仿真模型。

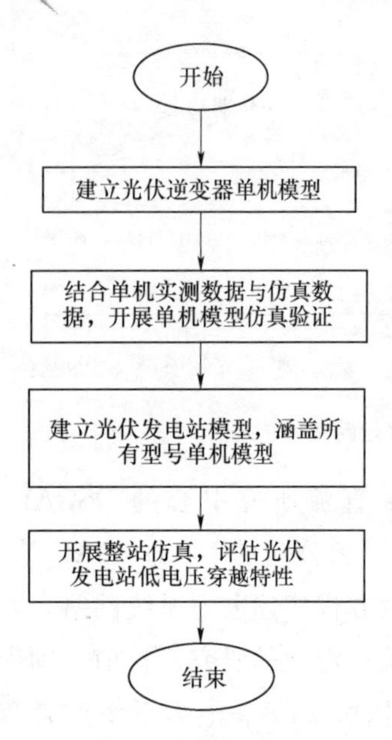

图 6－36　基于数字仿真的光伏发电站低电压穿越特性评估方法示意图

(4) 开展基于数字仿真的光伏发电站低电压穿越特性评估。

以下重点介绍步骤 1 和步骤 2。

为准确反映光伏逆变器并网性能，光伏逆变器单机模型的拓扑结构和参数选取与实际光伏逆变器应保持一致。典型光伏逆变器低电压穿越型式试验电路图如图 6－37 所示，主要包括可控直流源、被测光伏逆变器、升压变压器、低电压穿越检测装置、交流电网等。低电压穿越检测装置主要包括短路电抗器（L_s）、限流电抗器（L_l）、短路开关（S_s）及限流开关（S_l），建模时电抗器可视为线性元件，开关可视为理想开关；变压器模型通常采用 T 型等效电路，一般忽略铁损，考虑联结方式以及额定输入/输出电压、短路电压百分比等参数。

考虑目前大型光伏电站所采用的集中型逆变器拓扑以三相全桥电路为主，这里逆变器模型采用三相全桥主电路拓扑结构。光伏逆变器控制保护模型主要包括有功和无功功率控制，故障穿越控制与保护。为实现光伏逆变器有功

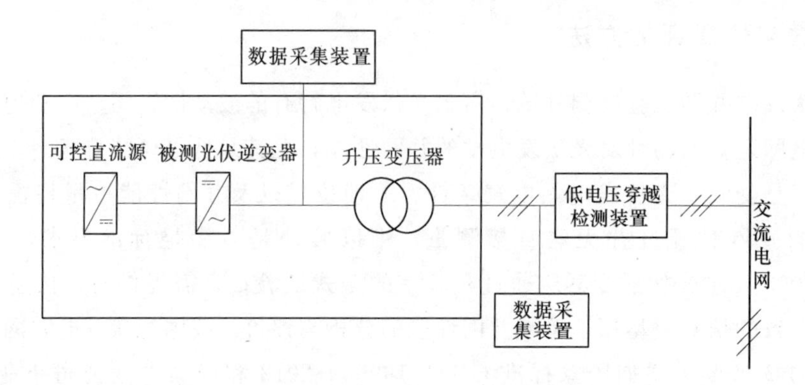

图 6－37　典型光伏逆变器低电压穿越型式试验电路图

和无功功率的解耦控制，基于等效功率变换将三相静止坐标系 abc 下的逆变器输出三相电流 i_a、i_b、i_c 转换为两相旋转坐标系 dq 下的有功电流分量 i_d 和无功电流分量 i_q，在 dq 坐标系下建立电压外环与无功外环控制以及电流内环控制，控制策略模型框图如图 6－38 所示。电压外环的作用是通过 PI 控制器调节给定有功电流分量 i_{dref}，使逆变器输入侧的直流电压 U_{dc} 快速准确地跟踪最大功率点参考电压 U_{dc_ref}；电流内环的作用是实现逆变器输出 d、q 轴电流的解耦，并通过同步向量电流 PI 控制器分别进行有功电流分量 i_d 和无功电流分量 i_q 的调节，分别跟踪其给定电流 i_{d_ref} 和 i_{q_ref}，将电流内环输出的两相旋转坐标系 dq 下的结果转换为两相静止坐标系，得到逆变器调制系数的实部 P_{mr} 与虚部 P_{mi}，这里采用 SPWM 调制方式，SPWM 调制信号可采用正弦电压的相量表

示为

$$\begin{cases}U_{ACr}=K_0P_{mr}U_{dc}\\U_{ACi}=K_0P_{mi}U_{dc}\\U_{AC}=U_{ACr}+jU_{ACi}\end{cases}\tag{6-1}$$

式中　U_{ACr}、U_{ACi}——光伏逆变器交流侧电压的实部与虚部；

U_{AC}——光伏逆变器交流侧桥臂输出电压；

K_0——直流母线电压利用率，SPWM 调制下为$\sqrt{3}/2\sqrt{2}$。

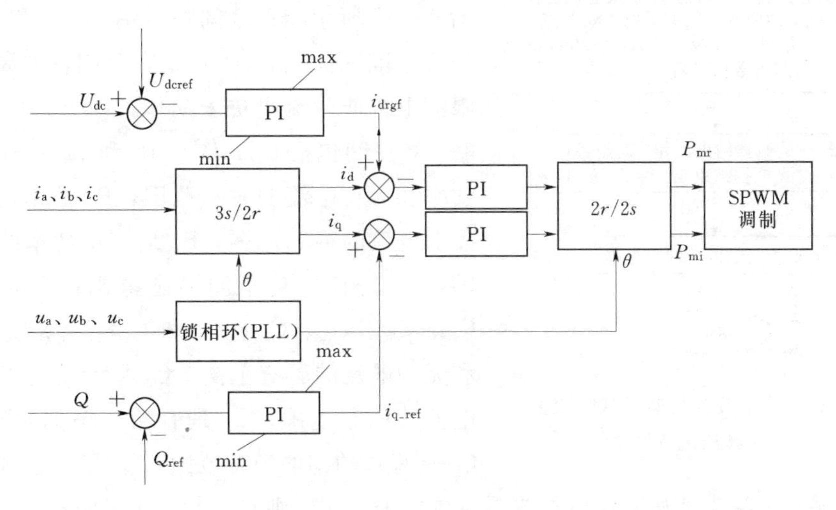

图 6-38　光伏逆变器控制策略模型框图

电压与频率保护模型包括过/欠压保护与过/欠频保护，需定义电压、频率阈值及持续时间，具体根据光伏逆变器出厂保护值设定，光伏逆变器电压与频率保护模型框图如图 6-39 所示。U/f 限值模块考虑相关标准中要求的电压和频率阈值范围，若 A、B 和 C 相电压中任意电压或者频率超出保护阈值范围，输出使能信号将控制光伏逆变器交流输出电流为零，保证并网点电压或频率变化超出设定范围时，光伏逆变器脱网运行。

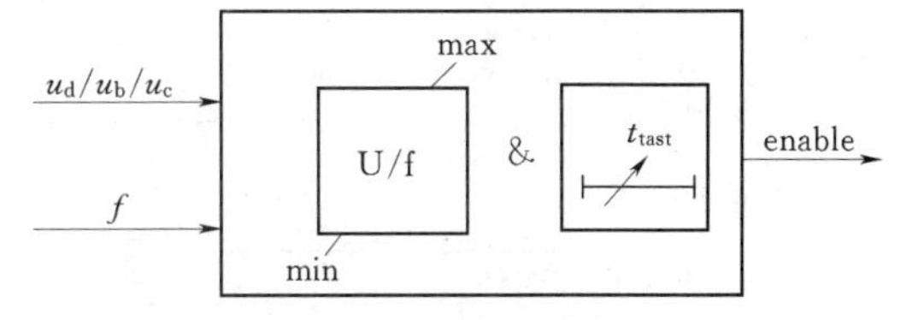

图 6-39　光伏逆变器电压与频率保护模型框图

光伏发电站在电压发生跌落故障时向电网吸收无功，导致并网点电压进一步降低，并网点电压持续降低将不足以维持相连负载正常工作，要求光伏逆变器在电网发生故障时，能够保持并网运行，同时提供无功电流支撑母线电压，保证电压稳定性。因此，需保证光伏逆变器模型在故障穿越暂稳态仿真过程中的无功电流 I_r、有功功率 P 和无功功率 Q 的基波正序分量等关键参数与逆变器型式试验结果具有一致性。在进行逆变器模型仿真验证之前，首先需进行仿真数据与型式试验数据时序

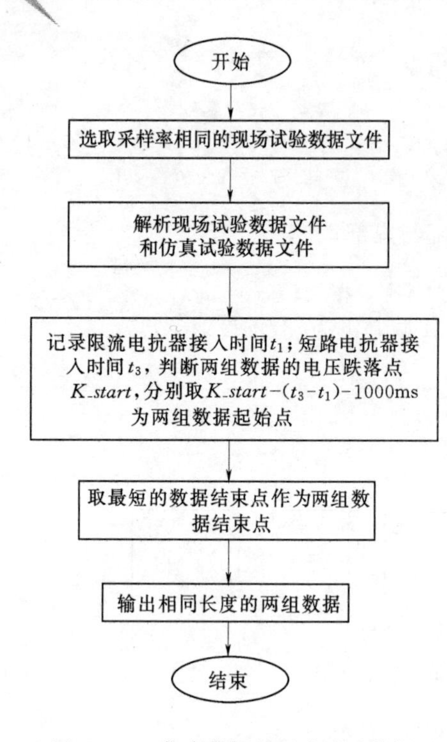

图6-40　仿真数据与型式试验数据同步算法流程图

的同步，同步算法流程图如图6-40所示，得到时间同步的两组数据。通常在发生扰动前后，将同步数据分为故障前、故障中和故障后三个区间，分别分析不同区间内的误差。这里定义A为电压跌落前的区间；B为电压跌落至故障清除的区间；C为故障清除后的区间，按照A、B、C三个区间划分的暂态和稳态范围示意图如图6-41所示。A区间包括A_1、A_2和A_3，A_2是暂态范围，A_1、A_3是稳态范围，如果未使用限流电抗或限流电抗未动作，则A_1和A_2可忽略；B区间包括B_{1r}、B_{2r}、B_{1a}和B_{2a}，B_{1r}是无功功率和无功电流的暂态范围，B_{2r}是无功功率和无功电流的稳态范围，B_{1a}是有功功率的暂态范围，B_{2a}是有功功率的稳态范围；C区间包括C_{1r}、C_{2r}、C_{1a}、C_{2a}、C_3和C_4，C_{1r}是无功功率和无功电流的暂态范围，C_{2r}是无功功率和无功电流的稳态范围，C_{1a}是有功功率的暂态范围，C_{2a}是有功功率的稳态范围，C_3是暂态区域，C_4是稳态区域，如果未使用限流电抗或限流电抗未动作，则C_3和C_4可忽略。

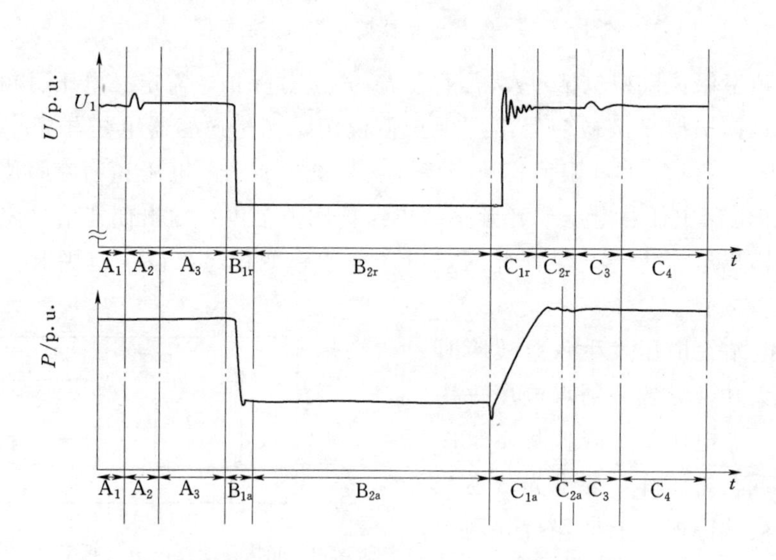

图6-41　暂态和稳态范围示意图

通过仿真数据与型式试验数据之间的误差分析可以验证逆变器单机模型的准确性，令K_{M_Begin}/K_{M_End}和K_{S_Begin}/K_{S_End}分别为仿真数据与实际试验数据的开始时间/结束时间，均值误差计算公式表示为

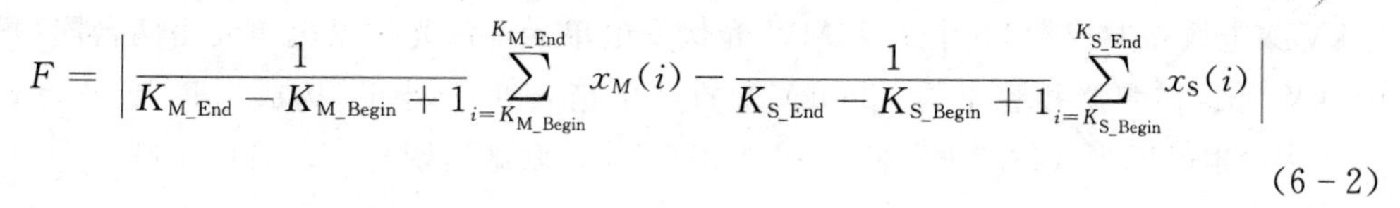

$$F=\left|\frac{1}{K_{\mathrm{M\_End}}-K_{\mathrm{M\_Begin}}+1}\sum_{i=K_{\mathrm{M\_Begin}}}^{K_{\mathrm{M\_End}}}x_M(i)-\frac{1}{K_{\mathrm{S\_End}}-K_{\mathrm{S\_Begin}}+1}\sum_{i=K_{\mathrm{S\_Begin}}}^{K_{\mathrm{S\_End}}}x_{\mathrm{S}}(i)\right| \tag{6-2}$$

最大误差计算公式表示为

$$F'=\max_{i=K_{\mathrm{Begin}},\cdots,K_{\mathrm{End}}}\{|x_{\mathrm{M}}(i)-x_{\mathrm{S}}(i)|\} \tag{6-3}$$

根据暂态故障分区原则，在A，B和C的范围内，每个区间均包含有功功率，无功功率和无功电流，即 F_{IrA}、F_{IrB}、F_{IrC}、F_{QA}、F_{QB}、F_{QC}、F_{PA}、F_{PB}、F_{PC} 共9种"区域故障"，以范围A的无功电流误差 F_{IrA} 为例

$$F_{\mathrm{IrA}}=\left|\frac{F_{\mathrm{IrA1}}(K_{\mathrm{A1End}}-K_{\mathrm{A1Begin}})+F_{\mathrm{IrA2}}(K_{\mathrm{A2End}}-K_{\mathrm{A2Begin}})+F_{\mathrm{IrA3}}(K_{\mathrm{A3End}}-K_{\mathrm{A3Begin}})}{K_{\mathrm{AEnd}}-K_{\mathrm{ABegin}}}\right| \tag{6-4}$$

可以根据A、B、C各区域故障的持续时间占故障总时间的比例来相应分配各区域误差占总误差的权重，通过加权计算得到有功功率、无功功率和无功电流的总误差，参考德国标准BDEW中给定的误差容限阈值技术要求见表6-7，完成光伏逆变器单机模型的一致性分析。

表6-7　　误差容限阈值技术要求

电气参数	F_1	F_2	F_3	F_G
有功功率，$\Delta P/P_n$	0.10	0.20	0.15	0.15
无功功率，$\Delta Q/Q_n$	0.07	0.20	0.10	0.15
无功电流，$\Delta I_r/I_n$	0.10	0.20	0.15	0.15

注：F_1 为稳态范围内均值的最大偏差；F_2 为暂态范围内均值的最大偏差；F_3 为稳态范围内正序均值的最大偏差；F_G 为最大总误差。

6.4 数字仿真评估案例

6.4.1 光伏发电站基本信息

某光伏发电站拓扑结构如图6-42所示。光伏发电站内母线包括35kV及110kV两个电压等级，35kV母线采用两段单母线接线方式，110kV母线采用单母线接线方式，站内建立110kV升压变电站，通过2回35kV集电线路汇集后，经站内主变压器 T_1 升压后接入110kV汇集站，T_1 额定容量为63000kVA，额定电压为（115±8×1.25%/35±2×2.5%/10.5)kV。

其中一回35kV集电线路共连接23个1MW光伏发电单元，该光伏发电单元由两台同型号的500kW光伏逆变器和容量为1100kVA的升压箱式变压器 T_2 构成，T_2 型号为S11-1100，额定电压为（38.5±2×2.5%/0.315）kV，联结组别为Y，d11，d11；另一回

35kV 集电线路共连接 20 个 1.26MW 光伏发电单元，该光伏发电单元由两台同型号的 630kW 光伏逆变器和容量为 1300kVA 的升压箱式变压器 T_3 构成，T_3 型号为 S11-1300，额定电压为 (38.5±2×2.5%/0.315)kV，联结组别为 Y，d11，d11。

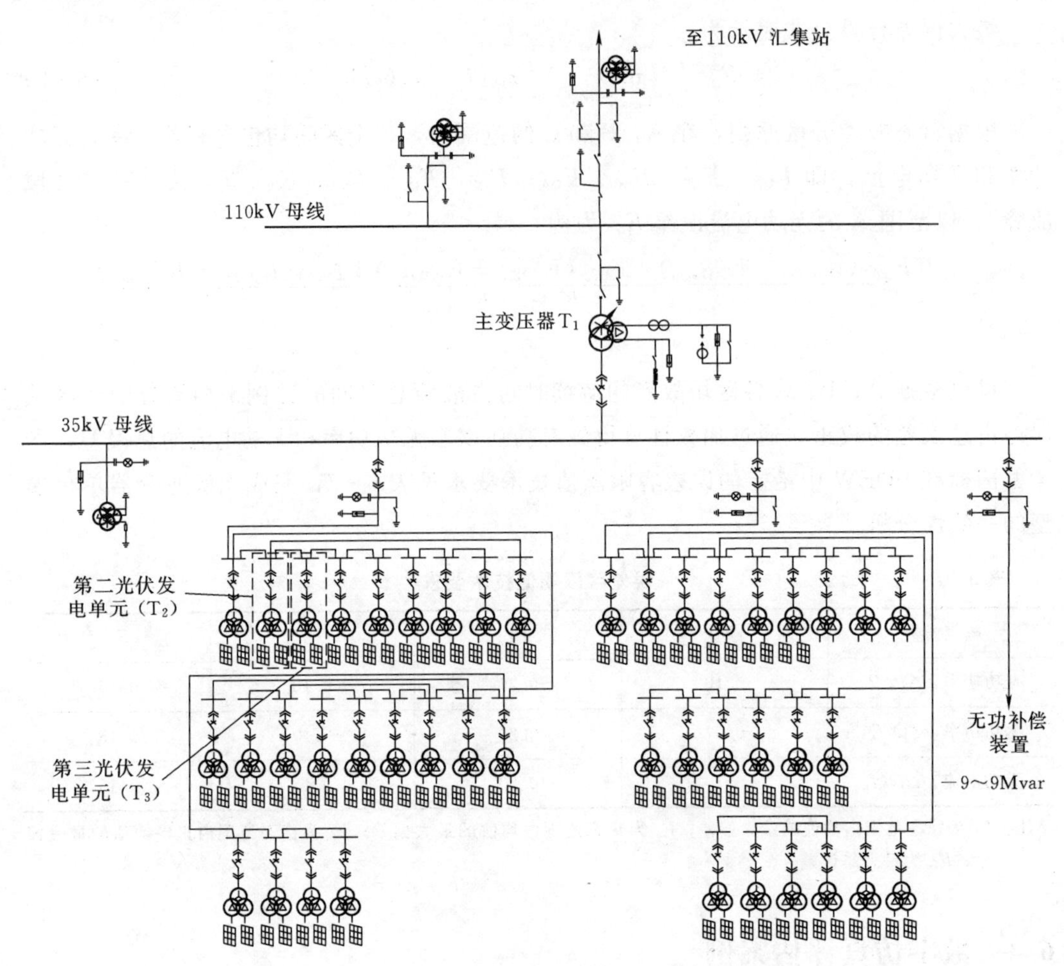

图 6-42　某光伏发电站拓扑结构图

6.4.2　光伏逆变器型式试验

由于该光伏发电站采用 500kW 及 630kW 两种型号光伏逆变器，因此需对两种型号的光伏逆变器分别开展低电压穿越型式试验，下面以一种测试工况为例进行介绍。

1. 500kW 光伏逆变器低电压穿越型式试验

型式试验工况：重载运行工况下，500kW 光伏逆变器交流侧电压由 U_n 三相对称跌落到 40%U_n，主要试验结果如图 6-43 所示。

当电网电压跌落至 40%U_n 且故障持续 1s 时，500kW 光伏逆变器始终保持并网，故障结束后，三相电流经 0.7s 恢复至故障前大小。

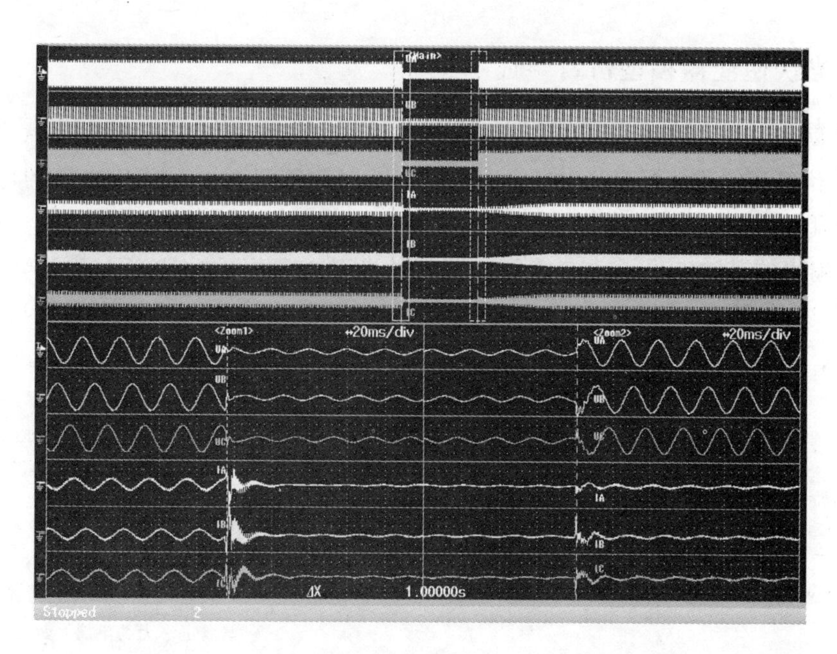

图 6-43　500kW 光伏逆变器三相对称跌落到 40%U_n 时的电压、电流波形图

2. 630kW 光伏逆变器低电压穿越型式试验

型式试验工况：重载运行工况下，630kW 光伏逆变器交流侧电压由 U_n 跌落到 40%U_n，主要试验结果如图 6-44 所示。

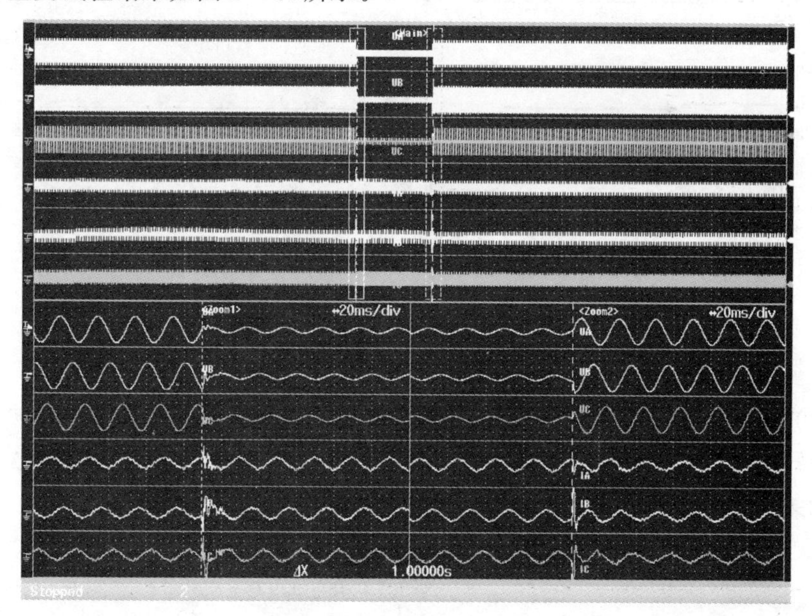

图 6-44　630kW 光伏逆变器三相对称跌落到 40%U_n 时的电压、电流波形图

当电网电压跌落至 40%U_n 且故障持续 1s 时，630kW 逆变器始终保持并网，故障结束后，三相电流经 0.1s 恢复至故障前大小。

6.4.3 光伏逆变器模型仿真验证

采用 DIgSILENT GmbH/PowerFactory 仿真软件，分别针对 500kW 光伏逆变器和 630kW 光伏逆变器建立模型，进行电网电压三相对称跌落至 40%额定电压的低电压穿越特性仿真，仿真结果分别如图 6-45 和图 6-46 所示。在低电压穿越期间，500kW 光伏逆变器输出的基波正序无功电流为 0.82p.u.、基波正序无功功率为 0.116p.u.、基波正序有功功率为 0.46p.u.，630kW 光伏逆变器输出的基波正序无功电流为 0.79p.u.、基波正序无功功率为 0.109p.u.、基波正序有功功率为 0.43p.u.。

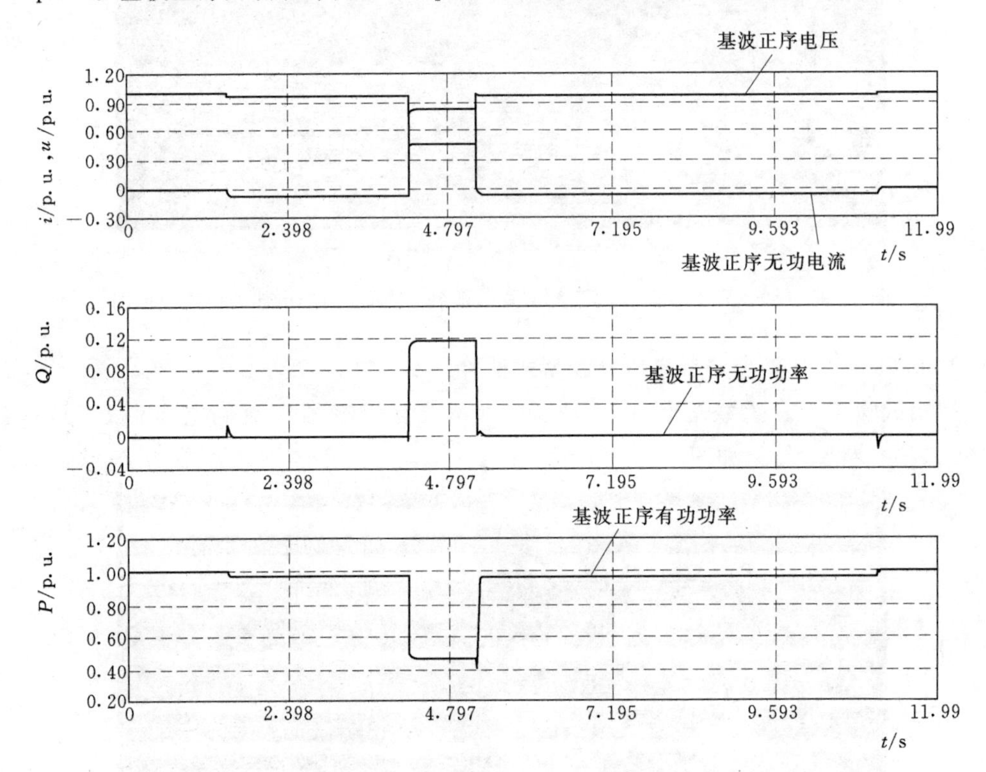

图 6-45　500kW 光伏逆变器仿真：三相对称跌落到 40%U_n 时的波形图

通过仿真与型式试验结果的误差进行加权统计，计算得到有功功率、无功功率和无功电流的总误差，500kW 光伏逆变器和 630kW 光伏逆变器的模型误差分析结果分别见表 6-8 和表 6-9，均在表 6-7 中的误差容限阈值范围内。

表 6-8　　500kW 光伏逆变器模型误差分析结果

电气参数	F_1	F_2	F_3	F_G
有功功率，$\Delta P/P_n$	0.029	0.100	0.060	0.009
无功功率，$\Delta Q/P_n$	0.010	0.115	0.065	0.006
无功电流，$\Delta I_r/I_n$	0.018	0.175	0.059	0.014

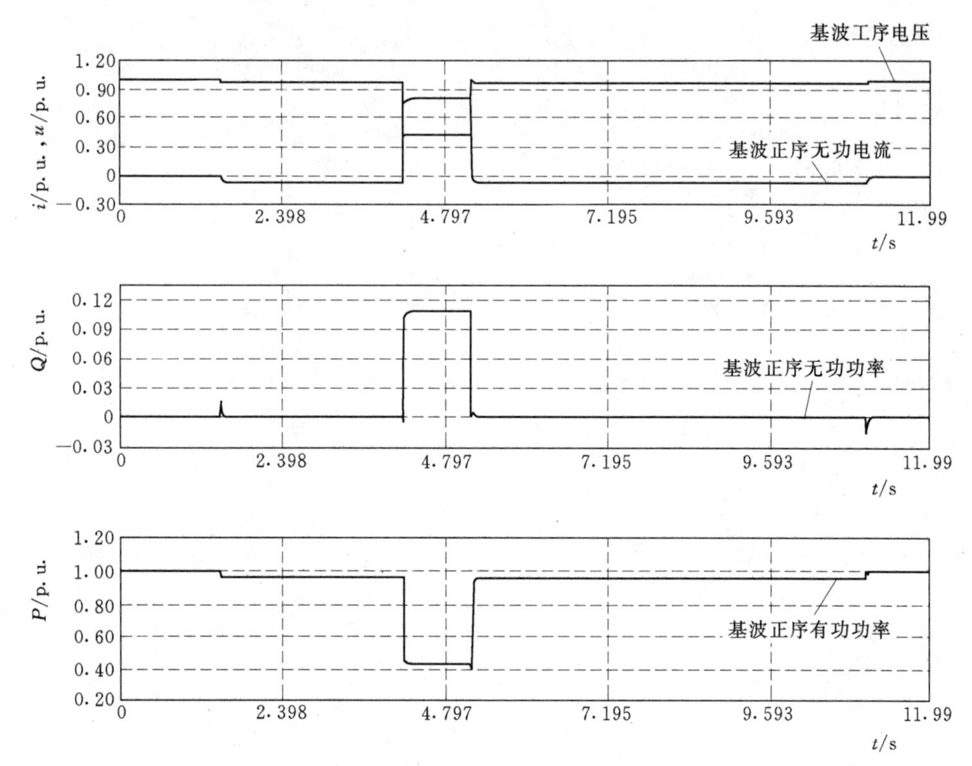

图 6-46　630kW 光伏逆变器仿真：三相对称跌落到 40%U_n 时的波形图

表 6-9　　630kW 光伏逆变器模型误差分析结果

电气参数	F_1	F_2	F_3	F_G
有功功率，$\Delta P/P_n$	0.034	0.112	0.064	0.01
无功功率，$\Delta Q/P_n$	0.010	0.113	0.056	0.008
无功电流，$\Delta I_r/I_n$	0.016	0.185	0.058	0.015

6.4.4 光伏发电站 LVRT 特性仿真评估

基于光伏逆变器单机模型，建立光伏发电站模型，光伏发电站模型示意图如图 6-47 所示，在光伏发电站 110kV 母线设置短路故障，假定发生三相对称 20%、40%、60%的电压跌落，通过并网点仿真结果可评价光伏发电站是否具备低电压穿越和无功支撑能力。三相对称 20%跌落，光伏发电站并网点电压及无功电流、有功功率仿真波形图如图 6-48、图 6-49 所示，三相对称 20%电压跌落仿真结果见表 6-10。由图 6-48、图 6-49 和表 6-10 可见，当并网点电压发生三相对称 20%跌落时，有功功率无断续，光伏发电站未脱网运行，具备低电压穿越能力；在三相对称 20%跌落过程中有功功率变化值为 23.85MW，功率恢复时间为 0.017s；并网点处输出无功电流为正值呈感性，具备无功支撑能力。

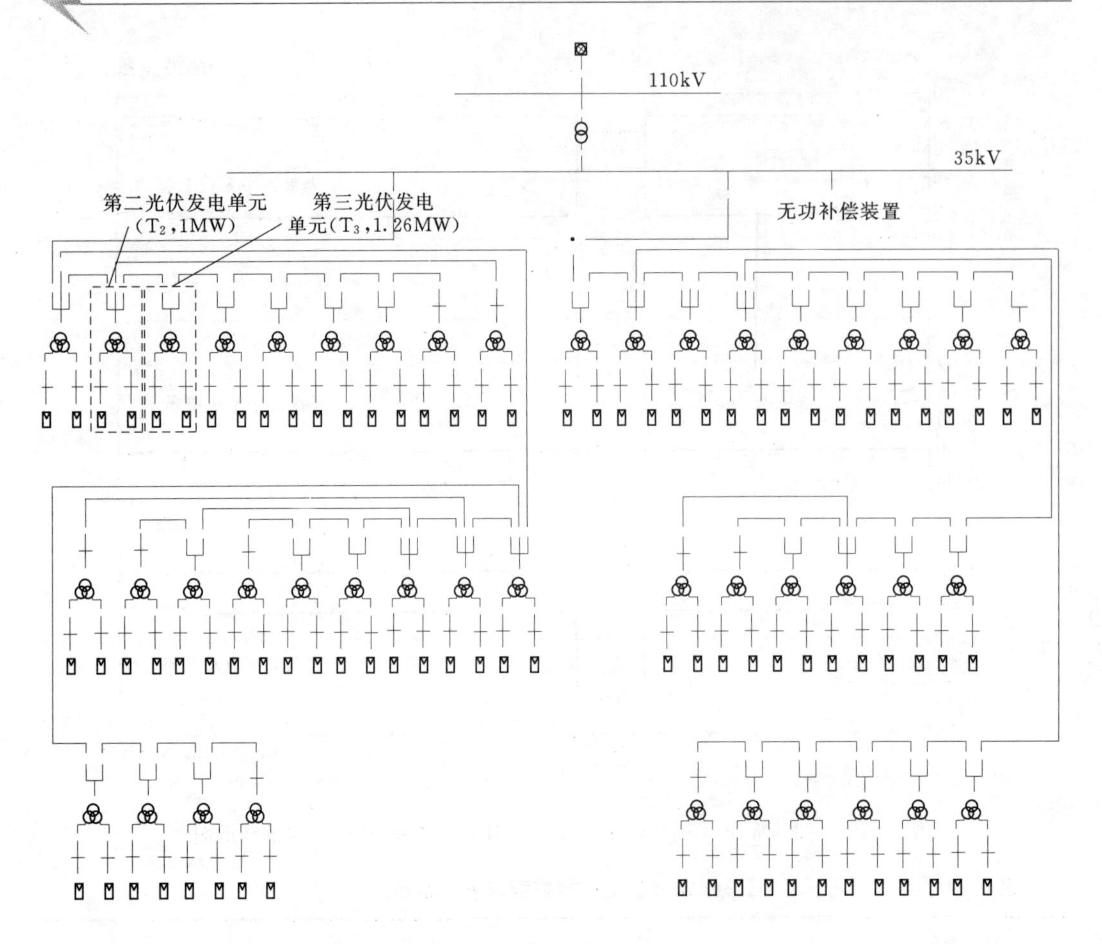

图 6-47　光伏发电站模型示意图

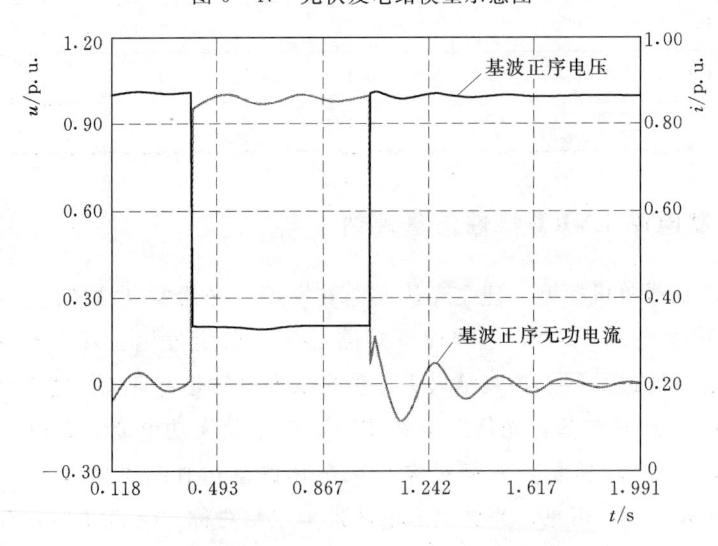

图 6-48　三相对称 20%跌落，光伏发电站
并网点电压及无功电流仿真波形图

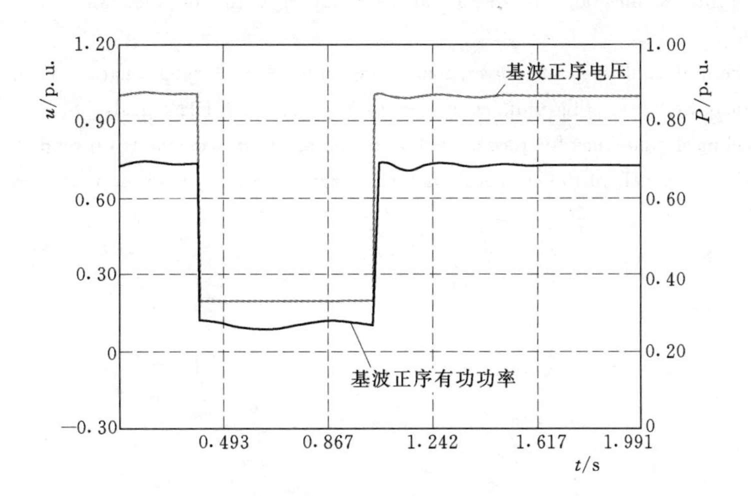

图 6-49 三相对称 20%跌落，光伏发电站并网点电压及有功功率仿真波形图

表 6-10 三相对称 20%电压跌落仿真结果

参 数	设 定 值	参 数	设 定 值
故障开始时间/s	0.40	功率恢复开始时间/s	1.035
故障结束时间/s	1.03	功率恢复结束时间/s	1.052
电压跌落深度/p.u.	0.206		

参 考 文 献

[1] 鞠平．电力系统建模理论与方法［M］．北京：科学出版社，2010.
[2] 汤涌，印永华．电力系统多尺度仿真与试验技术［M］．北京：中国电力出版社，2013.
[3] 袁荣湘．电力系统仿真技术与实验［M］．北京：中国电力出版社，2011.
[4] 郑飞，张军军，丁明昌．基于 RTDS 的光伏发电系统低电压穿越建模与控制策略［J］．电力系统自动化，2012，36（22）：19-24.
[5] 刘美茵，黄晶生，张军军，等．基于 BDEW 标准的光伏并网逆变器模型验证及误差分析［J］．电力系统自动化，2014，38（13）：196-201.
[6] 国家电网公司，中国电力科学研究院，国网电力科学研究院，等．GB/T 29319—2012 光伏发电系统接入配电网技术规定［S］．北京：中国标准出版社，2013.
[7] 中国电力科学研究院，中国科学院电工研究所，国网电力科学研究院．GB/T 19964—2012 光伏发电站接入电力系统技术规定［S］．北京：中国标准出版社，2013.
[8] 中国电力科学研究院，浙江省电力公司．Q/GDW 1994—2013 光伏发电站建模导则［S］．北京：中国电力出版社，2014.
[9] 周党生，黄晓，廖荣辉，等．大容量多功能电网扰动发生装置的研究［J］．电气应用，2015（3）：36-39.
[10] BDEW—2008. Generating Plants Connected to the Medium-voltage Network（Guideline for gen-

erating palnts' connection to and parallel operation with the medium - voltage network) [S]. 2008.

[11] FGW. Technical guidelines for power generating units: Part 3 determination of electrical characteristics of power generating units connected to MV, HV and EHV grids [S]. 2010.

[12] FGW. Technical guidelines for power generating units: Part 4 demands on modelling and validating simulation models of the electrical characteristics of power generating units and systems [S]. 2010.

附　　录

附表1　我国光伏发电部分政策收录

序号	时间	发布单位	政策名称	文号
国务院文件				
1	2006年2月	国务院	国家中长期科学和技术发展规划纲要（2006—2020年）	国发〔2005〕44号
2	2013年7月	国务院	关于促进光伏产业健康发展的若干意见	国发〔2013〕24号
国家发改委文件				
3	2007年1月	国家发改委	可再生能源电价附加收入调配暂行办法	发改价格〔2007〕44号
4	2008年3月	国家发改委	可再生能源发展“十一五”规划	发改能源〔2008〕610号
5	2013年7月	国家发改委	分布式发电管理暂行办法	发改能源〔2013〕1381号
6	2013年8月	国家发改委	关于发挥价格杠杆作用促进光伏产业健康发展的通知	发改价格〔2013〕1638号
7	2013年8月	国家发改委	关于调整可再生能源电价附加标准与环保电价的有关事项的通知	发改价格〔2013〕1651号
8	2015年3月	国家发改委、国家能源局	关于改善电力运行、调节促进清洁能源多发满发的指导意见	发改运行〔2015〕518号
国家能源局文件				
9	2013年8月	国家能源局 国家开发银行	关于支持分布式光伏发电金融服务的意见	国能新能〔2013〕312号
10	2013年9月	国家能源局	光伏电站项目管理暂行办法	国能新能〔2013〕329号
11	2013年11月	国家能源局	关于印发分布式光伏发电项目管理暂行办法的通知	国能新能〔2013〕433号
12	2013年11月	国家能源局	光伏电站运营监管暂行办法	国能监管〔2013〕459号
13	2014年1月	国家能源局	关于下达2014年光伏发电年度新增建设规模的通知	国能新能〔2014〕33号
14	2014年2月	国家能源局	新建电源接入电网监管暂行办法	国能监管〔2014〕107号
15	2014年3月	国家能源局	关于印发加强光伏产业信息检测工作方案的通知	国能新能〔2014〕113号
16	2014年5月	国家能源局	关于加强光伏发电项目信息统计及报送工作的通知	国能综新能〔2014〕389号

续表

序号	时间	发布单位	政策名称	文号
17	2014年7月	国家能源局、国家工商行政管理总局	关于印发风力发电场、光伏电站并网调度协议示范文本的通知	国能监管〔2014〕330号
18	2014年7月	国家能源局、国家工商行政管理总局	关于印发风力发电场、光伏电站购售电合同示范文本的通知	国能监管〔2014〕331号
19	2014年9月	国家能源局	关于进一步落实分布式光伏发电有关政策的通知	国能综新能〔2014〕406号
20	2015年3月	国家能源局	关于下达2015年光伏发电建设实施方案的通知	国能新能〔2015〕73号
21	2015年6月	国家能源局、工业和信息化部、国家认监委	关于促进先进光伏技术产品应用和产业升级的意见	国能新能〔2015〕194号
22	2015年1月	国家能源局	关于发挥市场作用促进光伏技术进步和产业升级的意见（征求意见稿）	国能综新能〔2015〕51号
23	2015年6月	国家能源局、工业和信息化部、国家认监委	关于促进先进光伏技术产品应用和产业升级的意见	国能新能〔2015〕194号
财政部文件				
24	2009年3月	财政部住房和城乡建设部	关于加快推进太阳能光电建筑应用的实施意见	财建〔2009〕128号
25	2009年7月	财政部、科技部、国家能源局	关于实施金太阳示范工程的通知	财建〔2009〕397号
26	2011年11月	财政部、国家发展改革委、国家能源局	关于印发《可再生能源发展基金征收使用管理暂行办法》的通知	财综〔2011〕115号
27	2012年3月	财政部、国家发展改革委、国家能源局	关于印发《可再生能源电价附加补助资金管理暂行办法》的通知	财建〔2012〕102号
28	2013年7月	财政部	关于分布式光伏发电实行按照电量补贴政策等有关问题的通知	财建〔2013〕390号
29	2013年9月	财政部	关于光伏发电增值税政策的通知	财税〔2013〕66号
30	2013年9月	财政部	关于调整可再生能源电价附加征收标准的通知	财综〔2013〕89号
31	2013年11月	财政部	关于分布式光伏发电自发自用电量免征政府性基金有关问题的通知	财综〔2013〕103号
32	2013年12月	财政部	关于清算2012年金太阳和光电建筑应用示范项目的通知	财办建〔2013〕90号
电网公司文件				
33	2013年11月	国家电网	关于印发分布式电源并网相关意见和规范（修订版）的通知	国家电网办〔2013〕1781号

续表

序号	时间	发布单位	政　策　名　称	文　　号
34	2013 年 12 月	国家电网	关于可再生能源电价附加补助资金管理有关意见的通知	国家电网财〔2013〕2044 号
35	2013 年 8 月	南方电网	关于印发《南方电网公司关于进一步支持光伏等新能源发展的指导意见》的通知	南方电网计〔2013〕84 号
36	2013 年 11 月	南方电网	关于印发《南方电网公司分布式光伏发电服务指南（暂行）》的通知	南方电网计〔2013〕119 号
国家认证委文件				
37	2014 年 2 月	国家认证委、国家能源局	关于加强光伏产品检测认证工作的实施意见	国认证联〔2014〕10 号
工业和信息化部文件				
38	2013 年 9 月	工业和信息化部	光伏制造行业规范条件	工业和信息化部公告 2013 年第 47 号
39	2013 年 10 月	工业和信息化部	关于印发《光伏制造行业规范公告管理暂行办法》的通知	工信部电字〔2013〕405 号

注：取自 http：//solar. ofweek. com/2015 - 09/ART - 260006 - 8480 - 28877404. html、http：//wenku. baidu. com/view/08a3c306a6c30c2259019ec0. html 和 http：//hvdc. chinapower. com. cn/news/1039/10395147. asp

附表 2　部分地方光伏项目工作实用政策汇编

序号	省份（市）	发文时间	发布单位	政　策　名　称	文　　号
1	北京	2014 年 7 月 25 日	北京市发展和改革委员会	北京市分布式光伏发电项目管理暂行办法	京发改规〔2014〕4 号
2	北京	2015 年 8 月 18 日	北京市财政局、北京市发展和改革委员会	北京市分布式光伏发电奖励资金管理办法	京财经一〔2015〕1533 号
3	天津	2014 年 4 月 29 日	天津市发展和改革委员会	关于印发天津地区光伏发电项目电力并网服务	津发改能源〔2014〕345 号
4	上海	2013 年 11 月 22 日	上海人民政府办公厅	印发上海贯彻《国务院关于促进光伏产业健康发展的若干意见》实施方案的通知	沪府办发〔2013〕65 号
5	上海	2014 年 4 月 21 日	上海市发展与改革委员会	关于印发《上海市可再生能源和新能源发展专项资金扶持办法》的通知	沪发改能源〔2014〕87 号
6	上海	2014 年 7 月 21 日	上海市发展与改革委员会	关于下达 2014 年度分布式光伏发电年度新增建设规模的通知	沪发改能源〔2014〕361 号
7	上海	2015 年 11 月 30 日	上海市发展与改革委员会	关于开展 2016 年度光伏发电示范应用建设规模申报暨 2015 年度规模调整工作的通知	沪发改能源〔2015〕156 号

续表

序号	省份（市）	发文时间	发布单位	政策名称	文号
8	浙江	2013年9月26日	浙江省人民政府	关于进一步加快光伏应用促进产业健康发展的实施意见	浙政发〔2013〕49号
9	浙江	2014年3月28日	浙江省经济和信息化委员会、浙江省物价局、浙江省能源局、国网浙江省电力公司	关于加快推进光伏应用“百园千项万户”工程的实施意见	浙经信投资〔2014〕136号
10	浙江	2014年7月21日	浙江省物价局、浙江省经济和信息化委员会、浙江省能源局	关于进一步明确光伏发电价格政策等事项的通知	浙价资〔2014〕179号
11	广东	2014年3月5日	广东省人民政府办公厅	关于促进光伏产业健康发展的实施意见	粤府办〔2014〕9号
12	广东	2014年3月26日	广东省发展和改革委员会	广东省发展改革委关于下达2014年光伏发电年度新增建设规模的通知	粤发改能新〔2014〕161号
13	广东	2014年8月20日	广东省发展和改革委员会	广东省太阳能光伏发电发展规划（2015—2020年）	粤发改能新〔2014〕496号
14	江苏	2012年6月8日	江苏省发展改革委、省物价局、省能源局	关于继续扶持光伏发电政策意见的通知	苏政办发〔2012〕111号
15	江苏	2013年11月19日	无锡新区	关于无锡新区促进光伏产业持续健康发展的若干意见	锡新管发〔2013〕215号
16	江苏	2014年6月10日	苏州市发展和改革委员会	苏州分布式光伏发电项目备案操作规程及操作要点	苏发改能源〔2014〕27号
17	内蒙古	2014年4月3日	内蒙古自治区人民政府	关于支持光伏产业发展有关事宜的通知	内政发〔2013〕29号
18	内蒙古	2014年8月6日	内蒙古自治区人民政府	关于促进光伏产业发展的实施意见	内政发〔2014〕89号
19	甘肃	2013年12月31日	甘肃省人民政府办公厅	甘肃省贯彻落实国务院关于促进光伏产业健康发展若干意见的实施方案	甘政办发〔2013〕193号
20	宁夏	2011年8月4日	宁夏回族自治区人民政府	关于印发《宁夏回族自治区风电和太阳能光伏发电项目建设用地管理办法》的通知	宁政发〔2011〕103号
21	青海	2014年4月4日	青海省人民政府办公厅	关于促进青海光伏产业健康发展的实施意见	青政办〔2014〕53号

注：取自 http://solar.ofweek.com/2015-09/ART-260006-8480-28877404.html、http://www.solarbe.com/news/201508/26/80021.html 和 http://solar.ofweek.com/2015—11/ART-260009-8480-29032843.html

附表 3　IEC 光伏发电并网主要标准

标准类型	标准号	标准名称
IEC	IEC 61727：2004	Photovoltaic (PV) systems - Characteristics of the utility interface
IEC	IEC 62109—3	Safety of power converters for use in photovoltaic power systems - Part 3：Particular requirements for electronic devices incombination with photovoltaic elements
IEC	IEC 62116：2014	Utility - interconnected photovoltaic inverters - Test procedure of islanding prevention measures
IEC	IEC 62446：2009	Grid connected photovoltatic systems - Minimum requirements for system documentation，commissioning tests and inspection
IEC	IEC TS 62738	Design guidelines and recommendations for photovoltaic power plants
IEC	IEC 62891	Overall efficiency of grid connected photovoltaic inverters
IEC	IEC TS 62910：2015	Test procedure of Low Voltage Ride - Through (LVRT) measurement for utility - interconnected photovoltaic inverter
IEC	IEC 62920	EMC requirements and test methods for grid connected power converters applying to photovoltaic power generating systems

附表 4　欧美光伏发电并网主要标准

国家	标准号	标准名称
美国并网标准	FERC Order No. 2003	Standardization of Generator Interconnection Agreements and Procedures
	FERC Order No. 2006	Standardization of Small Generator Interconnection Agreements and Procedures
	IEEE Std 929—2000	IEEE Recommended practice for utility interface of photovoltaic (PV) systems
	IEEE Std 1547—2003	IEEE Standard for Interconecting Distributed Resources with Electric Power Systems
	IEEE Std 1547. 1 ™—2005	IEEE Standard Conformance Test Procedures for Equipment Interconnecting Distributed Resources with Electric Power Systems
	IEEE Std 1547. 2 ™—2008	IEEE Application Guide for IEEE Std 1547 ™, IEEE Standard for Interconnecting Distributed
	IEEE Std 1547. 3 ™—2007	IEEE Guide for Monitoring，Information Exchange，and Control of Distributed Resources Interconnected with Electric Power Systems
澳大利亚并网标准	AS 4777. 1	Grid connection of energy systems viainverters - Part 1：Installation requirements
	AS 4777. 2—2005	Grid connection of energy systems viainverters - Part 2：Inverter requirements
	AS 4777. 3—2005	Grid connection of energy systems viainverters - Part 3：Grid protection requirements

续表

国家	标准号	标　准　名　称
德国并网标准	VDE—AR—N 4105：2011	Power generation systems connected to the low - voltage distribution network - Technical minimum requirements for the connection to and parallel operation with low - voltage distribution networks
	VDE V 0126—1—1：2013	Automatic disconnection device between a generator and the public low - voltage grid
	VDE V 0124—100	Network integration of generator systems - Low - voltage generator units - Test requirements for generation units to be connected and operated in parallel with low - voltage distribution networks
	TR3	Technical guidelines for power generating units - part 3：Determination of Electrical Characteristics of Power Generating Units Connected to MV，HV and EHV Grids
	TR4	Technical guidelines for power generating units - part 4：Demands on Modelling and Validating Simulation Models of the Electrical Characteristics of Power Generating Units and Systems
	TR8	Technical guidelines for power generating units - part 4：Certification of the Electrical Characteristics of Power Generating Units and Systems in the Medium -，High - and Highest - voltage Grids
加拿大并网标准	C22.3 No. 9—08	Interconnection of distributed resources and electricity supply systems
	C22.2 No. 257—06	Interconnecting inverter - based micro - distributed resources to distribution systems
英国并网标准	G83/1	Recommendations for the Connection of Small - scale Embedded Generators (Up to 16A per Phase) in Parallel with Public Low - Voltage Distribution Networks
	G59/1	Recommendations for the Connection of Small - scale Embedded Generators (covers generators from 16 Amps 3 Phase up to 5MW) in Parallel with Public Low - Voltage Distribution Networks
意大利并网标准	ENEL—Section F	Technical rules for connection of producer clients to the low tension ENEL networks
	CEI 0—21	Reference technical rules for the connection of active and passive users to the LV electrical utilities
	DK 5940	Guideline for connections to ENEL distribution network
西班牙并网标准	PO12.3	Requirements regarding wind power facility response to grid voltage dips

附表5　国内已颁布及立项国家标准

序号	标准类型	标准号	标　准　名　称	目前标准状态
1	国家标准	GB 50797—2012	光伏发电站设计规范	已发布
2	国家标准	GB 50794—2012	光伏发电站施工规范	已发布
3	国家标准	GB/T 50796—2012	光伏发电工程验收规范	已发布
4	国家标准	GB/T 50795—2012	光伏发电工程施工组织设计规范	已发布
5	国家标准	GB/T 19964—2012	光伏发电站接入电力系统技术规定	已发布

续表

序号	标准类型	标准号	标　准　名　称	目前标准状态
6	国家标准	GB/T 29319—2012	光伏发电系统接入配电网技术规定	已发布
7	国家标准	GB/T 50866—2013	光伏发电站接入电力系统设计规范	已发布
8	国家标准	GB/T 29321—2012	光伏发电站无功补偿技术规范	已发布
9	国家标准	GB/T 29320—2012	光伏发电站太阳跟踪系统技术要求	已发布
10	国家标准	GB/T 50865—2013	光伏发电接入配电网设计规范	已发布
11	国家标准	GB/T 30153—2013	光伏发电站太阳能资源实时监测技术要求	已发布
12	国家标准	GB/T 30152—2013	光伏发电系统接入配电网检测规程	已发布
13	国家标准	GB/T 31365—2015	光伏发电站接入电网检测规程	已发布
14	国家标准	GB/T 31366—2015	光伏发电站监控系统技术要求	已发布
15	国家标准		太阳能发电站支架基础技术规范	完成报批
16	国家标准		分布式光伏发电系统远程监控技术规范	完成报批
17	国家标准		光伏发电站汇流箱检测技术规程	完成报批
18	国家标准		并网光伏电站启动验收技术规范	完成报批
19	国家标准		光伏发电系统模型及参数测试规程	完成报批
20	国家标准		光伏发电站并网运行控制规范	完成报批
21	国家标准		光伏发电站逆变器并网技术要求	正在编制
22	国家标准		光伏逆变器并网检测技术规范	正在编制
23	国家标准		光伏发电系统防火与电气保护技术要求	正在编制
24	国家标准		光伏发电效率技术规范	正在编制
25	国家标准		光伏发电运行规程	正在编制
26	国家标准		光伏发电站标识系统编码导则	正在编制
27	国家标准		光伏发电站光伏方阵检修规程	正在编制
28	国家标准		光伏发电站逆变器检修维护规程	正在编制
29	国家标准		光伏电站有功及无功控制系统的控制策略导则	正在编制
30	国家标准		民用建筑太阳能光伏系统应用技术规范	正在编制
31	国家标准		并网光伏电站继电保护技术规程	正在编制
32	国家标准		分布式光伏发电并网接口技术规范	正在编制
33	国家标准		光伏电站安全规程	正在编制
34	国家标准		光伏发电站无功补偿装置检测技术规程	正在编制
35	国家标准		光伏发电站汇流箱技术要求	正在编制
36	国家标准		光伏发电系统建模导则	正在编制
37	国家标准		光伏发电站防雷与接地技术要求	正在编制
38	国家标准		光伏发电系统并网特性评价技术规范	正在编制

附表 6　国内已颁布及立项行业标准

序号	标准类型	标准号	标　准　名　称	目前标准状态
1	行业标准	NB/T 32001—2012	光伏发电站环境影响评价技术规范	已发布
2	行业标准	NB/T 32014—2013	光伏发电站防孤岛效应检测技术规程	已发布
3	行业标准	NB/T 32013—2013	光伏发电站电压与频率响应检测规程	已发布
4	行业标准	NB/T 32012—2013	光伏发电站太阳能资源实时监测技术规范	已发布
5	行业标准	NB/T 32011—2013	光伏发电站功率预测系统技术要求	已发布
6	行业标准	NB/T 32026—2015	光伏电站并网性能测试与评价方法	已发布
7	行业标准	NB/T 32010—2013	光伏发电站逆变器防孤岛效应检测技术规程	已发布
8	行业标准	NB/T 32009—2013	光伏发电站逆变器电压与频率响应检测技术规程	已发布
9	行业标准	NB/T 32008—2013	光伏发电站逆变器电能质量检测技术规程	已发布
10	行业标准	NB/T 32007—2013	光伏发电站功率控制能力检测技术规程	已发布
11	行业标准	NB/T 32006—2013	光伏发电站电能质量检测技术规程	已发布
12	行业标准	NB/T 32005—2013	光伏发电站低电压穿越检测技术规程	已发布
13	行业标准	NB/T 32025—2015	光伏发电调度技术规范	已发布
14	行业标准	DL/T 1364—2014	光伏发电站防雷接地技术规程	已发布
15	行业标准	DL/T 1336—2014	电力通信站光伏电源系统技术要求	已发布
16	行业标准		光伏发电站逆变器电磁兼容性检测技术要求	正在编制
17	行业标准		光伏发电站逆变器效率检测技术要求	正在编制
18	行业标准		光伏发电功率预测系统功能规范	正在编制
19	行业标准		光伏发电系统防雷接地技术规程	正在编制
20	行业标准		光伏发电调度技术规范	正在编制
21	行业标准		光伏发电站后评价技术规范	正在编制
22	行业标准		光伏发电站现场组件检测规程	正在编制
23	行业标准		光伏发电单元工程质量评定标准土建	正在编制
24	行业标准		分布式光伏发电系统接入低压配电网安全保护装置技术条件	正在编制
25	行业标准		光伏发电工程建设监理规范	正在编制
26	行业标准		光伏发电站设备后评估规程	正在编制
27	行业标准		光伏发电企业科技文件归档与整理规范	正在编制
28	行业标准		光伏发电工程组件支架安装工程质量评定标准	正在编制
29	行业标准		光伏发电工程达标投产验收规程	正在编制
30	行业标准		光伏发电站逆变器效率检测技术要求	正在编制
31	行业标准		光伏发电站逆变器电磁兼容性检测技术要求	正在编制
32	行业标准		光伏发电站现场组件检测规程	正在编制
33	行业标准		光伏发电站后评价技术规范	正在编制